信息安全风险管理

从基础到实践

李智勇　张鹏宇　周悦　李伟旗　等 编著

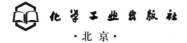

·北京·

本书以信息安全风险为切入点，站在信息安全风险管理的角度阐述网络安全新时代下网络与信息系统安全保障的相关内容，重点提出了信息安全风险识别与分析的方法，明确了信息安全风险控制措施。

全书共分为3个部分：第1部分讲述了信息安全风险管理的基础，明确了信息安全风险定义及构成要素，描述了信息安全风险管理内容及对象，提出了信息安全风险识别分析和信息安全风险处置的基本方法，突出了信息安全风险管理的标准、规范以及信息系统生命周期风险管理的内容；第2部分讲述了信息安全风险管理的发展，分析了信息安全风险形势变化，对信息安全风险产生因素的变化进行描述，对信息安全风险识别与分析的方法进行优化，对信息安全风险控制方法进行优化，对新形势下信息安全风险管理合规性要求的发展进行描述；第3部分重点讲述了信息安全风险管理的实践工作，介绍了风险识别与分析方法有机融合的创新点，对信息安全风险控制的技术措施进行了叙述，列举了风险分析与识别方法以及风险控制方法在税务行业的良好实践，在新型技术应用场景中对信息安全风险识别与分析方法进行了展望。

本书内容实用性强，理论与实践紧密结合，语言通俗易懂，非常适合信息安全技术人员、计算机网络工程师等自学使用，也可用作高等院校相关专业的教材及参考书。

图书在版编目（CIP）数据

信息安全风险管理从基础到实践 / 李智勇等编
著 . 一北京：化学工业出版社，2020.2
ISBN 978-7-122-35845-5

Ⅰ. ①信… Ⅱ. ①李… Ⅲ. ①信息安全 - 风险管理 -
研究 Ⅳ. ① TP309

中国版本图书馆 CIP 数据核字（2019）第 278221 号

责任编辑：耍利娜　　　　　　　　　　　文字编辑：陈　喆
责任校对：刘曦阳　　　　　　　　　　　装帧设计：王晓宇

出版发行：化学工业出版社　（北京市东城区青年湖南街13号　邮政编码100011）
印　　装：三河市延风印装有限公司
710mm×1000mm　1/16　印张18½　字数344千字　　2020年6月北京第1版第1次印刷

购书咨询：010-64518888　　　售后服务：010-64518899
网　　址：http://www.cip.com.cn
凡购买本书，如有缺损质量问题，本社销售中心负责调换。

定　　价：69.00元

近年来，随着网络安全威胁的日益常态化、复杂化和高级化，世界各国都在不断加大对网络空间的部署，尤其是"斯诺登事件"的发生，更使得各国加快了网络安全军事力量建设的步伐。随着信息技术和网络的快速发展，国家安全的边界已经超越地理空间的限制，拓展到信息网络，网络安全成为事关国家安全的重要问题。当前世界主要国家进入网络空间战略集中部署期，国际互联网治理领域出现改革契机，同时网络安全威胁的范围和内容不断扩大和演化，网络安全形势与挑战日益严峻复杂。

新的技术不断涌现，下一代互联网（IPv6）、物联网、三网融合、虚拟化、云计算、大数据等新兴技术在迅猛发展，并且得到越来越多的应用。信息技术带给人类巨人进步的同时，网络与信息系统安全问题所产生的损失、影响也不断加剧，并逐渐成为关系国家安全的重大战略问题，信息系统的安全问题越来越受到人们的普遍关注。信息安全也不单是最初的防毒查毒那么简单的问题，信息安全的中心问题是要保障信息的合法持有和使用者能够在任何需要该信息时获得保密的、没有被非法更改过的"原装的"信息。即通常所说的保密性（confidentiality）、完整性（integrity）和可用性（availability），简称 CIA。然而最近，全球权威的信息技术研究与咨询顾问公司 Gartner 在其最新的研究报告中提出了信息安全的 CIA（S）[Safety] 模型，打破了传统的三要素，将人员和环境安全加入了其中，即 Safety People and Safety Environments。信息安全问题不是单凭技术就可以彻底解决的，它的解决涉及政策法规、管理、标准、技术等方方面面，系统安全问题的解决要站在系统工程的角度来考虑全方位的安全。在这项系统工程中，网络与信息系统安全评测作为检验和评价网络与信息系统安全保护水平的重要方法占有重要的地位，它是信息安全的基础和前提。

随着网络与信息系统规模和复杂性的不断增大，攻击技术和手段不断翻新，网络与信息系统面临的威胁因素越来越多，安全风险防范的难度和复杂性也越来越大。由于资源和能力的限制，不可能消除网络与信息系统中的每一个脆弱点，也不可能防御所有的攻击行为。在信息安全领域，风险控制意味着在成本与效益之间进行权衡，并最终制订相应的安全防御策略，从而有效降低安全风险。以往的信息安全攻防未考虑成本，使得做出的攻防决策并不一定是最优决策。如何在信息安全风险控制和投入之间寻求一种均衡，充分考虑攻防成本有效性问题，利用有限的资源做出最合理的决策，做到"适度安全"，这就给信息安全风险管理工作带来了巨大挑战。准确掌握网络与信息系统的安全风险状况，找出风险最大的环节予以防范，避免大规模安全事件的发生，都需要通过信息安全检查、风险评估和等级保护测评等信息安全风险识别与分析方法来实现，信息安全风险识别与分析在信息安全风险管理中占有重要的地位，发挥了关键作用。

本书以信息安全风险为切入点，站在信息安全风险管理的角度来阐述在网络安全新时代中网络与信息系统安全保障的相关内容，重点提出了信息安全风险识别与分析的方法，明确了信息安全风险控制措施。

本书的核心思想是任何网络与信息系统（虚拟边界或现实边界）的安全风险都是客观存在的，信息安全风险一定是由外部的安全威胁等因素对网络与信息系统自身存在的脆弱性进行有效的作用而产生的，任何安全保障措施都是为了减少自身的脆弱性而更加有效地抵御外部的威胁。本书正是以这个核心思想为指导，从3个部分展开进行阐述的。本书采用了理论与实践相结合的编写原则，其中第1部分注重理论分析，使读者能够明确信息安全风险是如何产生的，该如何进行有效的风险管理；第2部分基于新的网络安全形势、标准、技术以及应用环境，对信息安全风险管理提出新的思路、方法，为更好地实施网络安全防护及关键信息基础设施保护打下牢固的基础；第3部分注重实践展示，通过现实案例与操作使读者能够较好掌握信息安全风险识别与分析的方法以及信息安全风险控制的流程、方法等。

本书的最大亮点是，提出的理论来自大量实践经验的积累和升华，同时理论又可以指导实际的信息安全风险识别与分析以及风险控制工作。本书的创新点是将现行的信息安全风险识别与分析的方法即等级保护测评、信息安全风险评估和信息安全检查进行有机的融合，可实现一次现场检测、一次数据分析，产生三个层面的检测结果，为下一步进行风险控制提供有力的依据，在第3部分中详细讲述了具体的操作方法和流程。

针对新的网络安全形势，按照新出台的网络安全法律法规和标准制度，基于新型的应用场景，本书提出的信息安全风险识别与分析方法和风险控制措施也在逐步完善与发展。

本书由李智勇、张鹏宇、周悦、李伟旗、王坤提出编写框架、编写思路。其中第1部分（第1章～第5章）由周悦、张鹏宇、邢天柱、蔡忱、张文义、周向明编写；第2部分（第6章～第10章）由张鹏宇、李智勇、李伟旗、邢天柱、蔡忱、王洁编写；第3部分（第11章～第15章）由李智勇、李伟旗、张鹏宇、王洪南、明旭、董庆炳编写。全书由李智勇、张鹏宇、周悦、李伟旗、王坤、邢天柱、蔡忱进行统稿和校对，此外郭欢、郑铁峰、陈磊、邹晔明也参与了本书资料整理等工作。本书在编写的过程中得到了北京软件产品质量检测检验中心（国家应用软件产品质量检测检验中心）和北京中科网威信息技术有限公司的大力支持和帮助，在此一并表示感谢。

由于编者水平有限，书中难免存在不妥之处，恳请各位读者批评指正。

编著者

第1部分　信息安全风险管理的基础

第 1 章

信息安全风险产生

003────────

第 2 章

信息安全风险管理的内容

013────────

第**5**章

信息安全风险管理的
合规性要求

061————————

第2部分　信息安全风险管理的发展变化

第**6**章

新形势下信息安全风
险的变化

081————————

第 **9** 章

新形势下信息安全风险控制的方法优化

135

第 10 章

新形势下信息安全风险管理合规性要求的发展

151

第3部分　信息安全风险管理的实践

第 **11** 章

风险识别与分析方法
融合——信息安全风
险测评

167

第 **14** 章

信息安全风险管理的
良好实践

241————

第 **15** 章

风险识别与分析方
法在新技术环境中
的应用

247————

附录

257

第 1 部分

信息安全风险管理的基础

第1部分主要讲述了信息安全风险管理的基础内容，首先对信息安全风险组成、信息安全风险产生原因进行了描述，对信息安全风险管理的对象及内容进行了叙述，明确了信息安全风险处置的基本方法；列举了信息安全风险管理的标准，对信息系统生命周期风险管理进行了描述；对信息安全风险识别与分析的三类主要方法进行了较为详细的叙述，并提出了信息安全风险控制的基本思路与方法。

第1章 信息安全风险产生

风险（risk）一词是"舶来品"，一部分人认为其来源于阿拉伯语，也有一部分人认为其来自西班牙语或者是拉丁语，但公认度较高的一种说法是"风险"一词来源于意大利语的"Risque"。在最初的认知中，风险也被理解为客观存在的危险，例如在航海过程中遇到礁石、风暴等事件或者其他一些非正常的自然现象。

人们对于风险的理解随着人类文明的进步而不断发展和变化。经过两个多世纪的发展，大约到了19世纪，风险的概念与人类的决策和行为后果有着更为紧密的联系，并且逐渐被视为影响个人和群体的事件的特定方式，"风险"一词的使用也从早期的航海贸易行业和保险业渐渐衍生到其他行业之中。

现代意义上的风险，已经大大超越了"遇到危险"的狭义含义，而是"遇到破坏或损失的概率或危险"，也可以理解为"对目标的不确定性影响"，到了近现代社会，风险一词越来越被概念化，并随着人类活动的复杂性和深刻性而逐步深化，且被赋予了更广泛、更深层次的含义。从风险的概念出现到目前为止，近现代人们对于风险的理解一直在不断地发展和演进。

1.1 信息安全风险含义

国际标准化组织（ISO）对信息安全的定义是：在技术上和管理上为数据处理系统建立的安全保护，保护计算机硬件、软件和数据不因偶然和恶意的原因而遭到破坏、更改和泄露。信息安全是信息系统安全、信息自身安全和信息行为安全的总和，其目的是为了保护信息和信息系统免于遭受偶发的或者有意的非授权泄露、修改、破坏而丧失处理信息的能力，实质是保护信息的安全性，即机密性、完整性、可用性、真实性和不可否认性。信息安全基本属性如图 1-1 所示。

图 1-1　信息安全基本属性

（1）机密性

在《信息技术 安全技术 信息安全管理实施规范》ISO 17799：2005 中，机密性被定义为"确保信息仅被已授权访问的人访问"。ISO/IEC 的相关标准中，定义机密性为"信息不能被未授权的个人、实体或者过程利用或知悉的特性"。对于机密性，首先是信息不能被泄露，逐渐发展到其涉及授权问题，即信息的泄露就是对非授权者的公开，机密性是仅被授权者访问。机密性的要求存在不同的等级，不同等级的机密性访问信息是由信息系统的访问控制部件依据系统安全策略及访问控制模型来执行控制。

（2）完整性

在国标《信息技术 安全技术 信息安全管理体系 概述和词汇》（GB/T 29246—2017）中，认为完整性是"准确和完备的特性"。目前发现系统中存在的大量漏洞（脆弱性）从根本上说就是逻辑的不正确性和不可靠性所致，尤其是在信息系统的核心——操作系统中最为严重。完整性遭到破坏主要是受到三个方面的影响：未授权、非预期、无意。在技术应用的过程中，除了人为恶意的破坏外，还可能存在因为业务能力不达标而出现的误操作，以及没有预见到的操作系统程序漏洞而造成的误操作。这些误操作同样会影响完整性，需要采取完整性保护措施加以防范。

（3）可用性

在国标《信息技术 安全技术 信息安全管理体系 概述和词汇》（GB/T 29246—2017）中，可用性被定义为"根据授权实体的要求可访问和可使用的特性"。可用性要求包括信息、信息系统和系统服务都可以被授权实体在适合的时间、以要求的方式及时可靠地访问，甚至是信息系统部分受损或需要降级使用时，仍可为授权用户提供有效的服务。需要特别强调的是，可用性针对不同级别的用户可提供相应的不同级别的服务。对于信息访问的具体级别和形式，信息系统依据系统安全策略，通过访问控制实现。

（4）真实性

在国标《信息技术 安全技术 信息安全管理体系 概述和词汇》（GB/T 29246—2017）中，真实性被定义为"一个实体是其所声称实体的这种特性"。真实性包含了对传输信息和信息源的真实性进行的核实，它的内涵要求不能用完整性所替代，它不仅是对技术的保障和要求，也包含了对人的责任要求。真实性要求对用户身份进行鉴别，对信息的来源进行验证，非对称密码的出现给出了很好的解决办法。

（5）不可否认性（抗抵赖性）

在国标《信息安全技术 术语》（GB/T 25069—2010）中，抗抵赖性被定义为"证明某一个动作或事件已经发生的能力，以使事后不能否认这一动作或事件"。不可否认性也称为抗抵赖性，要求所有参与者都不可能否认或者抵赖曾经完成的操作。发送方不能否认已发送的信息，接收方也不能否认已收到的信息。

风险是针对某个目标而言的，离开了目标而谈论风险是没有任何意义的。目标是组织的目标或者利益相关方的目标，并且它是具体的，而不是抽象的。

信息安全风险指的是人为或自然的威胁利用信息系统及其管理体系中存在的脆弱性导致安全事件的发生的可能性及其对组织造成的影响。在信息化建设中，各类应用系统及其赖以运行的基础网络、处理的数据和信息，由于其可能存在的软硬件缺陷、系统集成缺陷，以及信息安全管理中潜在的薄弱环节，而导致不同程度的安全风险。

1.2　信息安全风险构成

1.2.1　基本要素

国标《信息技术 安全技术 信息安全风险管理》（GB/T 31722—2015）中把信息安全风险定义为特定威胁利用单个或一组资产脆弱性的可能性以及由此可能给组织带来的危害（它以事态的可能性及其后果严重性的组合来度量）。任何信息系统资产都是具有价值的，资产一旦遭受破坏，就会给其拥有机构带来损失，损失的大小与资产的价值以及风险的严重程度相关。

（1）资产

资产是指对组织具有价值的信息或资源，是安全策略保护的对象。资产可以是计算机文件、网络服务、系统资源、程序、产品、信息基础设施、数据库、硬件设备、产品配方、人员和软件等。资产出现损失或信息泄露会危及整体的安全性，造成生产效率的降低、利润的减少、额外支出增加、组织停工以及造成许多无形的不良后果。

（2）威胁

威胁是指可能导致对系统或组织产生危害或不希望发生的事故的潜在起因。任何可能发生的、给组织或某种特定资产带来所不希望的或不想要结果的事情都被称为威胁。威胁是指会造成资产损失、破坏、变更、丢失或信息泄露的任何行为或非行为，或者是指阻碍访问或阻止资产维护的行为。威胁可大可小，并会造成或大或小的后果，可能是有企图的或意外的，可能来自人、组织、硬件、网络或自然界。威胁事件包括火灾、地震、水灾、系统故障和人为失误（一般是因为缺少培训或疏忽）和断电等。

（3）脆弱性

脆弱性是指可能被威胁所利用的资产或若干资产的薄弱环节。换句话说，脆弱性就是信息基础设施或组织其他方面存在的缺陷、漏洞、疏忽、错误、局限性、过失或敏感之处。如果脆弱性被他人加以利用，那么就有可能导致资产被破坏而造成损失。例如，防火墙未对外部访问内部重要服务器做限制、过多设置公网地址、高权限运行数据库服务、未限制重要服务器的管理员访问地址、服务器设置单一登录口令、用户登录使用弱口令、文件越权访问等脆弱性问题。

（4）风险

风险是某种威胁利用脆弱性并导致资产损害的可能性，是对可能性、概率或偶然性的评估。可能性越大，安全事件就越可能发生，风险就越大。风险可以简单地被定义为：风险 = 威胁 × 脆弱性。因此，减少威胁主体或脆弱性将直接降低风险发生的概率。安全的整体目标是通过消除脆弱性和阻止威胁主体危及资产安全，从而避免风险变成现实。

（5）安全措施

安全措施是指保护资产、抵御威胁、减少脆弱性、降低安全事件的影响，以及打击信息犯罪而实施的各种实践。安全措施可以是安装软件补丁程序、修改配置、雇请保安人员、改变信息基础设施、更改流程、完善安全策略、更有效地培训员工等。安全措施可以是通过消除或减少组织内任何位置的威胁或脆弱性来降低风险的任何行为或产品，通过安全措施和对策分析不需要采购的新产品，对现有资源进行重新配置就可以达到目的，甚至从安全设施中去除某些元素都是有效的方法。

1.2.2　要素关系

图 1-2 中方框部分的内容为风险评估的基本要素，椭圆部分的内容是相关要素的属性。风险评估围绕着风险、威胁、资产、脆弱性、安全措施这些基本要素展开，并且在对基本要素的评估过程中，需要考虑与要素相关的业务战略、安全需求、残余风险、安全事件、资产价值等相关属性。

- 业务战略的实现对资产具有依赖性，依赖程度越高，要求其风险越小。
- 资产是有价值的，组织的业务战略对资产的依赖程度越高，资产价值就越大。
- 风险是由威胁引发的，资产面临的威胁越多则风险越大，并可能演变成为安全事件。

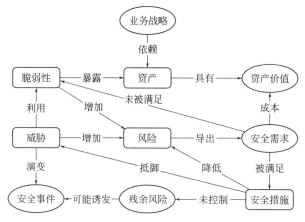

图1-2 信息安全风险要素关系图

- 资产的脆弱性可能暴露资产的价值，资产具有的弱点越多则风险越大。
- 脆弱性是未被满足的安全需求，威胁利用脆弱性危害资产。
- 风险的存在及对风险的认识导出安全需求，安全需求可通过安全措施得以满足，需要结合资产价值考虑实施成本。
- 安全措施可抵御威胁，降低风险。残余风险有些是因为安全措施不当或无效，需要加强安全措施才可控制的风险；而有些则是在综合考虑了安全成本与效益后不去控制的风险。残余风险应受到密切监测，其可能会在将来引发新的安全事件。

1.3 信息安全风险决定因素

1.3.1 外部安全威胁

1.3.1.1 自然因素

自然因素包括自然界不可抗的因素和其他物理因素，重点对信息系统或资源的外围提供信息安全保障。通常对于其他物理因素而言，除了考虑电磁防护、机房选址、电力供给、软硬件及通信线路等综合性能之外，也需要注意"四防"与"三度"。"四防"指的是防水、防静电、防雷击、防鼠害；"三度"则指湿度、温度和洁净度。针对自然界不可抗的因素，主要关注不可预测的自然灾害。自然灾害对数据中心安全的影响往往是毁灭性的，一般包括地震、水灾、雷击、火灾等。

（1）地震

地震灾害具有突发性和不可预测性，对数据中心及其设备会产生严重的影响。如果在地震之前没有对数据中心做好相应的地震防护措施，会对数据中心造成严重的损害，更为严重的会造成人员伤亡。

（2）水灾

水灾一般指的是暴雨、洪水、建筑物积水或者漏雨等容易引发设备损害的灾害，会对计算机信息系统的运行产生不良的影响。对于机房而言，水灾轻则会造成设备损失，降低机器使用寿命；重则可以造成机房运行瘫痪，直接中断系统的正常运行。

（3）火灾

火灾是较为常见、普通的灾害。线路或者电器短路、接触不良、过载等情况会引发电打火，从而极易导致火灾。操作人员操作不慎、乱扔烟头的人为事件也会导致火灾的发生。

（4）静电

焊接不良的导线、不良的接地、屏蔽效果不好的电缆、温度过高的元件和走动的人体都会产生静电，不能及时释放的静电会产生火花，容易造成芯片损坏或者火灾等意外事故。

（5）雷击

机房的防雷击可以分为直击雷防护和感应雷防护，建筑物上安装避雷针可以很好地防护直击雷，机房主要防护对象是感应雷引起的雷电浪涌或者其他原因的过电压。

（6）鼠害

猖獗的鼠害可能会造成整个机房业务系统的宕机。

（7）温度

许多计算机内的元器件对工作环境温度较为敏感，温度过高会导致元器件性能发生改变，而温度过低则会使得硬盘无法正常工作，需要使机房温度维持在一个适宜范围。

（8）湿度

湿度对机房系统的正常工作同样起着十分重要的作用，相对过高的湿度会加速金属器件的腐蚀，引起绝缘性能的下降，也会导致灰尘的导电性能增加；相对过低的湿度会导致网络设备中的某些器件龟裂，增加静电感应，导致计算机内存储的信息丢失或者异常，严重时还会影响芯片能力。

（9）洁净度

一方面灰尘不仅会导致磁盘数据出现读写错误，同时会划伤盘片，严重的会损坏磁头；另一方面灰尘会造成插件的接触不良，导致电气元件绝缘性能下降。

1.3.1.2　人为因素

人为因素可以分为恶意人员威胁和非恶意人员威胁。恶意人员威胁主要是不满的或有预谋的内部人员对信息系统进行恶意破坏，采用自主或内外勾结的方式盗窃机密信息或进行篡改，从而获取利益。非恶意人员威胁主要是内部人员由于缺乏责任心，实际工作过程中不关心和不专注，或者没有遵循规章制度和操作流程而导致设备故障或损坏。例如操作人员安全配置不当造成安全漏洞，用户安全意识不到位选择使用弱口令等，内部人员由于专业经验不足或不具备岗位要求的技能而导致信息系统故障。

1.3.2　内部的脆弱性

1.3.2.1　技术层面的问题

信息安全技术问题汇总如图 1-3 所示。

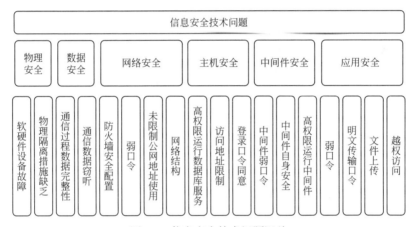

图 1-3　信息安全技术问题汇总

（1）物理安全方面的问题

软硬件设备故障：物理安全需要保障硬件设备、传输设备、存储媒体等一系列基础设施安全，计算机硬件如果处于非正常工作环境或者出现设备故障，一方面会直接导致运行效率降低，另一方面会对业务实施连续性、系统稳定性造成影响。物理隔离措施缺乏：未对机房进行区域划分并设置不同区域之间的物理隔离装置，一方面不利于对机房物理访问实施有效控制，另一方面对隔离防火措施不利，不能有效减少火灾带来的损失。

（2）数据安全方面的问题

通信过程数据完整性问题：Http 作为超文本传输协议，信息通过明文进行传输，内容可能遭到窃听；同时，由于无法验证报文的完整性，所以有可能中途遭到篡改。通信数据窃听问题：攻击者利用非法手段窃取系统中信息资源或者敏感信息，例如对通信线路进行搭线监听，或者利用截获电磁信号达到窃取信息的目的。

（3）网络安全方面的问题

防火墙的安全配置问题：当前的互联网边界防火墙，对从外向内的访问控制规则已经设置得足够精细，对于一些重要服务器的对外访问，防火墙没有做任何的限制或访问控制规则没有达到相应的安全级别，这给黑客攻击提供了一条攻击路径。弱口令问题：网络安全中提到的弱口令，通常指的是容易被别人猜测到或容易被破解工具破解的口令，一旦弱口令被发现利用，造成的后果相当严重。未限制公网地址的使用：在对一个单位进行渗透测试时发现，一些无需公网访问的设备也被设置为公网地址，无形中给网络攻击增加了可能性。网络结构方面：目前一些单位面向互联网提供服务的应用服务器、数据库服务器均被部署在一个网段，而且部署在内网区域，一旦该服务器被恶意入侵，将会给整个内网区域带来较大的安全风险。

（4）主机安全方面的问题

高权限运行数据库服务：当数据库的密码泄露或者被破解时，攻击者可以远程或者在 Webshell 中连接数据库，进而执行任意 SQL 语句。未限制重要服务器的管理员访问地址：对重要服务器的管理员访问地址限制往往被系统运维者忽略，为了方便管理，若干服务器被部署在同一地址段内，一旦该子网的一台服务器被攻击，其他服务器被攻击的可能性就会加大。所有服务器均设置为一个登录口令：为了运维方便，管理员通常会把服务器区的所有服务器登录密码设置为同一个登录密码，一旦一台服务器被黑客攻击，黑客便可以通过口令猜测手段，对处于一个子网的其他服务器进行攻击。

（5）中间件安全方面的问题

中间件弱口令 / 默认口令：运维人员配置不当或为了运维方便，通常会保留中间件的控制台。若控制台采用弱口令或者默认口令，则将给服务器带来较大风险。中间件自身安全：2015 年，Java 反序列化漏洞席卷全球，被视为 2015 年最被低估、具有巨大破坏力的漏洞；该漏洞影响 JBoss、WebLogic、WebSphere、Jenkins 等中间件，可以直接造成远程命令执行，且在漏洞被发现的 9 个月后都没有有效的补丁对受影响的产品进行修复。高权限运行中间件：中间件被拥有操作系统管理员权限的用户启动，意味着中间件对操作系统所执行的任何操作均被操作系统管理员赋权，管理员对操作系统具有绝对的控制权限。

（6）应用安全方面的问题

弱口令问题是最容易解决的，也是最容易被忽视的问题。一些应用系统的后台管理员用户默认使用 admin 或 manager 作为用户名，口令与用户名相同或使用1qaz2wsx、abc123 等弱口令。这种身份鉴别登录信息非常容易被攻击者恶意猜解成功。用户口令明文传输：应用系统未对鉴别信息进行加密传输，使得恶意用户通过抓包工具获取到用户的口令信息。文件上传：除了开发者自行开发的文件上传功能外，一些网站为提供丰富的文本编辑功能，集成了第三方文本编辑器，如 FCKeditor、KindEditor、UEditor 等；这些编辑器为了便于集成，并未对用户采用访问控制机制，即任何用户都能访问。越权访问：越权访问指的是通过抓包工具直接抓取页面的请求包，同时修改数据包中的 SessionID 参数，并执行修改后的数据包，这样就可以越权访问系统的功能和数据。

1.3.2.2　管理层面的问题

（1）法律法规问题

我国的法律法规体系还存在一些不足之处：一是现有的法律法规存在不完善的地方，如法律法规之间有内容重复交叉，同一行为有多个行政处罚主体，有的规章与行政法规相互抵触，处罚幅度不一致；二是法律法规建设跟不上信息技术发展的需要，网络规划与建设、网络管理与经营、网络安全、数据的法律保护、电子资金划转的法律认证、计算机犯罪、刑事立法、计算机取证的法律效力等方面比较缺乏。

（2）管理问题

安全管理是指在网络与信息系统中对需要人员参与的活动采取必要的管理控制措施，从而实现对信息系统生命周期全程的科学管理，尽可能降低管理问题所带来的信息安全脆弱性。应建立一套完整的管理制度，其中包括总体方针、具体各项管理制度和具体操作规程手册三层体系，同时保证制度的制定及发布由专人负责，并对制度评审和修订进行记录。在实际操作过程中，一般不能及时保存相关会议记录、审批记录。

（3）国家信息基础设施建设问题

目前构成我国信息基础设施的网络、硬件、软件等产品几乎完全是建立在国外的核心信息技术之上的，由于这些"舶来品"的存在，我国信息安全可能会处于被干扰甚至监视的信息安全威胁之中；由于缺乏自主可控的核心技术，我国的网络安全体系在预测、反应、防范和恢复方面都存在一定的不足之处。

第2章　信息安全风险管理的内容

2.1　信息安全风险管理定义

　　信息安全风险管理是信息安全保障工作中的一项重要基础性工作，其核心思想是对管理对象面临的信息安全风险进行管控。信息安全风险管理工作贯穿于信息系统生命周期（规划、设计、实施、运行维护和废弃）的全过程，主要工作过程包括风险评估和风险处置两个基本步骤。风险评估是对风险管理对象所面临的风险进行识别、分析和评价的过程。风险处置是依据风险评估的结果，选择和实施安全措施的过程。

　　信息安全风险管理应与整个组织风险管理保持一致，安全工作应当以及时有效的方式在需要的地方和时间处理风险，信息安全风险管理是所有信息安全管理活动中不可分割的一部分。风险管理为将风险降低至可接受的水平，在决定做什么和什么时候做之前，分析可能发生什么和可能的后果是什么。信息安全风险管理有助于识别风险，以风险造成的业务后果和发生的可能性来评估风险，建立风险处置的优先顺序，使利益相关方参与风险管理决策并持续告知风险管理状态，监视风险处置的有效性，获取信息以改进风险管理方法，向管理者和员工传授降低风险的知识以及所采取的行动。

　　信息安全风险识别过程如图 2-1 所示。

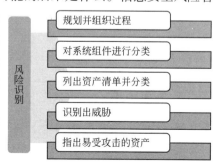

图2-1　信息安全风险识别过程

信息安全风险管理过程可应用于整个组织以及组织的任何独立部分（例如，一个部门、一处物理位置、一项服务）、任何信息系统、现有的或计划的或特定方面的控制措施（例如业务持续性计划）。

2.2　信息安全风险管理流程

信息安全风险管理流程由语境建立、风险评估、风险处置、风险接受、风险沟通和风险监视与评审组成。

信息安全风险管理流程可以迭代地进行风险评估和（或）风险处置活动，使用迭代方法进行风险评估可在每次迭代时增加评估的深度和细节。该迭代方法在最小化识别控制措施所需的时间和精力与确保高风险得到适当评估之间，提供了一个良好的平衡。

信息安全风险管理的流程如图 2-2 所示。

首先建立语境，然后进行风险评估。如果风险评估提供了足够的信息，确定所采用的行动能够将安全风险降低至可接受水平，那么就结束该风险评估，接下来进行风险处置。如果提供的信息不够充分，那么将在修订的语境（例如风险评价准则、风险接受准则或影响准则）下进行该风险评估的另一次迭代。此次迭代可能是在有限的范围内进行。信息安全风险评估过程如图 2-3 所示。

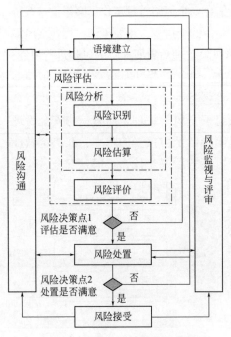

图2-2　信息安全风险管理流程

图2-3　信息安全风险评估过程

风险处置的有效性取决于残余风险评估的结果，风险处置后的残余风险可能不会立即达到一个可接受的水平。在这种情况下，如果必要的话，可能需要在改变的语境参数（例如，风险评估准则、风险接受准则或影响准则）下进行该风险评估的另一次迭代，以及随后的进一步风险处置。

风险接受活动要确保残余风险被组织的管理者明确地接受，例如出于成本的考虑而省略或推迟风险控制措施的实施，但组织的管理者可以接受这类做法。

在信息安全风险管理过程中，重要的是将风险及其处置方法传达给管理者和运维人员。即使是风险处置前，已识别的风险信息对管理安全事件可能也是非常有价值的，并可能有助于减少潜在损害。管理者和员工要增强风险意识、明确组织关注的领域，这些均有助于管理者和运维人员以最有效的方式处理安全事件和意外情况。信息安全风险管理过程的每个活动以及来自两个风险决策点的详细结果均应记录在案。

GB/T 22080 规定，ISMS 的范围、边界和语境内所实施的控制措施应基于风险。信息安全风险管理过程的应用能够满足这一要求。可以在组织内成功地实施此过程，但无论什么方法，均应组织为此过程的每一特定应用，选用最适合自身情况的方法。

在一个 ISMS 中，语境建立、风险评估、风险处置计划制定和风险接受是其"规划"阶段的全部。在此 ISMS 的"实施"阶段，依据风险处置计划，实施将风险降低到可接受水平所需的行动和控制措施。在此 ISMS 的"检查"阶段，管理者将根据事件和环境变化来确定风险评估和风险处置修订的需要。在"处置"阶段，执行所需的任何行动，包括风险管理过程的再次应用。

2.3　信息安全风险管理对象

2.3.1　物理和环境

物理和环境主要对存放计算机、网络设备的机房以及搭载信息系统的设备和存储数据的介质进行信息安全风险管理，包括设施位置的设计和布局、环境组件、应急响应的敏捷性、访问控制、入侵检测以及电力和火灾防范等诸多方面。

物理和环境针对机房位置的选择、配置完善的基础设施和环境控制要求三个方面进行信息安全风险管理。机房位置选择在最大程度上避免雷击、火灾、水灾等隐患的地点。配置完善的基础设施：通过电子门禁系统合理控制人员进出、通过消防系统确保火情的及时发现与消除。环境控制要求确保机房温湿度平衡，使机房内的设备可以在稳定的环境中运行。

2.3.2　网络和通信

网络和通信主要对网络和安全设备硬件、软件以及网络通信协议进行信息安全风险管理。网络和安全设备硬件包括交换机、路由器、防火墙等网络基础设施，其中网络和安全设备的硬件性能、可靠性和网络架构合理性在一定程度上会造成服务稳定性差、拒绝服务攻击、设备单点故障等信息安全问题。软件指的是网络基础设施本身运行的软件，安全风险主要包括数据库系统漏洞、操作系统和应用系统编码漏洞等。网络通信协议指的是协议层设计缺陷方面，安全通信协议的缺陷会对信息系统带来较大的安全风险。

网络安全为信息系统在网络环境中的安全运行提供保障，同时网络环境是抵御外部攻击的第一道防线，因此必须进行各个方面的风险管理。网络和通信风险管理一方面确保网络设备的安全运行，提供有效的网络服务；另一方面确保在网上传输数据的保密性、完整性和可用性等。网络和通信的信息安全风险管理更需要注意整体性，即要求从全局安全角度关注网络整体结构和网络边界（网络边界包括外部边界和内部边界），也需要从局部角度关注网络设备自身安全等方面的问题。

2.3.3　设备和计算

设备和计算主要对服务器设备、网络设备、安全设备和终端设备等节点设备进行信息安全风险管理。设备和计算安全风险管理通过对节点设备自身缺陷、木马、病毒攻击、口令猜测等外部威胁进行识别，有效控制内部人员非法访问和操作等内部威胁。设备和计算安全风险管理的目的是通过对节点设备启用防护设施和安全配置，使系统关键资源和敏感数据得到保护，降低数据的保密性、完整性和可用性遭到破坏的风险。

2.3.4　应用和数据

应用和数据主要对系统建设的全生命周期和整个数据生命周期进行信息安全风险管理。系统建设需要在安全需求、安全设计、安全开发、安全测试以及系统上线整个生命周期进行风险监控，加强应用系统安全，减少风险暴露。数据安全需要对终端管控、行为审计、数据备份等进行风险管理。

应用和数据安全是信息系统整体防御的最后一道防线，且不同于其他几道防线，实现更加具有复杂性和灵活性，其原因在于应用系统一般需要根据业务流程、业务需求等不同情况由用户进行定制开发。应用系统是直接面向最终用户的，为用户提供所需要的数据并处理相关的信息，因此应用系统需要更多的安全风险管理。数据主要是保存在信息媒介上的各种信息资料，包括源代码、数据库数据、系统文档、运行管理规程、计划、报告、用户手册、各类纸质的文档等。

信息系统处理的各种数据（用户数据、系统数据、业务数据等）在维持系统正常运行上起着至关重要的作用，一旦数据遭到破坏（泄露、修改、毁坏），都会在不同程度上造成影响，从而威胁到整个系统的运行。由于信息系统各个层面（网络、主机系统、应用等）都对各类数据进行传输、存储和处理，因此对数据的风险管理需要物理和环境、网络和通信、设备和计算等提供支持。

2.3.5 人员和管理

人员和管理（图2-4）主要包括制度、机构、人员三大要素，以及系统建设和运维全过程的信息安全风险管理。人员和管理的信息安全风险管理既是技术要求得以充分实现的保障，也是当某些技术手段无法实现时的有力补充。按照现在的管理理论，结合信息系统安全管理的特殊性，信息安全风险管理中人员和管理从管理主体（机构和人员）、管理对象（过程和活动）、管理方法（制度和规程）等方面进行风险控制。

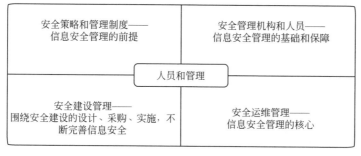

图2-4 人员和管理

制度和规程中存在管理制度和策略不完善、管理规程缺失等威胁，主要对建立信息安全工作的总体方针、政策和规范，各种安全管理活动的管理制度以及操作人员和管理人员的日常操作规范等行为进行风险管理，通过由安全策略、管理制度、操作规程、记录表单等构成的全面信息安全管理体系，避免信息安全风险的产生。

机构和人员中存在职责不明确、监管机制不健全等威胁。通过监控层次分明的管理机构、内部人员录用和外部人员访问等形式和行为，明确各个机构的主要职责和相关工作，从而达到信息安全的目的。

系统建设管理是对生命周期前三个阶段（即设计、采购、实施）中的各项安全管理活动进行信息安全风险管理。对系统建设过程中所涉及的各项活动进行基本的规范，并进行文档化要求，通过制度化的规范减少系统建设管理安全风险。

信息系统运维管理（图2-5）是对系统运行之后的维护和管理进行风险监控，

一般会涉及很多方面的管理，同时也要监控安全措施的修改，以保证信息系统始终处于相对的安全水平。

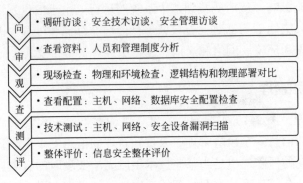

图2-5　信息系统运维管理

2.4　信息安全风险处置

2.4.1　风险处置总体描述

首先输入导致风险产生的相关安全事件场景，依据风险评价准则按优先顺序排列风险，制定一个风险处置计划，然后选择风险控制措施以降低、保留、规避或转移风险。

在实施上，风险处置有四种方法：风险降低、风险保留、风险规避和风险转移（注：GB/T 22080—2016 中 4.2.1 使用术语"接受风险"而不是"保留风险"）。在选择风险处置方法时，应基于风险评估结果以及实施这些处置方法的预期成本和收益进行综合考虑。应当采用那些成本较低并可较好降低风险的方法，进一步改进不经济的、不合理的风险处置方法。

通常情况下，在方法合理可行的前提下，尽量降低风险的负面后果，无须考虑任何绝对准则。管理者还应考虑特定的严重风险，在这种情况下，可能需要实施的特殊风险控制措施（例如，考虑覆盖特定高风险的业务连续性控制措施）。

风险处置的四个方法不是互相排斥的，有时组织可以较好地受益于风险处置方法的结合，如降低风险的可能性、减轻其后果并转移或保留任何残余风险。某种风险处置方法能有效地解决多个风险（例如，信息安全培训和意识教育），应制定风险处置计划，明确标识出各风险处置方法的优先顺序和时限。优先级可以通过各种技术措施来确立，包括风险排序、成本效益分析，管理者需确定实施控制措施的成本与预算安排之间的平衡。信息安全风险处置的过程如图 2-6 所示。

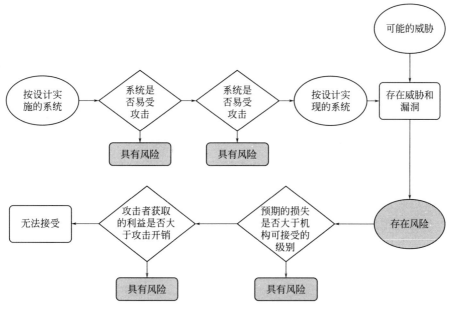

图2-6　信息安全风险处置的过程

就成本而言，如果现有控制措施的成本已超出预算，需考虑去除多余的或不必要的控制措施（尤其是如果这些控制措施需要高昂的维护成本），那么就需要考虑信息安全控制措施和成本之间的平衡。因为控制措施会相互影响，去除多余的控制措施可能会降低现有的整体安全性，此外，保留多余的或不必要的控制措施可能会降低成本。选择风险处置方法时，应考虑到感知风险最适合的方式。

（1）风险降低

通过选择控制措施来降低风险级别，使残余风险再被评估时能够达到可接受的级别。在实施上，应当选择适当的和合理的控制措施来满足风险评估和风险处置的要求。应考虑风险接受准则以及法律法规、规章制度和合同要求，也应考虑实施控制措施的成本和时限，也包括技术、环境和文化等方面。可以通过选择适当的信息安全控制措施来降低系统的总体成本。通常，控制措施可提供下列保护类型中的一种或多种，包括纠正、消除、预防、影响最小化、威慑、检测恢复、监视和意识。在选择控制措施时，重要的是权衡获取、实施、管理、运行、监视和保持控制措施的成本与被保护资产的价值。此外，还应考虑到确定和实施新的控制措施或修改现有控制措施时所需的专业技能。

（2）风险保留

风险保留是根据风险评价做出的不采取进一步行动的风险保留决策（注：GB/T 22080—2016中4.2.1"在明显满足组织方针策略和接受风险准则的条件下，有意识地、客观地接受风险"）。在实施方面，如果风险级别满足风险接受准则，那么没有必要实施额外的控制措施，并且风险可被保留。

（3）风险规避

风险规避主要规避引起特定风险的活动或状况。在实施方面，当所识别的风险被认为过高，或实施其他风险处置选项的花费超过了预算时，可从现有的实施环境中撤出，以此来完全地规避风险。例如，当自然界引起的风险影响到信息基础设施时，把信息处理设施移到风险不存在或可控的地方，可能是成本效益最好的选择。

（4）风险转移

风险转移是将风险转移给能有效管理特定风险的另一方，这取决于风险评价。在实施方面，风险转移需做出与外部相关方共担某些风险的决策。风险转移能产生新的风险或更改现存的、已识别的风险，因此，额外的风险处置可能是必要的。通过将面临风险的资产或其价值进行安全转移来避免或降低风险，比如，在本机构不具备足够的安全保障技术能力时，将信息系统的技术体系（即信息载体部分）外包给满足安全保障要求的第三方机构，从而避免技术风险。再如，通过给昂贵的设备上保险，将设备损失的风险转移给保险公司，从而降低资产价值的损失。

（5）风险接受

对风险不采取进一步的处理措施，接受风险可能带来的结果。风险接受的前提是：确定了信息系统的风险等级，评估了风险发生的可能性以及带来的潜在破坏，分析了使用处理措施的可能性，并进行了较全面的成本效益分析，认定某些功能、服务、信息或资产不需要进一步保护。

（6）风险处置的角色和职责

信息安全风险处置应该组建团队、分清角色、明确职责。风险处置团队可以分为管理层和执行层。其中，管理层负责审查风险处置目标、批准风险处置方案并认可风险处置结果；执行层负责确定风险处置目标、编制风险处置方案并在风险处置方案获得批准后负责实施。必要时，可聘请相关专业的技术专家组成专家小组，指导风险处置工作。

（7）风险处置的基本流程

风险处置的基本流程包括了三个阶段的工作，分别为风险处置准备阶段、风险处置实施阶段和风险处置效果评价阶段。第一个步骤是风险处置准备，确定风险处置的范围，明确风险处置的依据，组建风险处置团队，设定风险处置的目标和可接受准则，选择风险处置方式，明确风险处置资源，形成风险处置计划，并得到管理层对风险处置计划的批准。第二个步骤是风险处置实施，准备风险处置备选措施，进行成本效益分析和残余风险分析，对处置措施进行风险分析并制定应急计划，编制风险处置方案，待处置方案获得批准后，要对风险处置措施进行测试，测试完成后，正式实施。在处置措施的实施过程中，要加强监管与审核。第三个步骤是风险处置效果评价，制定评价原则和方案，开展评价实施工作，对没有达到处置目的的风险，要进行持续改进。风险处置工作是持续性的活动，当受保护系统的政策环境、业务目标、安全目标和特性发生变化时，需要再次进入上述步骤。

2.4.2　风险处置准备

（1）划定风险处置范围

根据风险评估报告、组织的安全管理策略及安全需求划定风险处置工作的范围，在确定风险处置的边界时，应考虑以下因素：业务系统的业务逻辑边界、网络及设备载体边界、物理环境边界、组织管理权限边界等。

（2）明确风险处置依据

风险处置的依据包括国家的相关法律、法规和政策、现行国际标准、国家标准和行业标准以及行业主管部门的相关规章和制度、组织的业务战略和信息安全需求、业务相关单位的安全要求、系统本身的安全要求等。

（3）组建风险处置团队

信息安全风险处置是基于风险的信息系统的一种安全管理过程，因此风险处置团队既包括信息安全风险管理的直接参与人员，也包括信息系统的相关人员。信息安全风险处置主要划分为管理层和执行层，管理层负责信息系统风险处置的决策、总体规划和批准监督以及各过程中的管理、组织和协调工作；执行层负责信息安全风险处置的具体规划、设计和实施以及过程监督、记录并反馈实施效果。如果采用的风险转移方式中涉及第三方单位，应将其纳入风险处置团队。

（4）设定风险处置的目标和可接受准则

根据信息系统风险评估结果，依据国家相关信息安全要求以及组织和相关方的信息安全诉求，明确风险处置对象应达到的最低保护要求，结合组织的风险可承受程度，确定风险可接受准则。风险可接受准则的划分可参考如下标准：风险等级为很高或高的风险建议进行处置，对于现有处置措施技术不成熟的，建议加强监控；风险等级为中的风险可根据成本效益分析结果确定，对于处置成本无法承受或现有处置措施技术不成熟的，可持续跟踪、逐步解决；风险等级为低或很低的风险可选择接受，但应综合考虑组织所处的政策环境、外部相关方要求和组织的安全目标等因素；风险可接受准则应与管理层充分沟通，得到组织管理层认可，并与风险处置计划一起提交给管理层批准。

（5）选择风险处置方式

根据风险处置可接受准则，明确需要处置的风险和可接受的风险，对于需要处置的风险，应初步确定每种风险拟采取的处置方式，形成风险处置列表。风险处置方式可以是规避风险、转移风险、降低风险三种处置方式的一种，也可以是多种处置方式的组合。风险处置列表的内容包括风险名称、涉及的资产范围、初步确定的风险处置方式等。风险处置列表需要得到组织管理层的认可和批准。

（6）明确风险处置资源

根据既定的风险处置目标，明确风险处置涉及的部门、人员和资产以及需要增加的设备、软件、工具等资源。

（7）形成风险处置计划

上述所有内容确定后，应形成风险处置计划。处置计划应包含风险处置范围、依据、目标、方式、所需资源等，风险处置计划中可以输入风险评估报告、风险等级列表等。

（8）获得管理层批准

制定完成并确认后的风险处置计划，应得到组织最高管理者的批准，从而输出风险处置计划批准表。

2.4.3　风险处置方案制定

（1）风险处置备选措施准备

依据组织的使命，并遵循国家、地区或行业的相关政策、法律、法规和标准的规定，参考信息系统的风险评估报告，并结合风险处置准备阶段的处置依据、处置目标、范围和方式，依据每种风险的处置方式选择对应的风险处置措施，编制风险处置备选措施列表。所以风险处置备选措施列表应当包含信息系统风险评估报告、风险处置目标列表、风险处置计划等。

（2）成本效益分析

针对风险处置备选措施列表的各项处置目标，结合组织实际情况，提出实现这些目标的多种可能方案，衡量各种方案的成本和收益，如果风险造成的损失大于成本，则依据最佳收益原则选择适当的处置方案。对于成本效益分析可以采用定量分析和定性分析两种方法。对于定量分析首先需要确定各资产价值，为各个风险输入资产价值，确定资产面临的损坏程度；之后估计发生的可能性，进而将损失价值与发生概率相乘计算出预期损失。由于评估无形资产的主观性本质，没有量化风险的精确算法，建议根据组织情况明确成本和效益的一到两个关键值，并设立期望值，进而选择可行方案。在进行成本效益分析时，成本应考虑的因素主要包括硬件、软件、人力、时间、维护、外包服务；效益应考虑的因素主要包括政治影响、社会效益、合规性和经济效益。依据风险处置备选措施列表可以输出风险处置成本效益分析报告以及更新后的风险处置备选措施列表。

（3）残余风险分析

任何信息系统都存在风险，同时风险不可能被完全消除。因此，需对实施风险处置措施后的残余风险进行分析，对残余风险的评价可以依据组织的风险评估准则进行。若某些风险可能在选择了适当的控制措施后仍处于不可接受的风险范围内，则应通过管理层依据风险接受原则考虑是否接受此类风险或增加更多的风险处置措施。为确保所选择的风险处置措施是有效的，必要时可进行再评估，以判断实施风险处置措施后的残余风险是否降到了可接受的水平。依据风险处置备选措施列表可以输出风险处置残余风险分析报告、更新后的风险处置备选措施列表等。

（4）风险分析及应急计划

根据分析处置措施备选列表，对每项实施该处置措施可能带来的风险进行分析，确认是否会因为处置措施不当或其他原因引入新的风险。针对存在的风险制定应对的方案，以提高实现风险处置目标的机会，并保证在出现问题时可以及时回退到原始状态。应急计划应包括处置措施面临的主要风险，针对该风险的主要应对措施，每个措施应有明确的人员来负责，要求完成的时间以及进行的状态。进行处置措施风险分析和实施应急计划的主要步骤包括编制风险清单和确定应对措施，风险清单包括可预知的风险、风险的描述、受影响的范围、原因，以及对项目目标的可能影响；确定应对措施，在应急计划中，要选择适当的应对措施，就应对措施形成一致意见，同时还要预计在已经采取了计划的措施之后仍将有残留的风险和可能继发的风险，以及那些主动接受的风险，并对不可预见风险进行技术和人员储备。选择应对策略所采取的具体行动、流程、预算、设备、人员和其对应的责任。对于可能发生的特定风险，可采用风险转移的方式进行处置。

（5）风险处置措施确认

在完成成本效益分析和残余风险分析后，对每项风险选定一种或者几种处置措施，完成最终的风险处置措施列表。然后对所有措施的成本、效益和残余的风险进行汇总，分析所选措施实施的整体成本、效益和残余风险，确定满足风险处置目标。在完成风险处置措施选择后，应将最终的处置措施提交组织管理层进行确认和批准。所以风险处置措施选择列表应当包含风险处置备选措施列表、风险处置成本效益分析报告、风险处置残余风险分析报告、风险处置备选措施应急计划等。

（6）风险处置方案编制

依据机构的使命和相关规定，结合处置依据、处置目标、范围和方式，风险处置措施、成本效益分析、残余风险分析以及风险处置团队的组成编制风险处置方案。风险处置方案应包括风险处置的范围、对象、目标、组织结构、成本预算和进度安排，并对实施方法、使用工具、潜在风险、回退方法、应急计划以及各项处置措施的监督和审核方法及人员进行明确说明。风险处置方案编制完成后，可由管理层批准，或由组织专家对风险处置方案进行评审。所以风险处置方案应当包含风险处置措施选择列表、风险处置计划。

2.4.4　风险处置方案实施

（1）风险处置措施测试

风险处置措施测试是在风险处置措施正式实施前，选择风险处置关键措施，尤其是对在线生产系统，应进行测试以验证风险处置措施是否符合风险处置目标，判断措施的实施是否会引入新的风险，同时检验应急恢复方案是否有效。如果发现某项处置措施无法实施，则应重新选择处置方法，必要时需重新进行成本效益分析、风险分析和审批。

（2）风险处置措施实施

在完成风险处置措施的测试工作后，应按照风险处置方案实施具体的风险处置措施。在实施过程中，实施风险处置的操作人员应对具体的操作内容进行记录、验证实施效果，并签字确认，形成风险处置实施的记录，以便后期回溯和责任认定。在风险处置措施实施的过程中，还应对每个风险点的处置细节进行跟踪，确认具体操作是否按照方案步骤实施、严格遵守实施后效果的验证、详细填写文件记录等，进而做到对每个风险点处置质量的控制。

（3）风险处置过程监管与审核

在风险处置过程中，应根据风险处置方案明确风险处置质量、进度和费用等，进行督察、监控和评价，以确保实现风险处置的目标。风险处置的审核应该包括以下内容：监控过程的有效性，风险处置过程是否完整并被有效执行，输出的文档是否齐备和内容完整。监控成本的有效性，根据方案中的成本效益分析，确定执行中的成本与收益是否符合预期目标。审核结果的有效性和符合性，风险处置结果是否符合风险处置的目标，风险处置结果是否因处置措施的实施引入了其他风险或处置失效。所以风险处置实施报告应当包含风险处置方案、风险处置实施记录等内容。

2.4.5　风险处置效果评价

在风险处置完成后，应评价风险处置的效果。风险处置效果评价报告是批准监督阶段工作的重要依据。风险处置效果评价一般包括编制评价方案、评价实施效果和确定持续改进等内容。

（1）评价原则

风险处置目标实现原则：在进行风险处置效果评价时，重点要验证风险处置目标列表中确定的目标是否实现。残余风险可接受准则：风险处置的目的是为了将风险控制在可接受的范围内，因此评价风险处置效果，就要评价实施风险处置后的残余风险是否可接受。安全投入合理准则：既要保证残余风险程度是可接受的，又要防止为了将残余风险降低到足够小而作出了远远超过实际需要的投入。在满足以上准则的基础上，还可制定其他效果评价准则，例如，在同样安全投入和同样残余风险程度时，倾向于选择持续有效时间长的控制措施。

（2）评价方法

风险处置效果评价方法根据风险处置结果不同可以分为残余风险评价方法和效益评价方法。残余风险评价方法：遵照 GB/T 20984—2007 中提供的流程和方法，评价实施风险处置后的残余风险。效益评价方法：通过分析安全措施产生的直接和间接的经济社会效益与安全投入之间的成本效益比，所实施的安全措施的成本效益比与可替代安全措施的成本效益比等，对所采取的安全措施的效益进行评价。风险处置效果评价方法：根据评价对象不同可以分为控制措施有效性评价方法和整体风险控制有效性评价方法。控制措施有效性评价方法：针对每个所选择的控制措施采用风险评价方法和效益评价方法。整体风险控制有效性评价方法：基于业务的风险控制评价，结合风险评估报告中相关信息，综合评价实施风险处置措施后，再评价残余安全风险的可接受程度以及安全投入的合理性。

（3）评价方案

为有效实施风险处置效果评价，宜根据风险处置前期的风险评估和风险处置成果，确定评价对象、评价目标、评价方法与评价准则、评价项目负责人及团队组成，做好评价工作总体计划，并编制评价方案。评价方案应通过专家评审，评价方案应获得组织管理层、风险处置实施团队的认可。通过风险评估报告（该报告包含了资产识别、威胁识别、脆弱性识别和风险分析等内容）、经批准的风险处置计划（该计划包含了组织管理层认可的风险处置依据、目标、范围和处置方式、残余风险可接受程度等）、风险处置方案（该方案包含了风险处置方式、风险处置控制措施等）、风险处置实施报告（该报告包含了风险处置实施过程的详细信息等）及其他材料（在风险处置过程中形成的其他材料）可以得出风险处置效果评价方案。风险处置效果评价方案应至少包括评价对象、评价目标、评价依据、评价方法与评价准则、评价项目负责人及团队组成、评价工作的进度安排等内容。

（4）评价实施

风险处置效果评价方案编制完成后，应进行审核，并获得相关方的认可和组织领导层的批准。在评价过程中，应设置监督员，对评价过程进行监控，保证评价过程客观公正。效果评价可以分为现场评价和分析评估两个阶段，现场评价阶段是指现场验证控制措施的有效性，并进行记录。分析评估阶段是指使用基于资产的风险评价方法和整体风险评估方法对风险处置效果进行评价。评价完成后，应编制风险处置效果评价报告，评价风险处置的效果，给出改进建议，并就评价报告与相关人员进行沟通。

（5）持续改进

风险处置效果评价报告为风险管理的监督提供依据，也是风险管理中监督检查的重要依据。在监督检查中，可根据风险处置效果评价报告确定是否进行持续改进。通过风险处置效果评价报告可以得出风险处置后续改进方案。

第**3**章 信息安全风险的识别与分析

3.1 信息安全检查

3.1.1 工作流程

信息系统安全检查实行"谁主管谁负责，谁运行谁负责，谁使用谁负责"的原则，采取各单位自查与统一组织抽查相结合的方式进行。安全检查工作需统筹安排、突出重点、明确责任、注重时效、保证质量。信息安全检查的工作流程如图 3-1 所示。

信息安全检查根据不同的行业标准，有不同的检查依据，包括中央网信办、工信部、公安部等相关文件要求。安全检查项根据各个行业标准不同，检查的项也不同，整体的检查也分为技术和管理两方面，检查采取人工访谈、现场查看、登录核查、工具检测、文档审核和渗透测试等方式开展。安全检查不涉及评分，主要是对检测的对象进行检查，描述问题，提供整改建议。

3.1.2 工作内容

安全检查内容主要依据国家信息安全管理职能部门的相关要求的检查内容开展，检查分为信息系统基本情况检查、管理安全检查和技术安全检查三大部分。

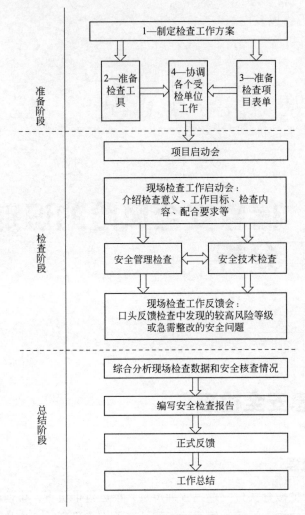

图 3-1   信息安全检查工作流程

（1）信息系统基本情况检查

信息系统基本情况包括系统特征情况、系统构成情况、信息技术外包服务情况。

（2）管理安全检查

管理安全检查主要是对信息安全的管理工作进行核查，包括机房的物理环境、安全策略、安全组织和制度建设情况、信息安全教育培训、应急预案与演练等内容。

（3）技术安全检查

技术安全检查主要通过技术手段，以渗透测试和现场安全检查的方式进行，对服务器、数据库、终端计算机、网络设备和安全设备等进行核查。

主要检查内容：物理安全检查涉及机房和数据中心等；网络安全检查涉及内部网络、外部网络以及网络间互联；信息系统安全检查涉及信息系统所属的服务器；终端计算机检查应涉及信息系统相关的计算机终端（含台式机和笔记本电脑）；管理安全检查涉及机房和信息系统运维人员，相关信息安全管理制度。

3.1.3　工作组织

安全检查由总部机关的信息化管理部门统一领导和组织，本着科学、规范、客观、公正、相互理解、支持、协作的精神，严格按照既定方案执行。在安全检查准备阶段应成立安全检查小组，具体的检查内容由安全检查小组执行，检查过程中出现任何情况都由检查小组组长协调解决。信息安全检查人员分工见表3-1。

表3-1　信息安全检查人员分工

角色	工作内容	备注
组长	① 负责检查小组的日常管理工作和人员调配 ② 向上级汇报相关的工作情况 ③ 主管领导的访谈 ④ 主持启动会和反馈会	
副组长	① 协助组长完成日常工作 ② 现场查看、登录核查、访谈运维人员、机房检查 ③ 资料整理工作	
工作协调	① 与被检查单位积极沟通 ② 协调工作环境 ③ 解决工作中遇到的非技术性困难	
文档管理	① 对收集到被检查单位的文档进行归类、保存 ② 对检查中采集的数据进行收集和管理	
工作组成员	① 主管领导的访谈 ② 现场查看、登录核查、访谈运维人员、机房检查 ③ 资料整理 ④ 安全检查报告的编制工作	

3.1.4　检查对象选取

（1）机房的选取原则

应选取承载被检测信息系统的机房，每个机房的安全状况应分开叙述，如果一个地方存在多个物理机房，应对每个机房分别进行检测和分析。

（2）网络的选取原则

应选取业务内网和业务外网分别进行检测，其中用于隔离业务内网和业务外网的设备（防火墙或网闸）应划归业务外网。

（3）访谈对象的选取原则

在管理安全检测中对访谈对象进行选取时应包括机房运维人员、服务器运维人员、应用软件运维人员、数据库运维人员和终端运维人员。

（4）服务器的选取原则

同一信息系统中不同应用服务器可各选择 1 台，包括 Web 服务器、中间件服务器和数据库服务器等，同时需检测这些服务器的操作系统；对同一信息系统中同样类型的操作系统，如版本号存在差异，则不同版本号的服务器都应作为被检测对象，如 IBM-AIX5.3 和 IBM-AIX6.1；被检测信息系统的业务应用如关联到其他信息系统（不在此次检测范围内），应抽取与被检测信息系统有业务关联的服务器进行检测；对于承载不同信息系统业务的同一台服务器（物理设备），划分了多个虚拟机，例如 1 个小型机（物理设备）虚拟为 3 个服务器，则将每个虚拟机作为独立的主机进行检测；对于多个服务器（物理设备），划分了多个虚拟机承载不同信息系统业务，例如 2 个服务器（物理设备）虚拟为 3 个服务器（独立 IP），则将每个虚拟机作为独立的主机进行检测。

（5）终端计算机的选取原则

选择与信息系统相关的终端计算机进行抽样检查，包括笔记本电脑和台式机等设备。

3.1.5　检查工作实施

安全检查主要包括安全技术检查和安全管理检查两个方面，其检查的内容主要包括以下几个方面。

3.1.5.1　安全技术检查

安全技术检查见表 3-2。

表 3-2　安全技术检查

序号	检查项	检查内容
1	网络架构安全	● 网络拓扑图与网络现状的一致性情况 ● 网络安全域划分情况和访问控制措施 ● 网络各边界的防护措施 ● 办公内网与互联网隔离情况
2	网络设备的安全配置	交换机 ● 版本升级情况 ● Vlan 划分以及各 Vlan 间的访问控制策略 ● 口令设置和管理，口令文件的安全存储形式 ● 配置文件的备份情况 ● 端口开放情况 ● 备份情况 ● 日志审计

序号	检查项	检查内容
3	网络设备的安全配置	路由器 ● 版本升级情况 ● 口令设置和管理，口令文件的安全存储形式 ● 配置文件的备份情况 ● 端口开放情况 ● 备份情况 ● 日志审计
4	安全设备检查	防火墙 ● 部署情况 ● 配置策略及配置有效性 ● 日志记录、存储情况 ● 对防火墙进行安全扫描 ● 运行维护情况
5		入侵检测系统 ● 部署情况 ● 运行维护情况 ● 配置有效性和运行安全性
6		防病毒系统 ● 部署合理性 ● 病毒查杀 ● 病毒库升级 ● 日志记录 ● 运行维护情况 ● 应急恢复
7		漏洞扫描 ● 部署情况 ● 日志记录、存储情况 ● 运行维护情况
8		桌面管理 ● 覆盖率 ● 已启用的安全策略及规则 ● 运行维护情况
9		审计系统 ● 安装运行情况 ● 是否搜集关键设备日志 ● 具有日志审计数据备份与恢复机制 ● 运行维护情况
10		网络准入系统 ● 安装运行情况 ● 终端实名认证开启情况 ● 安全策略加载情况（检查杀毒软件客户端、桌面安全管理系统和补丁更新情况）

续表

序号	检查项	检查内容
11	安全设备检查	上网行为监控系统 ● 安装运行情况 ● 所有外网用户是否启用了实名认证 ● 是否加载了各类上网行为审计策略
12	服务器安全检查	● 账户及口令安全 ● 系统安全补丁 ● 共享资源情况 ● 开放的服务和端口 ● 运行软件的安全检测
13	终端计算机安全检查	● 网络违规互联情况 ● 移动存储介质违规使用情况 ● 违规存储涉税、涉密文件情况 ● 木马、后门程序检测 ● 安全配置情况
14	远程安全性验证	远程渗透测试 ● 依托互联网开展渗透测试工作 ● 对门户网站进行渗透性测试 ● 对互联网应用系统进行渗透性测试 ● 对网络边界进行渗透性测试
15		远程扫描 ● 定制扫描策略 ● 从网络内部进行扫描 ● 对重点信息系统的服务器和数据库进行扫描 ● 扫描分为配置核查和漏洞扫描两类

3.1.5.2　安全管理检查

安全管理检查见表 3-3。

表3-3　安全管理检查

序号	检查项	检查内容
1	规章制度	落实有关信息安全政策、法规、规章制度的情况；本单位的安全政策、规章制度的建设及执行情况
2	安全组织	网络与信息安全组织机构的建立情况及职能履行情况；安全岗位的建立及人员落实情况
3	资产分类与控制	有准确的信息资产清单；按重要程度和敏感性对信息和资产分类；关键设备和服务采购时的保密约束及备案情况
4	人员安全	工作人员岗位职责制定情况；工作人员和第三方人员的保密协议签署情况；信息安全培训工作开展情况；第三方人员的访问控制情况；信息安全责任追究情况
5	物理和环境的安全	机房安全区域划分及管理情况；机房的电力、空调、温湿度、漏水监控等设备的运行情况；机房出入控制管理情况

续表

序号	检查项	检查内容
6	运行管理	重要操作的操作规程制定情况；互联网访问服务的安全管理情况；系统安全监控情况；信息安全风险评估工作开展情况；电子数据处理及控制情况
7	访问控制	访问控制策略制定情况；用户访问管理、网络访问管理、操作系统访问管理、远程访问及存储介质管理的情况
8	应用系统开发和维护	系统设计阶段是否考虑安全需求，软件开发和维护过程中的安全管控
9	数据安全管理	核查文档的安全管理，包括敏感文档浏览、复制、传播、存储和销毁；数据访问控制情况，敏感文档资料、服务器、用户终端、数据库等数据加密保护能力
10	应急与数据备份	信息安全应急响应的组织、制度、预案建设情况；预案演练情况；数据备份和数据恢复的情况
11	信息安全经费情况	检查信息化建设投入情况、信息安全建设投入情况
12	安全检测评估	主要检查信息安全风险评估情况，信息安全风险评估的实施效果以及整改情况
13	终端安全	主要检查台式机、笔记本和移动存储介质、分类管理、分类使用以及安全措施落实等情况
14	商用密码设施管理	商用密码设施管理和使用情况，包括管理机构、管理制度、人员管理、密码设施建设管理、固定密码设施使用、移动密码载体使用等内容

3.2　信息安全风险评估

　　信息在人们的生产、生活中扮演着越来越重要的角色，人类越来越依赖基于信息技术所创造出来的产品，以信息技术为基础的信息产业已经成为世界经济的重要支柱产业，信息产业的发达程度已经成为一个国家的综合国力和国际竞争力强弱的重要标志。然而人们在尽情享受信息技术带给人类巨大进步的同时，也逐渐意识到它是一把双刃剑。近年来，由于信息系统安全问题所产生的损失、影响不断加剧，信息安全问题越来越受到人们的普遍关注，它已经成为影响信息技术发展的重要因素。然而针对出现的安全问题，采用一些事后、被动、单一的安全防护措施，并以暂时解决某个问题为结束标志，这类信息安全防护措施建设的模式已经远不能适应信息安全的发展要求。这种模式往往缺少系统的考虑，带有很大盲目性，经常是花费较大、收效甚微，造成资金、人员的巨大浪费。

　　信息安全问题单凭技术是无法得到彻底解决的，它的解决涉及政策法规、管理、标准、技术等方面，任何单一层次上的安全措施都不可能提供真正的全方位的安全，信息系统安全问题的解决更应该站在系统工程的角度来考虑。在这项系统工程中，信息安全风险评估占有重要的地位，它是信息安全保障的基础和前提。

3.2.1　工作流程及框架

对网络与信息系统进行风险分析和评估的目的是为了了解网络与信息系统目前与未来的风险所在，评估这些风险可能带来的安全威胁与影响程度，为安全策略的确定、信息系统的建立及安全运行提供依据。通过第三方权威部门或者国际机构评估和认证，也给用户提供了信息技术产品和系统可靠性的信心，增强产品的竞争力。风险评估是风险管理的最根本依据，是对现有网络的安全性进行分析的第一手资料，也是网络安全领域内最重要的内容之一。在开展网络安全设备选型、网络安全需求分析、网络建设、网络改造、应用系统试运行、内网与外网互联、与第三方业务伙伴进行网上业务数据传输、电子政务服务等业务之前，进行风险评估会帮助组织在一个安全的框架下进行活动。通过风险评估来识别风险大小，通过制定信息安全方针，明确控制目标，采取适当的控制方式对风险进行控制，使风险被规避、转移或降至一个可被接受的水平。

信息安全风险评估主要依据《信息安全技术　信息安全风险评估规范》（GB/T 20984—2007）、《信息安全管理指南》（ISO/IEC 13335）、《信息安全管理体系　要求》（ISO/IEC 27001）等相关标准，通过核查、访谈和技术检测等多种方式对风险要素进行数据采集，采用定量、定性相结合的方法对采集数据进行综合风险分析。

在风险评估实施过程中，资产识别以问卷调查为主，结合顾问访谈和现场查看，对信息资产赋值；威胁识别以问卷调查和顾问访谈为主，结合技术检测验证，对威胁要素赋值；脆弱性识别以技术检测为主，结合现场查看和问卷调查，对脆弱性要素赋值；综合分析上述各类要素，分级、分步进行风险计算，形成风险列表，划分风险等级，分析风险对系统安全的影响程度，形成最终的风险评估报告。

（1）评估实施流程

风险评估的实施流程如图 3-2 所示。

（2）风险评估框架

风险要素关系：风险评估中各要素的关系如图 3-3 所示，图中方框部分的内容为风险评估的基本要素，椭圆部分的内容是与这些要素相关的属性。风险评估围绕着业务、资产、威胁、脆弱性、安全措施和风险这些基本要素展开，在对基本要素的评估过程中，需要充分考虑战略、安全需求、安全事件、残余风险、业务重要性和资产价值等与这些基本要素相关的各类属性。

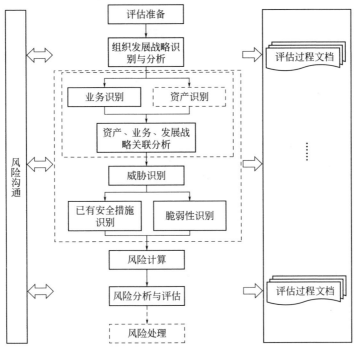

图 3-2　风险评估实施流程

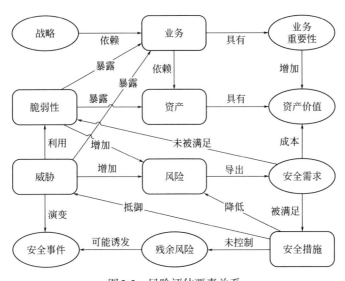

图 3-3　风险评估要素关系

图 3-3 中的风险要素及属性之间存在着以下关系。战略通过业务落地，业务的战略地位越高，要求其风险越小。业务是有价值的，组织的业务重要程度越高，以及对资产的依赖程度越高，资产价值就越大。业务的脆弱性可能暴露具有

价值的业务，业务脆弱性越高则风险可能越大。业务是有价值的，业务价值越大，面临的威胁就可能越大。资产的脆弱性可能暴露具有价值的资产，资产具有的弱点越多则风险可能越大。脆弱性是未被满足的安全需求，威胁利用脆弱性危害资产和业务。风险是由威胁引发的，业务面临的威胁越多则风险可能越大，并可能演变成为安全事件。安全措施可削弱脆弱性，降低风险。安全措施可抵御威胁，降低风险。安全需求可通过安全措施得以满足，需要结合业务和资产价值考虑实施成本。风险的存在及对风险的认识导出安全需求，残余风险有些是风险控制措施不当或无效，需要加强才可控制的风险，而有些则是在综合考虑了安全成本与效益后不去控制的风险。残余风险应受到密切监视，它可能会在将来诱发安全事件。

（3）风险分析原理

风险分析原理如图3-4所示，风险分析中要涉及业务、资产、威胁、脆弱性、安全措施和风险这六个基本要素。每个要素有各自的识别内容，业务的识别内容是战略、战略地位、盈利程度和职能；资产的识别内容是完整性、保密性和可用性；威胁的识别内容是动机、能力、频率和可能性等；脆弱性的识别内容是业务和资产弱点的严重程度。风险分析的主要内容为对业务进行识别，并对业务的重要性进行赋值；对资产进行识别，并对资产的价值进行赋值；对威胁进行识别，并根据业务识别和威胁识别的结果，对威胁动机、威胁能力、威胁频率和威胁可能性进行赋值；对脆弱性进行识别，并对与具体安全措施关联分析后的脆弱性可利用性和严重程度赋值；根据威胁及威胁利用脆弱性的难易程度判断安全事件发生的可能性；根据脆弱性严重程度及安全事件所作用业务和资产的价值计算安全事件的损失；根据安全事件发生的可能性以及安全事件出现后的损失，计算安全事件一旦发生时对组织的影响，即风险值。

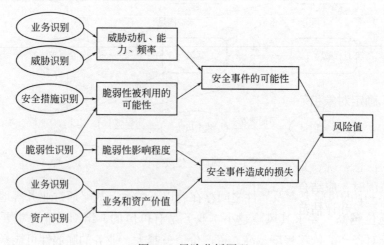

图3-4　风险分析原理

3.2.2　工作内容

信息安全风险评估的工作主要分为三个阶段，即前期准备阶段、现场评估阶段和风险分析阶段。

（1）前期准备阶段

前期准备阶段的主要工作内容是成立项目实施团队、确定项目实施范围、形成现场工作计划以及下发调研表单。

（2）现场评估阶段

现场评估阶段的主要工作内容是启动会议，核查资产，查看网络拓扑结构，人员访谈，威胁识别，进行物理脆弱性核查、网络脆弱性核查、主机脆弱性核查、应用脆弱性核查以及管理脆弱性核查，渗透测试，资产赋值，威胁赋值以及脆弱性赋值，最后进行项目总结会等。

（3）风险分析阶段

风险分析阶段的主要工作内容是进行风险计算和分析，并编写风险评估报告。

3.2.3　确定评估对象

风险评估的准备是整个风险评估过程有效性的保证。组织实施风险评估是一种战略性的考虑，其结果将受到组织战略、业务、业务流程、安全需求、系统规模和结构等方面的影响。因此，在风险评估实施前，应当确定风险评估的目标，确定风险评估的对象和范围，组建适当的评估管理与实施团队，对系统进行前期调研，确定评估依据和方法，制定风险评估实施方案，获得最高管理者对风险评估工作的支持。

信息安全风险评估涉及组织内部有关重要信息，被评估组织应慎重选择评估单位、评估人员的资质和资格，并遵从国家或行业相关管理要求。

（1）确定目标

根据满足组织发展战略以及工作职能相关持续发展在安全方面的需要、法律法规的规定等内容，识别现有业务、技术及管理上的不足，以及可能造成的风险大小。

（2）确定对象和范围

风险评估针对非涉密信息系统，风险评估的对象可能是组织战略、业务以及全部的信息及与信息处理相关的各类资产、管理机构、管理制度，也可能是某个独立的信息系统、关键业务流程、与客户知识产权相关的系统或部门等。在确定评估范围时，应结合已确定的评估目标和组织的实际信息系统建设情况，合理定义评估对象和评估范围边界，可以参考以下依据来作为评估范围边界的划分原则：业务系统的业务逻辑边界、网络边界、物理环境边界和组织管理权限边界。

（3）组建团队

根据评估的工作形式（自评估或检查评估）确定风险评估实施团队，由管理层、业务管理部门、相关业务骨干、信息技术等人员组成风险评估小组。必要时，可组建由评估方、被评估方领导和相关部门负责人参加的风险评估领导小组，聘请相关专业的技术专家和技术骨干组成专家小组。评估实施团队应召开风险评估工作启动会议，做好评估前的表格、文档、检测工具等各项准备工作，进行风险评估技术培训和保密教育，制定风险评估过程管理的相关规定。可根据被评估方要求，双方签署保密合同，必要时签署个人保密协议。

（4）前期调研

前期的系统调研是确定被评估对象的过程，风险评估小组应进行充分的系统调研，为风险评估依据和方法的选择、评估内容的实施奠定基础。调研内容至少应包括：组织发展战略及组织职能；业务及相关流程，具体管理和支撑部门及其相关人员；业务相关信息技术支撑措施；主要的业务功能和要求；网络结构与网络环境，包括内部连接和外部连接；系统边界，包括业务逻辑边界、网络及设备载体边界、物理环境边界、组织管理权限边界等；主要的硬件、软件；数据和信息；系统和数据的敏感性；支持和使用系统的人员；信息安全管理组织建设和人员配备情况；信息安全管理制度；系统脆弱性；系统面临的威胁；法律法规及服务合同。

前期的系统调研可以采取问卷调查与现场面谈相结合的方式进行。调查问卷提供了一套关于管理或操作控制的问题表格，供系统技术或管理人员填写；现场面谈则是由评估人员到现场观察并收集系统在物理、环境和操作等方面的信息。

（5）确定依据

根据前期的系统调研结果，并根据评估的工作形式（自评估或检查评估）确定评估依据。评估依据主要包括：适用的法律、法规；现行国际标准、国家标准、行业标准；组织发展战略，相关业务职能；行业主管机关对业务系统的要求和制度；与信息系统安全保护等级相应的基本要求；被评估组织的安全要求；系统自身的实时性或性能要求等。

根据评估依据，应考虑被评估对象的安全需求来选择具体的风险计算方法，并依据业务实施对系统安全运行的需求，确定相关的判断依据，使之能够与组织环境和安全要求相适应。

（6）制定方案

风险评估方案的目的是为了后面的风险评估实施活动提供一个总体计划，用于指导实施方开展后续工作，风险评估方案应得到被评估组织的确认和认可。风险评估方案一般包括以下内容。

- 风险评估工作框架：包括评估目标、评估范围、评估依据等；
- 评估团队组织：包括评估小组成员、组织结构、角色、责任，如有必要还应包括风险评估领导小组和专家组组建介绍等；

- 评估工作计划：包括各阶段工作内容、工作形式、工作成果等；
- 风险规避：包括保密协议、评估工作环境要求、评估方法、工具选择、应急预案等；
- 时间进度安排：评估工作实施的时间进度安排。

（7）获得支持

上述所有内容确定后，应形成较为完整的风险评估实施方案，获得组织管理者的支持、批准。同时，须对管理层和技术人员进行传达，在组织范围内就风险评估相关内容进行培训，以明确有关人员在风险评估中的任务。

3.2.4　评估工作实施

（1）资产识别与赋值

① 资产识别　资产识别包括资产类别识别、资产业务承载性识别和资产关联性识别三个方面。根据资产的表现形式，可将资产分为数据、服务、信息系统、平台或支撑系统、基础设施、人员管理等。在实际工作中，具体的资产分类方法可以根据具体的评估对象和要求，由评估方灵活把握。一种基于表现形式的资产分类方法见表3-4。

表3-4　一种基于表现形式的资产分类方法

类别	分类	示例
有形资产	数据	业务生产数据：数据库数据、分布式存储系统数据等 配置、审计、监测数据：系统运行监测数据、运行日志、软硬件配置数据等 文档数据：系统文档、运行管理规程、计划、报告、用户手册、各类纸质的文档等
	信息系统	应用系统：业务系统等 应用软件：办公软件、各类工具软件、移动应用软件等 源程序：各种共享源代码、自行或合作开发的各种代码等
	平台或支撑系统	平台：支撑系统运行的基础设施平台，如云计算平台、大数据平台等 虚拟化支撑系统：支撑系统运行的虚拟化系统，如虚拟机管理器和虚拟机等 支撑接口：信息系统依赖的第三方平台接口，如云计算PaaS层服务向其他信息系统提供的服务接口等 传统支撑系统：操作系统、数据库管理系统、中间件、开发系统、语句包等
	基础设施	网络设备：路由器、网关、交换机等 安全设备：防火墙、入侵检测/防护系统、防病毒网关、态势感知系统等 计算机设备：大型机、小型机、服务器、工作站、台式计算机、便携计算机等 存储设备：磁带机、磁盘阵列、磁带、光盘、软盘、移动硬盘等 传输线路：光纤、双绞线等 保障设备：UPS、变电设备、空调、保险柜、文件柜、门禁、消防设施等 智能终端：感知节点设备（物联网感知终端）、移动终端等 其他：打印机、复印机、扫描仪、传真机等

续表

类别	分类	示例
无形资产	服务	信息服务：对外依赖该系统开展的各类服务 网络服务：各种网络设备、设施提供的网络连接服务 办公服务：为提高效率而开发的管理信息系统，包括各种内部配置管理、文件流转管理等服务 供应链服务：为了支撑业务、信息系统运行、信息系统安全，第三方供应链以及服务商提供的服务等 平台服务：对外依赖云计算平台、大数据平台等开展的各类服务，如云主机服务、云存储服务等
	人员管理	运维人员：对基础设施、平台、支撑系统、信息系统或数据进行运维的人员，网络管理员、系统管理员等 业务操作人员：对业务系统进行操作的业务人员或管理员等 安全管理人员：安全管理员、安全管理领导小组等 外包服务人员：外包运维人员、外包安全服务或其他外包服务人员等
	其他	声誉：组织形象、组织信用 知识产权：版权、专利等 业务关系：客户关系、组织关系、政府关系等

　　资产根据业务承载性有多种表现形式，同样的两个资产也因属于不同的业务而具有不同的重要性。对于提供多种业务的组织，其支持业务持续运行的业务组成形式较多，其资产承载情况较为复杂。将信息系统作为纽带，对资产进行业务承载性识别，为下一步的风险评估打下基础。

　　资产具有关联性，同一资产可能承载了不同的业务。在云计算平台或大数据平台，计算资源、网络资源和存储资源进行了虚拟化，资产间的关联性和安全性有更多相关性。

　　保密性、完整性和可用性是评价资产的三个安全属性。风险评估中资产的价值不是以资产的经济价值来衡量的，而是由资产在这三个安全属性上的达成程度或者其安全属性未达成时所造成的影响程度，以及资产与业务关联后的重要程度来决定的。安全属性达成程度的不同将使资产具有不同的价值，业务重要程度的不同使资产具有不同的重要性，而资产面临的威胁、存在的脆弱性以及已采用的安全措施都将对资产安全属性的达成程度以及其上承载的业务安全程度产生影响。为此，应对组织中的资产进行识别。

　　② 资产赋值　根据资产在保密性上的不同要求，将其分为五个不同的等级，分别对应资产在保密性上应达成的不同程度或者保密性缺失时对整个组织的影响。资产保密性赋值见表3-5。

表3-5　资产保密性赋值

赋值	标识	定义
5	很高	包含组织最重要的秘密，关系未来发展的前途命运，对组织根本利益有着决定性的影响，如果泄露会造成灾难性的损害
4	高	包含组织的重要秘密，其泄露会使组织的安全和利益遭受严重损害
3	中等	组织的一般性秘密，其泄露会使组织的安全和利益受到损害
2	低	仅能在组织内部或在组织某一部门内部公开的信息，向外扩散有可能对组织的利益造成轻微损害
1	很低	可对社会公开的信息，公用的信息处理设备和系统资源等

　　根据资产在完整性上的不同要求，将其分为五个不同的等级，分别对应资产在完整性上应达成的不同程度或者完整性缺失时对整个组织的影响。资产完整性赋值见表3-6。

表3-6　资产完整性赋值

赋值	标识	定义
5	很高	完整性价值非常关键，未经授权的修改或破坏会对组织造成重大的或无法接受的影响，对业务冲击重大，并可能造成严重的业务中断，难以弥补
4	高	完整性价值较高，未经授权的修改或破坏会对组织造成重大影响，对业务冲击严重，较难弥补
3	中等	完整性价值中等，未经授权的修改或破坏会对组织造成影响，对业务冲击明显，但可以弥补
2	低	完整性价值较低，未经授权的修改或破坏会对组织造成轻微影响，对业务冲击轻微，容易弥补
1	很低	完整性价值非常低，未经授权的修改或破坏对组织造成的影响可以忽略，对业务冲击可以忽略

　　根据资产在可用性上的不同要求，将其分为五个不同的等级，分别对应资产在可用性上应达成的不同程度或者可用性缺失时对整个组织的影响程度。资产可用性赋值见表3-7。

表3-7　资产可用性赋值

赋值	标识	定义
5	很高	可用性价值非常高，合法使用者对业务流程、信息及信息系统的可用度达到每年99.9%以上，或系统不允许中断
4	高	可用性价值较高，合法使用者对业务流程、信息及信息系统的可用度达到每天90%以上，或系统允许中断时间小于10min
3	中等	可用性价值中等，合法使用者对业务流程、信息及信息系统的可用度在正常工作时间达到70%以上，或系统允许中断时间小于30min

赋值	标识	定义
2	低	可用性价值较低，合法使用者对业务流程、信息及信息系统的可用度在正常工作时间达到25%以上，或系统允许中断时间小于60min
1	很低	可用性价值可以忽略，合法使用者对业务流程、信息及信息系统的可用度在正常工作时间低于25%

资产重要性应依据资产在保密性、完整性和可用性上的赋值等级，以及与业务的关联分析结果，经过综合评定得出。综合评定方法可以根据自身的特点，选择对资产保密性、完整性、可用性、业务重要性和业务流程重要性进行加权计算得到资产的最终赋值结果。加权方法可根据组织的业务特点确定。资产重要性赋值见表3-8。

表3-8 资产重要性赋值

等级	标识	资产重要性赋值描述
5	很高	非常重要，其安全属性破坏后可能对组织造成非常严重的损失
4	高	重要，其安全属性破坏后可能对组织造成比较严重的损失
3	中等	比较重要，其安全属性破坏后可能对组织造成中等程度的损失
2	低	不太重要，其安全属性破坏后可能对组织造成较低的损失
1	很低	不重要，其安全属性破坏后对组织造成很小的损失，甚至忽略不计

（2）威胁识别

动机、能力和频率是威胁的属性，威胁来源的不同决定所涉及威胁类别的不同。威胁来源可分为人为因素和环境因素。根据威胁的动机，人为因素又可分为恶意和非恶意两种。环境因素包括自然界不可抗的因素和其他物理因素。威胁作用形式可以是对业务或信息系统直接或间接的攻击，也可能是偶发的或蓄意的事件。在对威胁进行分类前，应考虑威胁的来源。对于威胁来源的识别，应以组织职能和发展战略为核心。威胁来源见表3-9。

表3-9 威胁来源

来源		描述
环境因素		断电、静电、灰尘、潮湿、温度、鼠蚁虫害、电磁干扰、洪灾、火灾、地震、意外事故等环境危害或自然灾害，以及软件、硬件、数据、通信线路等方面的故障，或者依赖的第三方平台或者信息系统等方面的故障
人为因素	恶意人员	不满的或有预谋的内部人员对信息系统进行恶意破坏；采用自主或内外勾结的方式盗窃机密信息或进行篡改，获取利益 外部人员利用信息系统的脆弱性，对网络或系统的保密性、完整性和可用性进行破坏，以获取利益或炫耀能力

续表

来源		描述
人为因素	非恶意人员	内部人员由于缺乏责任心，或者由于不关心或不专注，或者没有遵循规章制度和操作流程而导致故障或信息损坏；内部人员由于缺乏培训、专业技能不足、不具备岗位技能要求而导致信息系统故障或被攻击

对威胁进行分类的方式有多种，威胁的分类识别应以组织职能和发展战略为核心。一种基于表现形式的威胁分类见表 3-10。

表3-10　一种基于表现形式的威胁分类

种类	描述	威胁分类
软硬件故障	对业务实施或系统运行产生影响的设备硬件故障、通信链路中断、系统本身或软件缺陷等问题	设备硬件故障、传输设备故障、存储媒体故障、系统软件故障、应用软件故障、数据库软件故障、开发环境故障等
支撑系统故障	由于信息系统依托的第三方平台或者接口相关的系统出现问题	第三方平台故障、第三方接口故障等
物理环境影响	对信息系统正常运行造成影响的物理环境问题和自然灾害	断电、静电、灰尘、潮湿、温度、鼠蚁虫害、电磁干扰、洪灾、火灾、地震等
无作为或操作失误	应该执行而没有执行相应的操作，或无意执行了错误的操作	维护错误、操作失误等
管理不到位	安全管理无法落实或不到位，从而破坏信息系统正常有序运行	管理制度和策略不完善、管理规程缺失、职责不明确、监督控管机制不健全等
恶意代码	故意在计算机系统上执行恶意任务的程序代码	病毒、特洛伊木马、蠕虫、陷门、间谍软件、窃听软件等
越权或滥用	通过采用一些措施，超越自己的权限访问了本来无权访问的资源，或者滥用自己的权限，做出破坏信息系统的行为	非授权访问网络资源、非授权访问系统资源、滥用权限非正常修改系统配置或数据、滥用权限泄露秘密信息等
网络攻击	利用工具和技术通过网络对信息系统进行攻击和入侵	网络探测和信息采集、漏洞探测、嗅探（账号、口令、权限等）、用户身份伪造和欺骗、用户或业务数据的窃取和破坏、系统运行的控制和破坏等
物理攻击	通过物理的接触造成对软件、硬件、数据的破坏	物理接触、物理破坏、盗窃等
泄密	信息泄露给不应了解的他人	内部信息泄露、外部信息泄露等
篡改	非法修改信息，破坏信息的完整性使系统的安全性降低或信息不可用	篡改网络配置信息、篡改系统配置信息、篡改安全配置信息、篡改用户身份信息或业务数据信息等
抵赖	不承认收到的信息和所作的操作和交易	原发抵赖、接收抵赖、第三方抵赖等
供应链问题	由于信息系统开发商或者支撑的整个供应链出现问题	供应商问题、第三方运维问题等

种类	描述	威胁分类
网络流量不可控	由于信息系统部署在云计算平台或者托管在第三方机房，导致系统运行或者对外服务中产生的流量被获取，进而导致部分敏感数据泄露	数据外泄等
过度依赖	由于过度依赖开发商或者运维团队，导致业务系统变更或者运行，对服务商过度依赖	开发商过度依赖、运维服务商过度依赖、云服务商过度依赖等
司法管辖	在使用云计算或者其他技术时，数据存放位置不可控，导致数据存在境外数据中心，数据和业务的司法管辖关系发生改变	司法管辖
数据残留	云计算平台数据无法验证是否删除，物联网相关智能电表、智能家电等数据存在设备中或者服务提供商处	数据残留
事件管控能力不足	安全事件的感知能力不足，安全事件发生后的响应不及时、不到位	感知能力不足、响应能力不足、技术支撑缺乏、缺少专业支持
人员安全失控	违背人员的可用性，人员误用，非法处理数据，安全意识不足，因好奇、自负、情报等原因产生的安全问题	专业人员缺乏、不合适的招聘、安全培训缺乏、违规使用设备、安全意识不足、信息贿赂、输入伪造或错误数据、窃听、监视机制不完善、网络媒体滥用
隐私保护不当	个人用户信息收集后，保护措施不到位，数据保护算法不透明，已被黑客攻破	保护措施缺乏、无效，数据保护算法不当
恐怖活动	敏感及特殊时期，遭受到或带有政治色彩的攻击，导致信息战、系统攻击、系统渗透、系统篡改	高级持续性威胁攻击、邮件勒索、政治获益、报复、媒体负面报道
行业间谍	诸如情报公司、外国政府、其他政府为竞争优势、经济效益而产生的信息被窃取、个人隐私被入侵、社会工程事件等问题	信息被窃取、个人隐私被入侵、社会工程事件

（3）脆弱性识别

脆弱性本身不会造成损害，它被某个威胁所利用才会造成损害。如果脆弱性没有对应的威胁，则无须实施控制措施，但应注意并监视他们是否发生变化。应注意，控制措施的不合理实施、控制措施故障或控制措施的误用本身也是脆弱性。控制措施因其运行的环境，可能有效或无效。相反，如果威胁没有对应的脆弱性，也不会导致风险。

脆弱性可从技术和管理两个方面进行识别。技术脆弱性涉及信息环境的物理层、网络层、系统层、应用层等各个层面的安全问题或隐患。管理脆弱性又可分为技术管理脆弱性和组织管理脆弱性两方面，前者与具体技术活动相关，后者与管理环境相关。

脆弱性识别（见表 3-11）可以以资产为核心，针对每一项需要保护的资产识别可能被威胁利用的弱点，并对脆弱性的严重程度进行评估；也可以从物理、网络、系统、应用等层次进行识别，然后与资产、威胁对应起来。脆弱性识别的依据可以是国际或国家安全标准，也可以是行业规范、应用流程的安全要求。对应用在不同环境中的相同的弱点，其脆弱性严重程度是不同的，评估方应从组织安全策略的角度考虑、判断资产的脆弱性及其严重程度。信息系统所采用的协议、应用流程的完备与否与其他网络的互联等也应考虑在内。

表 3-11 脆弱性识别内容

类型	识别对象	识别内容
技术脆弱性	物理环境	从机房场地、机房防火、机房供配电、机房防静电、机房接地与防雷、电磁防护、通信线路的保护、机房区域防护、机房设备管理等方面进行识别
	网络结构	从网络结构设计、边界保护、外部访问控制策略、内部访问控制策略、网络设备安全配置等方面进行识别
	系统软件	从补丁安装、物理保护、用户账号、口令策略、资源共享、事件审计、访问控制、新系统配置、注册表加固、网络安全、系统管理等方面进行识别
	应用中间件	从协议安全、交易完整性、数据完整性等方面进行识别
	应用系统	从审计机制、审计存储、访问控制策略、数据完整性、通信、鉴别机制、密码保护等方面进行识别
管理脆弱性	技术管理	从物理和环境安全、通信与操作管理、访问控制、系统开发与维护、业务连续性等方面进行识别
	组织管理	从安全策略、组织安全、资产分类与控制、人员安全、符合性等方面进行识别

可以根据对资产的损害程度、技术实现的难易程度、弱点的流行程度，采用等级方式对已识别的脆弱性的严重程度进行赋值。由于很多弱点反映的是同一方面的问题，或可能造成相似的后果，赋值时应综合考虑这些弱点，以确定这一方面脆弱性的严重程度。

3.2.5 风险分析及风险处置

（1）风险分析

在完成了资产识别、威胁识别、脆弱性识别等内容后，将采用适当的方法与工具确定威胁利用脆弱性导致安全事件发生的可能性。综合安全事件所作用的资产价值及脆弱性的严重程度，判断安全事件造成的损失对组织的影响，即安全风险。本标准给出了风险计算原理，以下面的范式加以说明：

风险值 $= R(B, A, T, V) = R(L(H(B, T), Va), F(Ia, Vb))$

其中，R 表示安全风险计算函数；B 表示业务；A 表示资产；T 表示威胁；V 表示脆弱性严重程度；Va 表示安全措施削减后的脆弱性；Vb 表示安全措施削减前的脆弱性；Ia 表示安全事件所作用的资产价值；H 表示受业务价值影响后的威胁；L 表示威胁利用资产的脆弱性导致安全事件发生的可能性；F 表示安全事件发生后产生的损失，有以下四个关键计算环节：

① 根据威胁的动机、能力和频率的状况，计算不同业务价值下的威胁，即威胁值 $Tb = H$（业务重要性，威胁）$= H（B，T）$。在具体评估中，应综合考虑不同业务和业务流程所面临的威胁，以及由此而影响的威胁动机、能力和频率的情况。

② 计算安全事件发生的可能性。根据威胁出现频率及弱点的状况，计算威胁利用脆弱性导致安全事件发生的可能性，即安全事件发生的可能性 $= L$（威胁，脆弱性）$= L（T，V）$。在具体评估中，应综合攻击者技术能力（专业技术程度、攻击设备等）、脆弱性被利用的难易程度（可访问时间、设计和操作知识公开程度等）、资产吸引力等因素来判断安全事件发生的可能性。

③ 计算安全事件发生后的损失。根据资产价值及脆弱性严重程度，计算安全事件一旦发生后的损失，即安全事件的损失 $= F$（安全事件所作用的资产价值，安全措施削减前的脆弱性严重程度）$= F（Ia，Vb）$。部分安全事件的发生造成的损失不仅仅是针对该资产本身，还可能影响业务的连续性；不同安全事件的发生对组织造成的影响也是不一样的。在计算某个安全事件的损失时，应将对组织的影响也考虑在内。部分安全事件损失的判断还应参照安全事件发生可能性的结果，对发生可能性极小的安全事件（如处于非地震带的地震威胁、在采取完备供电措施状况下的电力故障威胁等）可以不计算其损失。

④ 计算风险值，根据计算出的安全事件发生的可能性以及安全事件的损失，计算风险值，即风险值 $= R$（安全事件发生的可能性，安全事件造成的损失）$= R（L（H（B，T），Va），F（Ia，Vb））$。评估方可根据自身情况选择相应的风险计算方法计算风险值，如矩阵法或相乘法。矩阵法通过构造一个二维矩阵，形成安全事件发生的可能性与安全事件的损失之间的二维关系；相乘法通过构造经验函数，将安全事件发生的可能性与安全事件的损失进行运算得到风险值。

（2）风险处置

风险处置方式一般包括接受、消减、转移、规避等，根据风险接受准则进行风险处置。

对不可接受的风险应根据导致该风险的脆弱性制定风险处置计划。风险处置计划中应明确采取的弥补脆弱性的安全措施、预期效果、实施条件、进度安排、责任部门等。安全措施的选择应从管理与技术两个方面考虑。安全措施的选择与实施应参照信息安全的相关标准进行。

残余风险处置是风险评估活动的延续，是被评估组织按照安全整改建议全部或部分实施整改工作后，对仍然存在的安全风险进行识别、控制和管理的活动。

对于已完成安全加固措施的信息系统，为确保安全措施的有效性，可进行残余风险评估，评估流程及内容可做有针对性的剪裁。

对于某些风险在完成了适当的安全措施后，残余风险的结果仍处于不可接受的风险范围内，应考虑进一步增强相应的安全措施。

3.3　信息系统安全等级保护测评

信息系统安全等级保护是对信息和信息载体按照重要性等级分级别进行保护的一种工作，是在很多国家信息安全领域都开展的一项工作。在我国，信息系统安全等级保护广义上讲涉及该工作的标准、产品、系统、信息等均依据等级保护思想的安全工作。狭义上称为的信息系统安全等级保护，是指对国家安全、法人和其他组织及公民的专有信息以及公开信息和存储、传输、处理这些信息的信息系统分等级实行安全保护，对信息系统中使用的信息安全产品实行按等级管理，对信息系统中发生的信息安全事件分等级响应、处置的综合性工作。

实施信息系统安全等级保护意义重大，不仅有利于在信息化建设过程中同步建设信息安全设施，保障信息安全与信息化建设协调发展，而且为信息系统安全建设和管理提供了系统性、针对性、可行性的指导和服务，有效控制了信息安全建设成本。同时，信息系统安全等级保护对信息安全资源的配置进行了优化，重点保障了关系国家安全、经济命脉、社会稳定等方面的重要信息系统的安全。需要重点提到的是，信息系统安全等级保护明确了国家、法人和其他组织、公民的信息安全责任，进一步加强了信息安全管理。

3.3.1　工作流程

信息系统安全等级保护工作包括定级、备案、安全建设和整改、等级测评、监督检查几个阶段，其工作流程如图3-5所示。

3.3.2　定级要素及流程

（1）定级要素

等级保护对象的级别由两个定级要素决定：受侵害的客体和对客体的侵害程度。

等级保护对象受到破坏时所侵害的客体包括以下三个方面：公民、法

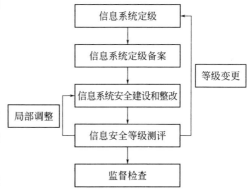

图3-5　信息系统安全等级保护工作流程

人和其他组织的合法权益；社会秩序、公共利益；国家安全。

对客体的侵害程度由客观方面的不同外在表现综合决定。由于对客体的侵害是通过对等级保护对象的破坏实现的。因此，对客体的侵害外在表现为对等级保护对象的破坏，通过危害方式、危害后果和危害程度加以描述。等级保护对象受到破坏后对客体造成侵害的程度归结为以下三种：造成一般损害、造成严重损害、造成特别严重损害。

三种侵害程度的描述如下。一般损害：工作职能受到局部影响，业务能力有所降低但不影响主要功能的执行，出现较轻的法律问题、较低的财产损失、有限的社会不良影响、对其他组织和个人造成较低损害；严重损害：工作职能受到严重影响，业务能力显著下降且严重影响主要功能执行，出现较严重的法律问题、较高的财产损失、较大范围的社会不良影响、对其他组织和个人造成较严重损害；特别严重损害：工作职能受到特别严重影响或丧失行使能力，业务能力严重下降或功能无法执行，出现极其严重的法律问题、极高的财产损失、大范围的社会不良影响、对其他组织和个人造成非常严重损害。

定级要素与安全保护等级的关系如表 3-12 所示。

表 3-12　定级要素与安全保护等级的关系

受侵害的客体	对客体的侵害程度		
	一般损害	严重损害	特别严重损害
公民、法人和其他组织的合法权益	第一级	第二级	第三级
社会秩序、公共利益	第二级	第三级	第四级
国家安全	第三级	第四级	第五级

（2）定级流程

等级保护对象定级工作的一般流程如图 3-6 所示。

3.3.3　测评原则及内容

（1）测评原则

① 客观性和公正性原则　虽然测评工作不能完全摆脱个人主观判断，但测评人员应当没有偏见，在最小主观判断情形下，按照测评双方相互认可的测评方案，基于明确定义的测评方式和解释，实施测评活动。

② 经济性和可重用性原则　基于测评成本和工作复杂性考虑，鼓励测评工作重用以前的测评结果，包括商业安全产品测评结果和信息系统先前的安全测评结果。所有重用的结果，都应基于结果适用于目前的系统

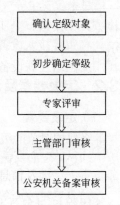

图 3-6　等级保护对象定级
工作一般流程

并且能够反映出目前系统的安全状态基础之上。

③ 可重复性和可再现性原则　不论谁执行测评，依照同样的要求，使用同样的测评方式，对每个测评实施过程的重复执行应该得到同样的结果。可再现性和可重复性的区别在于，前者与不同测评者测评结果的一致性有关，后者与同一测评者测评结果的一致性有关。

④ 结果完善性原则　测评所产生的结果应当证明是良好的判断和对测评项的正确理解。测评过程中应采用正确的测评方法以确保其满足了测评项的要求。

（2）测评内容

信息系统安全测评的项目要求来源于 GB/T 22239 中的规定。安全技术测评包括物理安全、网络安全、主机系统安全、应用安全和数据安全；安全管理测评包括安全管理机构、安全管理制度、人员安全管理、系统建设管理和系统运维管理。

信息系统安全等级保护测评主要采用人工访谈、文档审核、现场查看、工具检查、漏洞扫描五种方式。其中物理安全和管理安全测评主要依靠人工访谈、现场查看和文档审核的方式进行，网络安全、主机安全、应用安全和数据安全及备份恢复测评检查主要依靠现场查看、工具检查、漏洞扫描等方式进行。

3.3.4　测评对象

进行信息系统的等级测评，测评对象种类上基本覆盖、数量进行抽样，重点抽查主要的设备、设施、人员和文档等。可以抽查的测评对象种类主要考虑以下方面。

① 主机房（包括其环境、设备和设施等）和部分辅机房，应将放置了服务于信息系统的局部（包括整体）或对信息系统的局部（包括整体）安全性起重要作用的设备、设施的辅机房选取作为测评对象，存储有被测系统重要数据的介质所处的存放环境或办公场所。

② 整个系统的网络拓扑结构、安全设备，包括防火墙、入侵检测设备和防病毒网关等；边界网络设备（可能会包含安全设备），包括路由器、防火墙、认证网关和边界接入设备（如楼层交换机）等；对整个信息系统或其局部的安全性起作用的网络互联设备，如核心交换机、汇聚层交换机、路由器等。

③ 承载被测系统主要业务或数据的服务器（包括其操作系统和数据库）；管理终端和主要业务应用系统终端；能够完成被测系统不同业务使命的业务应用系统；业务备份系统。

④ 信息安全主管人员、各方面的负责人员、具体负责安全管理的当事人、业务负责人，涉及信息系统安全的所有管理制度和记录。

在信息系统安全等级保护测评时，信息系统中配置相同的安全设备、边界网络设备、网络互联设备、服务器、终端以及备份设备，每类应至少抽查两台作为测评对象。

3.3.5　测评实施

测评实施方面主要包括单元测评和整体测评。

（1）单元测评

系统单元测评内容包括物理安全、网络安全、主机安全、应用安全、数据保护、终端安全、安全管理（安全管理机构、安全管理制度、人员安全管理、安全建设管理、安全运维管理）等。

①物理安全　物理安全层面主要是对数据中心机房进行测评。

②网络安全　网络安全层面主要是对网络环境的网络结构、网络边界完整性保护、网络设备、安全设备进行测评。

③主机安全　主机安全层面主要是对系统的数据库服务器和应用服务器等主机的用户身份鉴别、自主访问控制、标记与强制访问控制、安全审计、入侵防范、恶意代码防范、资源控制等方面进行测评。

④应用安全　应用安全层面主要是对应用软件的用户身份鉴别、自主和强制访问控制、安全审计、检错与容错和资源控制等方面进行测评。

⑤数据保护　数据保护安全层面主要是对数据完整性、数据保密性、数据交换抗抵赖性以及备份和恢复等方面进行测评。

⑥终端安全　终端安全主要是对抽取的涉及该系统的终端主机进行测评。

⑦安全管理　安全管理可分为以下几个方面。

- 安全管理机构。安全管理机构主要是对安全管理机构设置、人员配备及职责、安全授权和审批、安全管理沟通和合作以及安全审核和检查情况进行测评。

- 安全管理制度。安全管理制度主要是对安全管理制度的内容、安全管理制度的制定与发布以及评审与修订情况进行测评。

- 人员安全管理。人员安全管理主要是对人员岗位管理、人员培训和考核管理、人员安全意识教育管理、外部人员访问管理进行测评。

- 安全建设管理。信息系统安全建设管理主要是对安全设计管理、安全产品采购使用管理、软件自行开发安全管理、外包软件开发安全管理、安全工程实施管理、安全测试验收管理、安全系统交付管理、安全服务选择管理情况进行测评。

- 安全运维管理。信息系统安全运维管理主要是对运行环境管理、资产管理、存储介质管理、设备管理、安全审计管理、入侵防范管理、网络安全管理、主机系统安全管理、用户授权管理、备份与恢复管理、恶意代码防范管理、安全事件处置管理和应急响应管理等情况进行测评。

（2）整体测评

信息系统安全等级测评是验证信息系统是否满足相应安全保护等级的评估过程。信息系统安全等级保护要求不同安全等级的信息系统应具有不同的安全保护能力，一方面通过在安全技术和安全管理上选用与安全等级相适应的安全控制机制来实现；另一方面分布在信息系统中的安全技术和安全管理上不同的安全控制机制，通过连接、交互、依赖、协调、协同等相互关联关系，共同作用于信息系统的安全功能，使信息系统的整体安全功能与信息系统的结构以及安全控制间、层面间和区域间的相互关联关系十分密切。因此，信息系统安全等级测评在安全控制机制测评的基础上，还要包括系统整体测评。整体测评包括安全控制点测评、安全控制点间测评、层面间测评和区域间测评。

① 安全控制点测评　在单项测评完成后，如果该安全控制点下的所有要求项为符合，则该安全控制点符合，否则为不符合或部分符合。

② 安全控制点间测评　在单项测评完成后，如果等级保护对象的某个安全控制点中的要求项存在不符合或部分符合，应进行安全控制点间测评，应分析在同一层面内，是否存在其他安全控制点对该安全控制点具有补充作用（如物理访问控制和防盗窃、身份鉴别和访问控制等）。同时，分析是否存在其他的安全措施或技术与该要求项具有相似的安全功能。根据测评分析结果，综合判断该安全控制点所对应的系统安全保护能力是否缺失，如果经过综合分析单项测评中的不符合项或部分符合项不造成系统整体安全保护能力的缺失，则对该测评指标的测评结果予以调整。

③ 层面间测评　在单项测评完成后，如果等级保护对象的某个安全控制点中的要求项存在不符合或部分符合，应进行层面间安全测评，重点分析其他层面上功能相同或相似的安全控制点是否对该安全控制点存在补充作用（如应用和数据层加密与网络和通信层加密、设备和计算层与应用和数据层上的身份鉴别等），以及技术与管理上各层面的关联关系（如设备和计算安全与安全运维管理、应用和数据安全与安全运维管理等）。根据测评分析结果，综合判断该安全控制点所对应的系统安全保护能力是否缺失，如果经过综合分析单项测评中的不符合项或部分符合项不造成系统整体安全保护能力的缺失，则对该测评指标的测评结果予以调整。

④ 区域间测评　在单项测评完成后，如果等级保护对象的某个安全控制点中的要求项存在不符合或部分符合，应进行区域间安全测评，重点分析等级保护对象中访问控制路径（如不同功能区域间的数据流流向和控制方式等）是否存在区域间的相互补充作用。根据测评分析结果，综合判断该安全控制点所对应的系统安全保护能力是否缺失，如果经过综合分析单项测评中的不符合项或部分符合项不造成系统整体安全保护能力的缺失，则对该测评指标的测评结果予以调整。

3.3.6　结果判定

（1）检测项结果判定原则

对某一个检测项，若实际情况与技术要求完全不符，则该检测项为不符合；若实际情况与技术要求有部分不符，则该检测项为部分符合；若实际情况与技术要求完全相符，则该检测项为符合。

（2）信息系统检测结果判定原则

针对某一级的信息系统，等级测评结果中不存在部分符合项或不符合项，结果为符合；等级测评结果中存在部分符合项或不符合项，但不会导致信息系统面临高等级安全风险，结果为基本符合；等级测评结果中存在部分符合项或不符合项，导致信息系统面临高等级安全风险，结果为不符合。

第4章　信息安全风险的控制

4.1　信息安全风险控制的概念

　　信息安全风险评估是风险评估理论和方法在信息系统中的运用，是科学分析信息和信息系统在机密性、完整性、可用性等安全属性方面所面临的风险，并在风险的预防、控制、转移、补偿、分散等之间做出抉择的过程。风险管理主要包括风险评估和风险控制，其中风险评估是信息安全的出发点，风险控制是信息安全的落脚点，信息安全风险控制的核心是信息安全风险评估。科学分析系统的安全风险，综合平衡风险和代价的过程就是风险评估。"风险"概念揭示了信息系统安全的本质，它不但指明了信息安全问题的根源，也指出了信息安全解决方案的实质，即把残余风险控制在可接受的水平上。就信息系统而言，系统面临的风险主要由资产、威胁、脆弱性（漏洞）等要素构成。

　　风险控制可分为风险规避、风险降低、风险转移、风险接受。风险规避是一种消除脆弱性或阻止威胁的防护措施，如删除服务器上的远程桌面服务（3389端口）以防止暴力破解攻击。风险降低是通过一系列的保护措施来降低风险的危害，如通过限制用户权限，仅授予用户知其所需的权限，可降低恶意用户破坏系统的风险。风险转移是把风险带来的损失转移给另外一个实体或组织，如购买保险和外包服务就是转移风险的常见形式。风险接受是管理层对可能采用的防护措施进行成本／效益分析评估，并确定对策的成本远远高于风险可能造成的损失。经过风险控制后的风险称为残余风险，残余风险的存在表明执行防护措施是不划算的，高层管理人员选择不对这些资产实施防护措施。信息安全风险控制方法如图 4-1 所示。

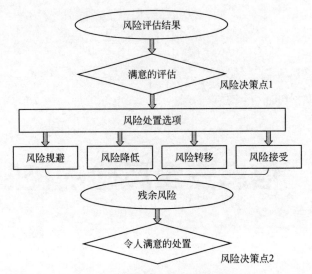

图 4-1 信息安全风险控制方法

　　组织在建立信息安全管理体系过程中，首先确定信息安全管理的范围、边界和方针，再进行风险评估及风险管理。组织通过风险识别、风险计算、风险评价一系列风险评估的过程后，整理出所面临的信息安全风险。组织可以接受已识别的风险，即不对风险进行任何控制，也可以通过改善或实施控制措施来降低风险。在选择、实施控制措施时，组织还需考察成本效益原则。使用合理的安全控制措施处置风险，可有效预防、限制、阻止相关威胁发生的可能性，从而降低风险，提升组织的信息安全能力，将已识别的风险降低到组织可接受的水平。

　　对于确定进行处置的风险，组织可通过分别实施技术类、运营类、管理类的控制措施或这几类控制措施结合实施，通过控制措施使得信息系统及组织的安全管理有效性最大化。不同类控制措施的关注点稍有不同：技术类控制措施主要关注技术实现，用于保护组织的重要数据、信息系统服务等关键信息资产；运营类控制措施主要关注日常运营、操作和活动，用于确保运营达成组织目标；管理类控制措施主要关注职能部门的运作效率，及技术类和运营类控制措施符合管理目标的程度，用于提高经营效率，保证管理方针、策略的实施。

　　从另一个维度看，控制措施的实现又可分为预防性控制、检查性控制和纠正性控制三个类别。预防性控制主要用于提前检测、发现、解决错误、疏漏或蓄意破坏行为等风险的发生；检查性控制主要用于检查和报告错误、疏漏或蓄意破坏行为等风险的发生；纠正性控制主要用于修复检查性控制发现的问题，降低危害影响。

为改进组织的信息安全现状，在选择风险控制措施的时候通常采用技术类、运营类、管理类控制措施相结合的方式。例如，组织计划强制要求员工使用复杂的强密码，以降低因密码被暴力破解导致数据的机密性、完整性或可用性受损所带来的风险。为实现该需求，可实施技术类控制措施，例如使用安全软件；加强管理类控制措施，例如提出安全要求、员工安全意识培训；部署运营类控制措施，例如定期备份数据等。为全面提升组织相关数据的安全性，对于小型组织，因员工相对较少，可通过强制要求员工遵循安全要求、辅以相应的奖惩等管理类控制措施实现；对于中、大型组织，可采用三类控制措施相结合的方式更好地满足安全需求。总之，组织的规模、信息安全管理的成熟度以及组织管理层风险可接受水平等因素决定了组织选择风险控制措施的策略。

4.2　信息安全风险处置流程与方法

风险评估的内容中主要包含信息资产（information asset）、脆弱性（vulnerability）、威胁（threat）、影响（impact）和风险（risk）五个要素。信息资产的基本属性是资产价值，脆弱性的基本属性是被威胁利用的难易程度，威胁的基本属性是威胁的可能性，影响的基本属性是严重性，它们直接影响风险的两个属性，即风险的后果和风险的可能性。其中资产价值和影响的严重性构成风险的后果，脆弱性被威胁利用的难易程度和威胁发生的可能性构成风险的可能性，风险的后果和风险的可能性构成风险。信息安全风险处置如图 4-2 所示。

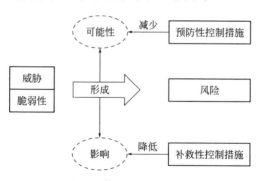

图4-2　信息安全风险处置

风险处置的流程和方法如下。

（1）信息安全风险处置流程

① 安全事件报警　当发生信息安全事件时，在岗人员立即采取措施控制事态，同时向信息管理部门报告。信息管理部门在接到网络与信息安全突发公共事件发生或可能发生的信息后，应加强与技术部门的联系，确认是否发生信息安全

事件，并作安全事件报警。

②应急处理　收集相关信息，分析事件发展态势，研究提出应急处置方案，统一指挥。

③信息处理　对事件进行动态监测、评估，及时报相关领导。信息管理部门要明确信息采集、编辑、分析、审核、签发的责任人，做好信息分析、报告和记录安全事件工作。

④信息发布　信息管理部门及时做好信息发布工作，通过在内网发布事件预警及应急处置的相关信息，引导员工的舆论和行为。

⑤采取措施　采取对应的安全处理措施，避免或降低事件损失。若事态难以控制或有扩大发展趋势时，采取有利于控制事态的非常措施，并向高层管理人员请求支援。

⑥后期处理　善后处理：组织抢修受损的基础设施，连接网络，尽快恢复正常工作。调查评估：信息服务事业部应立即组织有关人员组成事件调查组，查清事件发生的原因及财产损失情况，总结经验教训，写出安全处理报告，报公司领导，并根据有关规定对有关责任人员做出处理。

（2）信息安全风险处置方法

风险处置方法一般包括接受、消减、转移、规避等，安全整改是风险处置中常用的风险消减方法，安全整改建议需根据安全风险的严重程度、加固措施实施的难易程度、降低风险的时间紧迫程度、所投入的人员力量及资金成本等因素综合考虑。对于非常严重、需立即降低且加固措施易于实施的安全风险，建议被评估组织立即采取安全整改措施。对于比较严重、需降低且加固措施不易于实施的安全风险，建议被评估组织制定限期实施的整改方案。整改前应对相关安全隐患进行监控。在风险整改建议提出之后，组织召开的评审会标志着评估活动结束。评审会应由被评估单位组织，评估机构协助。评审会参与人员一般包括被评估组织、评估机构及专家等。

①被评估组织　被评估组织包括单位信息安全主管领导、相关业务部门主管人员、信息技术部门主管人员、参与评估活动的主要人员等；评估机构包括项目组长、主要评估人员；专家包括被评估组织行业信息安全专家、信息安全专业领域专家等。

②评审文档　评审会由被评估组织人员主持，提供有关文档供评审人员进行核查。项目组长及相关人员需对评估技术路线、工作计划、实施情况、达标情况等内容进行汇报，并解答评审人员的质疑。信息安全风险处置项目文档一般包括《系统调研报告》《资产价值分析报告》《威胁分析报告》《安全技术脆弱性分析报告》《安全管理脆弱性分析报告》《已有安全措施分析报告》《风险评估报告》和《安全整改建议》等。

③ 评审意见　评审会中，需有专门记录人员负责对各位专家发表的意见进行记录。评审会成果是会议评审意见，评审意见包括针对评估项目的实施流程、风险分析模型与计算方法、评估的结论及评估活动产生的各类文档等内容提出意见。评审意见对于被评估单位是否接受评估结果，具有重要的参考意义。依据评审意见，评估机构应对相关报告进行完善、补充和修改，并将最终修订材料一并提交被评估组织，作为评估项目结束的移交文档。

④ 残余风险　风险处置结束之后，还会存在一些残余风险。残余风险处置是风险评估活动的延续，是被评估组织按照安全整改建议全部或部分实施整改工作后，对仍然存在的安全风险进行识别、控制和管理的活动。

⑤ 残余风险评估　对于已完成安全加固措施的信息系统，为确保安全措施的有效性，可进行残余风险评估，评估流程及内容可做有针对性的剪裁。残余风险评估的目的是对信息系统仍存在的残余风险进行识别、控制和管理。如某些风险在完成了适当的安全措施后，残余风险的结果仍处于不可接受的风险范围内，应考虑进一步加强相应的安全措施。

4.3　信息安全风险评估有效性检验

依据风险评估流程实施评估过程是实现科学有效开展风险控制的重要前提，具体包括评估准备、识别安全要素、确认安全措施、风险计算等主要步骤，信息安全风险评估结果的真实性、有效性直接关系到如何实施针对性较强的风险控制措施，风险评估的有效性检验显得尤为重要。首先需要分析信息安全风险评估工作实施过程中产生的安全风险，进一步通过有效方法降低或规避这些安全风险，使得信息安全风险评估工作卓有成效，为实施风险控制提供有力的依据。

（1）信息安全风险评估中存在的风险

① 技术风险　评估人员对被测评系统和相关技术把握不够。在被测评系统业务功能和系统技术比较复杂的情况下，评估人员如果对业务、新技术或相关背景不够了解，很可能不能准确分析出关键业务需求、深层次业务联系和脆弱性多发点，也不可能制定出针对性的评估方案，评估方向发生偏差，导致评估方案有欠缺、评估内容有重要遗漏。

② 环境风险　评估环境与生产运行环境存在差异，对大型复杂业务系统，由于系统部件复杂，各级系统节点平台多样，软件版本众多，很难做到评估环境与生产环境完全相同，必然引起评估结果的差异。

③ 主观风险　主观风险主要表现为评估人员不负责任，评估实施过程不够认真仔细，放过了本来可以发现的问题，或分析不出深层次问题，评估结论与实

际有偏差。

④ 管理风险　管理风险主要包括以下六个方面。

一是评估力量投入不足。评估力量投入不足可能造成评估人手紧张、评估人员承担的并行工作过多、被迫缩短测试时间、简化评估步骤、压缩评估内容等，从而降低评估质量，给评估工作带来风险。

二是评估实施计划不细致。评估实施计划可操作性不强，对复杂工作环节（如对环境准备）的工作量估算不准，对实施进度、问题处理、评估总结等环节的控制和管理不足，实际使用时间超出预期。

三是评估工作过程不够规范。团队过程管理不够规范，工作过程中评估设计不够细致，导致主要工作步骤、深度、质量不到位。工作过程缺少审核、审查等环节。

四是工作质量没有标准要求。大的评估项目实施要求所有评估设计、实施达到同样质量水准，需要采用统一的技术标准。

五是工作沟通不够。由于评估团队与开发方、委托方等单位沟通不足，获得的资料和背景信息不足，评估人员没有完整理解业务流程，没有获取深层次、真实的业务需求，评估不可避免出现遗漏和错误。

六是项目负责人组织管理不够高效。项目负责人既不能有效管理和控制评估项目的实际运作，也不能严格控制和解决各环节的问题，无法有效推进评估工作进展，保障评估质量。

（2）风险应对措施

根据评估项目的实施情况，可以从以下几个方面改进工作，以降低评估风险，提高评估质量。

① 技术风险的应对措施　重视评估队伍建设，进行员工技术培训。应建立员工持续培训计划，通过授课、案例分析、研究讨论等多种形式进行业务技术培训，提高员工技术、业务、项目管理和执行能力。跟踪评估技术和评估工具的技术进展，在工程实践中探索新工具、新技术、新方法的使用，必要时安排力量开发满足项目需要的评估工具，建立自己的基础平台。

② 环境风险的应对措施　安排专人对评估环境和生产环境进行严格的版本管理，审核、登记各类系统变更和软件升级，及时进行评估环境同步，周期性进行环境检查，尽量保证评估环境与生产环境的一致性，提高评估结果的准确性、可靠性。

③ 主观风险的应对措施　对内部人员加强管理和约束，对评估案例设计安排人员审核，对评估执行过程安排人员进行审核和双签认可，原始评估结果记录应包含评估人员及确认人员的签字并存档。

④ 管理风险的应对措施　成立评估项目团队，明确管理人员，关注项目整

体需要和评估的特殊需要，根据评估项目大小确定项目所需要的各类检测人员和支持人员，保证人力投入。

- 建立规范的工作制度。严格规范的工作制度是保障评估实施质量的基石。评估团队应及早制定易于理解、便于操作的各项制度。应充分倾听来自开发方、委托方的意见，注意评估需求的获取和分析、工作接口的设计。

- 建立高效的评估流程。评估团队应参照国标要求，根据组织架构和实际情况，制定针对不同类型评估的工作流程。同时要善于总结，发现流程在运行中存在的问题，不断完善和创新流程。

- 重视了解评估对象的业务背景。与业务系统开发方和委托评估方建立良好的交流合作关系。评估项目实施中，应由项目负责人与有关部门统筹协调，确定评估策略和评估方案。合理控制评估范围、准确制定评估策略是控制风险的前提。

- 进行评估工作审核。针对大型复杂的评估项目，技术和管理审核对降低评估风险至关重要。应对评估方案、评估案例、评估结果、评估报告进行技术评审，对具体评估案例结果则应安排专人进行确认复核或审核。

第5章 信息安全风险管理的合规性要求

5.1 信息安全风险管理标准规范

5.1.1 信息安全风险管理国际标准

（1）ISO 31000 风险管理标准

为了适应风险管理发展的需要，2004 年以来，国际标准化组织的技术管理局成立了专门工作组具体负责相关"风险管理"国际标准的起草工作，旨在"规定一些原则，使风险管理变得简便有效"。并建议组织通过制定、实施和不断完善管理框架，将风险管理纳入组织的治理、战略、规划、管理、方针、价值和文化等整体过程中，以取得总体成效。

该标准制定了风险管理的原则与通用的实施指导准则，适用于任何公共、私有或社会企业、协会、团体或个人。因此，这一标准是通用的，而不局限于特定行业或部门。为便于陈述，将该标准所有不同的对象都称之为"组织"。该标准应用于组织的整个生命过程，以及一系列广泛的活动、流程、职能、项目、产品、服务、资产、业务和决策，主要由风险管理的原则、风险管理框架和风险管理过程三大部分构成。标准的特点是：概念清晰准确、关注术语及其定义并关注术语之间的联系与区别；注重可操作性，聚焦风险管理的核心内容，如风险管理原则、风险管理框架的设计与运行、风险管理过程的构成及各子过程之间的逻辑关系，以及风险评估的详细过程等。

（2）ISO/IEC 27001《信息安全管理体系—要求》标准

ISO（国际标准化组织）和IEC（国际电工委员会）形成了全球标准化专业系统。作为ISO或IEC成员的国家机构通过由各自组织设立的技术委员会来参与国际标准的制定，以处理特定的技术活动领域。ISO和IEC技术委员会在共同关心的领域进行合作，其他国际组织、政府和非政府组织，通过联络ISO和IEC也参加了这项工作。

ISO/IEC 27001《信息安全管理体系　要求》的前身为英国的BS 7799标准，该标准由英国标准协会（BSI）于1995年2月提出，并于1995年5月修订而成的，1999年BSI重新修改了该标准。BS 7799分为两个部分：BS 7799-1《信息安全管理实施细则》；BS 7799-2《信息安全管理体系规范》。第一部分对信息安全管理给出建议，供负责在其组织启动、实施或维护安全的人员使用；第二部分说明了建立、实施和文件化信息安全管理体系（ISMS）的要求，规定了根据独立组织的需要应实施安全控制的要求。ISMS文件化管理体系如图5-1所示。

图5-1　ISMS文件化管理体系

随着世界范围内信息化水平的不断提高，信息安全逐渐成为人们关注的焦点，世界范围内的各个机构、组织、个人都在探寻如何保障信息安全的问题。英国、美国、挪威、瑞典、芬兰、澳大利亚等国均制定了有关信息安全的本国标准，国际标准化组织（ISO）也发布了ISO 17799、ISO 13335、ISO 15408等与信息安全相关的国际标准及技术报告。目前，在信息安全管理方面，英国标准

ISO 27001：2005 已经成为世界上应用最广泛的典型的信息安全管理标准，它是在 BSI/DISC 的 BDD/2 信息安全管理委员会指导下制定完成的，最新版本为 ISO 27001：2013。

该标准对信息安全管理给出建议，供负责在其组织启动、实施或维护安全的人员使用。该标准为开发组织的安全标准和有效的安全管理做法提供公共基础，并为组织之间的交往提供信任。它对一个组织具有价值，因此需要加以合适的保护。信息安全防止信息受到各种威胁，以确保业务连续性，使业务受到损害的风险减至最小，使投资回报和业务发展机会最大。

该标准包含了 127 个安全控制措施来帮助组织识别在运行过程中对信息安全有影响的元素，组织可以根据适用的法律法规和章程加以选择和使用，或者增加其他附加控制。国际标准化组织（ISO）在 2005 年对 ISO 17799 进行了修订，修订后的标准作为 ISO 27000 标准族的第一部分即 ISO/IEC 27001，新标准去掉 9 点控制措施，新增 17 点控制措施，并重组部分控制措施而新增一章，重组部分控制措施关联性、逻辑性更好，更适合应用，并修改了部分控制措施。ISO/IEC 27001 由引言、正文以及附录三个部分组成。

引言部分：ISO/IEC 27001 的引言部分包括三个部分，即"0.1 总则""0.2 过程方法"和"0.3 与其他管理体系的兼容性"。"0.1 总则"描述了制定 ISO/IEC 27001《信息安全管理体系　要求》的用途和应用对象，为建立、实施、运行、监视、评审、保持和改进信息安全管理体系提供了模型。这种模型是高度概括的，也不针对具体的行业，因此标准中指出：按照组织的需要实施 ISMS，是本标准所期望的。简单的情况可以采用简单的 ISMS，这意味着组织应用可以裁减使用。正文的第 4 章到第 8 章的内容基本可以认为是建立 PDCA 模型的过程。"0.2 过程方法"对过程、过程方法以及该标准所采用的 PDCA 模型进行了描述。该标准指出：本标准采用一种过程方法来建立、实施、运行、监督、评审、保持和改进一个组织的 ISMS，这句话说明了本标准采用的过程方法。过程方法被广泛地应用于目前所流行的标准中，ISO/IEC 27001《信息安全管理体系　要求》所应用的过程方法有其特别之处：理解组织的信息安全要求和建立信息安全方针与目标的需要；从组织整体业务风险的角度，实施和运行控制措施，以管理组织的信息安全风险；监视和评审 ISMS 的执行情况和有效性；基于客观测量的持续改进有很多现行的模型都可以满足工程过程方法的要求。"0.3 与其他管理体系的兼容性"。目前国际化标准组织推出了四个管理体系标准：ISO 9001《质量管理体系》、OHSAS 18001《职业健康安全管理体系》、ISO 14001《环境管理体系》和 ISO 27001《信息安全管理体系　要求》。这四个体系都采用了系统的方法，即 PDCA 模型，越来越多的组织会选择其中几个甚至全部在组织内应用。显然，让各个体系各行其是是不现实的。因此，该标准指出一个设计适当的管理体系可以满足所有这些标准的要求。管理体系的整合已经成为大势所趋。

正文部分：修改后的标准包括 11 个章节。

① 安全策略　指定信息安全方针，为信息安全提供管理指引和支持，并定期评审。

② 信息安全的组织　建立信息安全管理组织体系，在内部开展和控制信息安全的实施。

③ 资产管理　核查所有信息资产，做好信息分类，确保信息资产受到适当程度的保护。

④ 人力资源安全　确保所有员工、合同方和第三方了解信息安全威胁和相关事宜以及各自的责任、义务，以减少人为差错、盗窃、欺诈或误用设施的风险。

⑤ 物理和环境安全　定义安全区域，防止对办公场所和信息的未授权访问、破坏和干扰；保护设备的安全，防止信息资产的丢失、损坏或被盗，以及对企业业务的干扰；同时，还要做好一般控制，防止信息和信息处理设施的损坏和被盗。

⑥ 通信和操作管理　制定操作规程和职责，确保信息处理设施的正确和安全操作；建立系统规划和验收准则，将系统失效的风险降到最低；防范恶意代码和移动代码，保护软件和信息的完整性；做好信息备份和网络安全管理，确保信息在网络中的安全，确保其支持性基础设施得到保护；建立媒体处置和安全的规程，防止资产损坏和业务活动的中断；防止信息和软件在组织之间交换时丢失、修改或误用。

⑦ 访问控制　制定访问控制策略，避免信息系统的非授权访问，并让用户了解其职责和义务，包括网络访问控制、操作系统访问控制、应用系统和信息访问控制、监视系统访问和使用、定期检测未授权的活动；当使用移动办公和远程控制时，也要确保信息安全。

⑧ 系统采集、开发和维护　标示系统的安全要求，确保安全成为信息系统的内置部分，控制应用系统的安全，防止应用系统中用户数据的丢失、被修改或误用；通过加密手段保护信息的保密性、真实性和完整性；控制对系统文件的访问，确保系统文档、源程序代码的安全；严格控制开发和支持过程，维护应用系统软件和信息安全。

⑨ 信息安全事故管理　报告信息安全事件和弱点，及时采取纠正措施，确保使用持续有效的方法管理信息安全事故，并确保及时修复。

⑩ 业务连续性管理　目的是减少业务活动的中断，使关键业务过程免受主要故障或天灾的影响，并确保及时恢复。

⑪ 符合性　信息系统的设计、操作、使用过程和管理要符合法律法规的要求，符合组织安全方针和标准，还要控制系统审计，使信息审核过程的效力最大

化，干扰最小化。

（3）BS 7799（ISO/IEC 17799）《国际信息安全管理标准体系》

2000 年 12 月，国际标准化组织 ISO 正式发布了有关信息安全的国际标准 ISO 17799，这个标准包括信息系统安全管理和安全认证两大部分，是参照英国国家标准 BS 7799 而来的。它是一个详细的安全标准，包括安全内容的所有准则，由十个独立的部分组成，每一节都覆盖了不同的主题和区域。

BS 7799 通过层次结构化形式提供安全策略、信息安全的组织结构、资产管理、人力资源安全等 11 个安全控制章节，还有 39 个主要安全类和 133 个具体控制措施（最佳实践），供负责信息安全系统开发的人员作为参考使用，以规范组织机构信息安全管理建设的内容。其提供了一套综合的、由信息安全最佳措施组成的实施规则和管理要求，它广泛地涵盖了几乎所有的安全议题，非常适合于作为企业及大、中、小组织的信息系统在大多数情况下所需的控制范围确定的参考基准。虽然我国信息安全标委会不是将 ISO/IEC 17799 作为强制性国家标准引入，而是仅作为推荐性国家标准推行，但是企业和组织仍然可以将 ISO/IEC 17799 作为衡量信息安全管理体系规范程度的一个标准和指标。建立信息安全管理体系，并获得认证机构的认可，不仅能提高组织自身的安全管理水平，将企业的安全风险控制在可接受的程度，减小信息安全遭到破坏带来的损失，保证业务的可持续运作，并且能向客户及利益相关方展示组织对信息安全的承诺，增强投资方和股票持有者的投资信息，向政府及行业主管部门证明组织对相关法律法规的符合，并且得到国际上的承认。

英国标准协会（BSI）提出制定信息安全管理标准，并迅速于 1995 年 5 月制订完成，且于 1999 年重新修改了该标准。BS 7799 分为两个部分：BS 7799-1《信息安全管理实施细则》；BS 7799-2《信息安全管理体系规范》。其中 BS 7799-1：1999 于 2000 年 12 月通过 ISO/IEC JTC1（国际标准化组织和国际电工委员会的联合技术委员会）认可，正式成为国际标准，即 ISO/IEC 17799：2000《信息技术 - 信息安全管理实施细则》。这是通过 ISO 表决最快的一个标准，足见世界各国对该标准的关注和接受程度。而在 2002 年 9 月 5 日英国标准化协会又发布了新版本 BS 7799-2：2002 替代了 BS 7799-2：1999。BS 7799 标准图册如图 5-2 所示。

BS 7799-1：1999《信息安全管理实施细则》内容介绍如下。

BS 7799-1：1999（ISO/IEC 1799：2000）标准在正文前设立了"前言"和"介绍"，其"介绍"中对什么是信息安全、为什么需要信息安全、如何确定安全需要、评估安全风险、选择控制措施、信息安全起点、关键的成功因素、制定自己的准则等内容作了说明。

该标准的正文规定了 127 个安全控制措施来帮助组织识别在运行过程中对信息安全有影响的元素，组织可以根据适用的法律法规和章程加以选择和使用，或者增加其他附加控制。这 127 个控制措施被分成 10 个方面，成为组织实施信息安全管理的实用指南，这 10 个方面如下所示。

① 安全方针　制定信息安全方针，为信息安全提供管理指导和支持。

② 组织安全　建立信息安全基础设施来管理组织范围内的信息安全。

③ 资产的分类与控制　核查所有信息资产，以维护组织资产的适当保护，并做好信息分类，确保信息资产受到适当程度的保护。

④ 人员安全　注意工作职责定义和人力资源中的安全，以减少人为差错、盗窃、欺诈或误用设施的风险等。

⑤ 物理和环境的安全　定义安全区域，以避免对业务办公场所和信息的未授权访问、损坏和干扰；保护设备的安全，防止信息资产的丢失、损坏或泄露和业务活动的中断；同时还要做好一般控制，以防止信息和信息处理设施的泄露或盗窃。

⑥ 通信和操作管理　制定操作规程和职责，确保信息处理设施的正确和安全操作。

⑦ 访问控制　制定访问控制的业务要求，以控制对信息的访问。

⑧ 系统开发和维护　标识系统的安全要求，确保安全被构建在信息系统内，严格控制开发和支持过程，维护应用系统软件和信息的安全。

⑨ 业务持续性管理　减少业务活动的中断，使关键业务过程免受主要故障或天灾的影响。

⑩ 符合性　信息系统的设计、操作、使用和管理要符合法律要求，避免任何犯罪、违反民法、违背法规、违反规章或合约义务以及违反任何安全要求的行为。

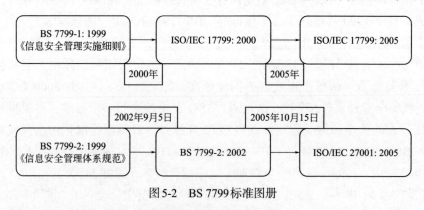

图 5-2　BS 7799 标准图册

BS 7799-2：2002《信息安全管理体系规范》内容介绍如下。

BS 7799-2：2002 标准详细说明了建立、实施和维护信息安全管理系统的要求，指出实施组织需遵循某一风险评估来鉴定最适宜的控制对象，并对自己的需求采取适当的控制。本部分提出了应该如何建立信息安全管理体系的步骤。

① 定义信息安全策略 信息安全策略是组织信息安全的最高方针，需要根据组织内各个部门的实际情况，分别制订不同的信息安全策略。

② 定义 ISMS 的范围 ISMS 的范围确定需要重点进行信息安全管理的领域，组织需要根据自己的实际情况，在整个组织范围内、在个别部门或领域构架 ISMS。在本阶段，应将组织划分成不同的信息安全控制领域，以易于组织对有不同需求的领域进行适当的信息安全管理。

③ 进行信息安全风险评估 信息安全风险评估的复杂程度将取决于风险的复杂程度和受保护资产的敏感程度，所采用的评估措施应该与组织对信息资产风险的保护需求相一致。风险评估主要对 ISMS 范围内的信息资产进行鉴定和估价，然后对信息资产面对的各种威胁和脆弱性进行评估，同时对已存在的或规划的安全管制措施进行鉴定。

④ 信息安全适用性声明 信息安全适用性声明一方面是为了向组织内的员工声明对信息安全面对的风险的态度，在更大程度上则是为了向外界表明组织的态度和作为，以表明组织已经全面、系统地审视了组织的信息安全系统，并将所有有必要管制的风险控制在能够被接受的范围内。

（4）ISO/IEC 13335 标准

该标准是一个信息安全管理指南，主要目的就是要给出如何有效地实施 IT 安全管理的建议和指南。其在高层次上安全管理过程所涉及的主要要素有资产、威胁、脆弱点、影响、风险、防护措施、残余风险和限制条件这 8 个。选取和实施防护措施时通常需要考虑这些因素：必须评审阶段性的、已经存在的和新的限制条件，并识别任何可能发生的变更。需要注意的是，限制条件可能随着时间、地理位置、社会变迁和组织文化的变化而变化。组织运行其中的环境和文化可能与某几个安全要素有关联，尤其是威胁、风险和防护措施。

该标准有以下几方面的特点：

① 对安全的概念和模型的描述非常独特，具有很大的借鉴意义。在全面考虑安全问题，进行安全教育，普及安全理念的时候，完全可以将其中的多种概念和模型结合起来。

② 对安全管理过程的描述非常细致，而且完全可操作。如果作为一个单位的信息安全主管机关，完全可以参照这个完整的过程规划自己的管理计划和实施步骤。

③ 对安全管理过程中的最关键环节风险分析和管理有非常细致的描述，包括基线方法、非形式化方法、详细分析方法和综合分析方法等风险分析方法学的阐述，对风险分析过程细节的描述都很有参考价值。

在标准的第四部分，有比较完整的针对 6 种安全需求的防护措施的介绍，将实际构建一个信息安全管理框架和防护体系的工作变成了一个搭积木的过程。

（5）NIST Special Publication 800-30 标准

该标准为美国信息技术安全标准风险管理指南，包含了风险管理的原则与通用的实施指导准则。

5.1.2　信息安全风险管理国内标准

《中华人民共和国网络安全法》由全国人民代表大会常务委员会于 2016 年 11 月 7 日发布，自 2017 年 6 月 1 日起施行，这是我国第一部全面规范网络空间管理方面的基础性法律，为信息安全领域工作提供了新的法律屏障，也是我国网络安全的法律基石，标志着我国信息安全行业迈进了新的时代。

2007 年，《信息安全技术　信息安全风险评估规范》（GB/T 20984—2007）正式颁布，该标准是信息安全风险管理标准体系的基础，是我国第一部信息安全风险管理标准，大大推动了我国信息安全保障工作的开展和安全保障体系的整体建设。

2009 年，发布《信息安全技术 信息安全风险管理指南》（GB/Z 24364—2009），该指南给出了纲领性的指导，对相关标准的补充完整起到了指引作用；规范了信息安全风险管理的内容和过程，同时提供了信息系统生命周期各个阶段的信息安全风险管理办法。

2015 年，《信息安全技术 信息安全风险评估实施指南》（GB/T 31509—2015）发布，该标准规定了信息安全风险评估实施的过程和方法，适用于各类安全评估机构或被评估组织对非涉密信息系统的信息安全风险评估项目的管理，指导风险评估项目的组织、实施、验收等工作；定义了风险评估的基本概念、原理及实施流程，对资产、威胁和脆弱性识别要求进行了详细描述，提出了风险评估在信息系统生命周期不同阶段的实施要点及风险评估的工作形式。

2015 年，发布《信息技术 安全技术 信息安全风险管理》（GB/T 31722—2015 IDT ISO/IEC 27005：2008），该标准是对国际标准的转化，旨在为基于风险管理方法建立信息安全管理体系提供指导。信息安全风险管理标准从语境建立、风险评估、风险处置、风险接受、风险沟通和风险监视评审 6 个方面提出要求与信息安全风险管理指南的背景建立、风险评估、风险处置、批准监督、监控审查和沟通咨询相对应，并新增了批准监督阶段内容。

2016 年，发布《信息安全技术 信息安全风险处理实施指南》（GB/T 33132—2016），其目的是为了指导各类组织规范性地开展信息安全风险处置。该标准针对风险评估工作中反映出来的各类信息安全风险，从风险处理工作的组织、管理、流程、评价等方面给出了相关描述，用于指导组织形成客观、规范的风险处理方案，促进风险管理工作的完善。

我国信息安全风险管理标准体系架构如图 5-3 所示。

《信息安全技术—信息安全风险评估实施指南》（GB/T 31509—2015）	《信息安全技术—信息安全风险处理实施指南》（GB/T 33132—2016）	同等采用《信息技术　安全技术　信息安全风险管理》（GB/T 31722—2015 IDT ISO/IEC 27005: 2008）
《信息安全技术—信息安全风险评估规范》（GB/T 20984—2007）		
《信息安全技术—信息安全风险管理指南》（GB/Z 24364—2009）		
《关于开展信息安全风险评估工作的意见》（国信办[2006]5号）		
《国家信息化领导小组关于加强信息安全保障工作的意见》（中办发[2003]27号）		

图 5-3　我国信息安全风险管理标准体系架构

5.1.3　国内外风险管理标准关系

ISMS 国家标准的主要研发机构为全国信息安全标准化技术委员会（SAC/TC 260），绝大部分标准主要等同采用或修改采用国际标准。目前我国在国际系列标准的基础上，已经转化了 ISMS 中的标准。截至 2018 年 7 月，有 11 项标准被采用为国家标准。

GB/T 29246—2017《信息技术 安全技术 信息安全管理体系 概述和词汇》，该标准等同采用 ISO/IEC 27000：2016，在标准的研发顺序中，ISO/IEC 27000 是后加的标准，ISO/IEC 27000 中的词汇是从较早版本的 ISO/IEC 27002 和 ISO/IEC 27001 中剪切过来的。ISO/IEC 27000 的版本变化频繁，目前 ISO/IEC 27000：2016 已经被 ISO/IEC 27000：2018 代替。

GB/T 22080—2016《信息技术 安全技术 信息安全管理体系　要求》，该标准等同采用 ISO/IEC 27001：2013，为 ISO/IEC 27000 标准族的基础标准，应用广泛，主要定义了信息安全管理体系的要求，是认证的依据。

GB/T 22081—2016《信息技术 安全技术 信息安全控制实践指南》，该标准等同采用 ISO/IEC 27002：2013，为 ISO/ IEC 27000 标准族的基础标准，应用广泛，给出了 14 个安全域，39 个安全目标以及 114 项安全控制项。GB/T 22081—2016 本质上是"良好实践（good practice）"。

GB/T 31496—2015《信息技术 安全技术 信息安全管理体系实施指南》，该标准等同采用 ISO/IEC 27003：2010，是针对 ISO/IEC 27001：2013 的实施指南。但是 ISO/IEC 27003：2010 已经被 ISO/IEC 27003：2017 所替代，新版标准变动非常大，标准名称也更改为《信息技术 安全技术 信息安全管理体系指南》。

GB/T 31497—2015《信息技术 安全技术 信息安全管理 测量》，该标准等同采用 ISO/IEC 27004：2009，目前最新版为 ISO/IEC 27004：2016，变化较大，标准名称更改为《信息技术 安全技术 信息安全管理监视、测量、分析与评价》。

GB/T 31722—2015《信息技术 安全技术 信息安全风险管理》，该标准等同采用 ISO/IEC 27005：2008，信息安全风险管理是 ISMS 的重要手段，也是基础框架。2018 年 7 月，ISO 已经发布了最新版的 ISO/IEC 27005。

GB/T 25067—2016《信息技术 安全技术 信息安全管理体系审核和认证机构要求》，这是一个认可标准，更类似于行政要求，等同采用 ISO/IEC 27006：2011。

GB/T 28450—2012《信息安全技术 信息安全管理体系审核指南》，该标准同 ISO/IEC 27007 有一定的区别。国际标准最新版为 ISO/IEC 27007：2017，之前版本为 ISO/ IEC 27007：2011。

GB/Z 32916—2016《信息技术 安全技术 信息安全控制措施审核员指南》，该指导性技术文件等同采用 ISO/IEC TR 27008：2011，是关于控制审核的技术报告，国际标准的最新状态是 ISO/IEC PDTS 27008。

GB/T 32920—2016《信息技术 安全技术 行业间和组织间通信的信息安全管理》，该标准等同采用 ISO/IEC 27010：2012，目前该版本已经被替代为 ISO/IEC 27010：2015。

GB/T 32923—2016《信息技术 安全技术 信息安全治理》，该标准等同采用 ISO/IEC 27014：2013，国际标准的最新状态为 ISO/IEC NP 27014。治理与管理概念相近，但是有不同的管理学含义。

5.2　信息系统生命周期的风险管理

5.2.1　信息系统生命周期的风险评估

风险评估应当贯穿在信息系统生命周期的各阶段中。信息系统生命周期各个阶段中所涉及的风险评估的原则和方法是一致的，但是由于各阶段实施的内容、对象、安全需求不同，使得风险评估的对象、目的、要求等各方面也有所不同。具体而言，在规划设计阶段，通过风险评估来确定系统的安全目标；在建设验收阶段，通过风险评估来确定系统的安全目标达成与否；在运行维护阶段，要不断地实施风险评估以识别系统面临的不断变化的风险和脆弱性，从而确定安全措施的有效性，确保安全目标得以实现。因此，各个阶段风险评估的具体实施应根据该阶段的特点有所侧重地进行。有条件时，应当采用风险评估工具开展风险评估活动。

信息系统生命周期各层面的关系如图 5-4 所示。

图5-4　信息系统生命周期各层面关系

（1）系统规划阶段

规划阶段风险评估的目的是识别信息系统业务战略，以支撑系统安全需求以及安全战略。规划阶段的风险评估应能够描述信息系统建成后对现有业务模式的作用，包括技术、管理、应用等方面，并根据其作用确定系统建设应达到的安全目标。本阶段评估中，资产、脆弱性不需要识别。威胁应根据未来系统的应用对象、应用环境、业务状况、操作要求等方面进行分析。评估着重在以下几方面：是否依据相关规则，建立了与业务战略一致的信息系统安全规划，并得到最高管理者的认可；系统规划中是否明确信息系统开发的组织、业务变更的管理、开发优先级；系统规划中是否考虑信息系统的威胁、环境，并制定总体的安全方针；系统规划中是否描述信息系统预期使用的信息，包括预期的应用、信息资产的重要性、潜在的价值、可能的使用限制、对业务的支持程度等；系统规划中是否描述所有与信息系统安全相关的运行环境，包括物理和人员的安全配置，以及是否明确相关的法规、组织安全策略、习惯、专门技术和知识等。规划阶段的评估结果应体现在信息系统整体规划或项目建议书中。

（2）系统设计阶段

系统设计是信息系统生命周期中另一个重要阶段（图 5-5）。系统设计的主要目的就是为下一阶段的系统实施制定蓝图。系统设计包括两个方面的内容：首先是系统总体设计，总体设计的任务是提供信息系统的概括的解决方案，主要内容包括信息系统的功能模块的划分，功能模块之间的层次结构和关系；其次是系统详细设计，详细设计的任务是把系统总体设计的结果具体化。这个阶段的任务不是编写程序，而是设计出各个功能模块的详细规格说明，如信息系统各个模块的处理流程，系统的数据流程和数据库逻辑结构的设计。设计阶段的风险评估需要根据规划阶段所明确的系统运行环境、资产重要性，提出安全功能需求。设计阶段的风险评估结果应对设计方案中所提供的安全功能符合性进行判断，作为采购过程风险控制的依据。

本阶段评估中，应详细评估设计方案中对系统

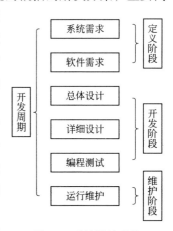

图5-5　系统设计阶段

面临威胁的描述，将使用的具体设备、软件等资产及其安全功能需求列表。对设计方案的评估着重在以下几方面：设计方案是否对系统建设后面临的威胁进行了分析，重点分析来自物理环境和自然的威胁，以及由于内、外部入侵等造成的威胁；设计方案中的安全需求是否符合规划阶段的安全目标，并基于威胁的分析，制定信息系统的总体安全策略；设计方案是否采取了一定的手段来应对系统可能的故障；设计方案是否对设计原型中的技术实现以及人员、组织管理等方面的脆弱性进行评估，包括设计过程中的管理脆弱性和技术平台固有的脆弱性；设计方案是否考虑可能随着其他系统接入而产生的风险；系统性能是否满足用户需求，并考虑到峰值的影响，是否在技术上考虑了满足系统性能要求的方法；应用系统（含数据库）是否根据业务需要进行了安全设计；设计方案是否根据开发的规模、时间及系统的特点选择开发方法，并根据设计开发计划及用户需求，对系统涉及的软件、硬件与网络进行分析和选型；设计活动中所采用的安全控制措施、安全技术保障手段对风险的影响。在安全需求变更和设计变更后，也需要重复这项评估。设计阶段的评估可以以安全建设方案评审的方式进行，判定方案所提供的安全功能与信息技术安全技术标准的符合性。评估结果应体现在信息系统需求分析报告或建设实施方案中。

（3）系统实施阶段

系统实施是新系统开发工作的最后一个阶段。所谓实施指的是将上述系统设计阶段的结果在计算机上实现，将原来纸面上的、类似于设计图式的新系统的设计方案转换成可执行的应用系统。系统实施阶段的主要任务是：按总体设计方案购置和安装计算机网络系统、建立数据库系统、程序设计与调试、整理基础数据、培训操作人员和试运行。实施阶段风险评估的目的是根据系统安全需求和运行环境对系统开发、实施过程进行风险识别，并对系统建成后的安全功能进行验证。根据设计阶段分析的威胁和制定的安全措施，在实施及验收时进行质量控制。

基于设计阶段的资产列表、安全措施，实施阶段应对规划阶段的安全威胁进行进一步细分，同时评估安全措施的实现程度，从而确定安全措施能否抵御现有威胁、脆弱性的影响。实施阶段风险评估主要对系统的开发与技术／产品获取、系统交付实施两个过程进行评估。开发与技术产品获取过程的评估要点包括法律、政策、适用标准和指导方针；直接或间接影响信息系统安全需求的特定法律；影响信息系统安全需求、产品选择的政府政策、国际或国家标准；信息系统的功能需要，安全需求是否有效地支持系统的功能；成本效益风险，是否根据信息系统的资产、威胁和脆弱性的分析结果，确定在符合相关法律、政策、标准和功能需要的前提下选择最合适的安全措施；评估保证级别，是否明确系统建设后应进行怎样的测试和检查，从而确定是否满足项目建设、实施规范的要求。

系统交付实施过程的评估要点包括根据实际建设的系统，详细分析资产面临的威胁和脆弱性；根据系统建设目标和安全需求，对系统的安全功能进行验收测试；评价安全措施能否抵御安全威胁；评估是否建立了与整体安全策略一致的组织管理制度；对系统实现的风险控制效果与预期设计的符合性进行判断，如存在较大的不符合，应重新进行信息系统安全策略的设计与调整。本阶段风险评估可以采取对照实施方案和标准要求的方式，对实际建设结果进行测试、分析。

（4）运行维护阶段

系统维护是系统投入正常运行之后一件长期而又艰巨的工作。维护时期的主要任务是使系统持久地满足用户的需要。具体地说，系统维护的任务包括当系统在使用过程中发现错误时应该加以改正；当环境改变时应该修改系统以适应新的环境；当企业有新的需求时应该及时改进信息系统以满足企业的需求。每一次维护活动本质上都是一次压缩和简化了的系统定义和开发过程。信息系统的生命周期是周而复始进行的，一个系统开发完成以后就不断地评价和积累问题，积累到一定程度就要重新进行系统分析，开始一个新的生命周期。一般来说，不管系统运行的好坏，每隔一定的时期也要进行新一轮的开发。运行维护阶段风险评估的目的是了解和控制运行过程中的安全风险，是一种较为全面的风险评估。

评估内容包括对真实运行的信息系统的资产、威胁、脆弱性等各方面进行识别：

① 资产评估　在真实环境下较为细致的评估，包括实施阶段采购的软硬件资产、系统运行过程中生成的信息资产、相关的人员与服务等，本阶段资产识别是前期资产识别的补充与增加。

② 威胁评估　应全面地分析威胁的可能性和影响程度。对非故意威胁导致安全事件的评估可以参照安全事件的发生频率；对故意威胁导致安全事件的评估主要就威胁的各个影响因素做出专业判断。

③ 脆弱性评估　是全面的脆弱性评估，包括运行环境中物理、网络、系统、应用、安全保障设备、管理等各方面的脆弱性。技术脆弱性评估可以采取核查、扫描、案例验证、渗透性测试的方式实施；安全保障设备的脆弱性评估，应考虑安全功能的实现情况和安全保障设备本身的脆弱性；管理脆弱性评估可以采取文档、记录核查等方式进行验证。

④ 风险计算　根据相关方法，对重要资产的风险进行定性或定量的风险分析，描述不同资产的风险高低状况。

运行维护阶段的风险评估应定期执行；当组织的业务流程、系统状况发生重大变更时，也应进行风险评估。重大变更包括以下情况（但不限于）：增加新的应用或应用发生较大变更，网络结构和连接状况发生较大变更，技术平台大规模的更新，系统扩容或改造，发生重大安全事件后或基于某些运行记录怀疑将发生重大安全事件，组织结构发生重大变动对系统产生了影响。

（5）系统废弃阶段

当信息系统不能满足现有要求时，信息系统进入废弃阶段。根据废弃的程度，又分为部分废弃和全部废弃两种。废弃阶段风险评估着重在以下几方面：确保硬件和软件等资产及残留信息得到了适当的处置，并确保系统组件被合理地丢弃或更换；如果被废弃的系统是某个系统的一部分，或与其他系统存在物理或逻辑上的连接，还应考虑系统废弃后与其他系统的连接是否被关闭；如果在系统变更中废弃，除对废弃部分外，还应对变更的部分进行评估，以确定是否会增加风险或引入新的风险；是否建立了流程，确保更新过程在一个安全、系统化的状态下完成。

本阶段应重点对废弃资产对组织的影响进行分析，并根据不同的影响制定不同的处理方式。对由于系统废弃可能带来的新的威胁进行分析，并改进新系统或管理模式。对废弃资产的处理过程应在有效的监督之下实施，同时对废弃的执行人员进行安全教育。信息系统的维护技术人员和管理人员均应该参与此阶段的评估。

5.2.2 信息系统生命周期的风险管理

风险管理是应用一般的管理原理去管理一个组织的资源和活动，通过辨别、评估风险及相应的风险管理策略，以合理的成本尽可能地减少意外风险损失，放大风险收益的管理方法。

信息系统生命周期的风险管理就是从项目全生命周期的角度出发用系统的、动态的方法进行风险控制，减少项目实施过程中的不确定性，将风险降到最小。它不仅使各层次项目管理者建立风险意识，重视风险，防患于未然，而且还要求在各阶段、各方面实施有效的风险控制措施，形成一个前后连贯的管理过程，即从项目的立项到项目的上线，都必须进行风险的研究与预测、风险评价及风险的控制，实施全过程的有效控制并积累经验和教训；生命周期风险管理包括全面的、全方位的风险管理。

（1）风险管理步骤

信息系统生命周期的风险管理一般可以分为四个步骤。

① 风险识别　风险识别就是根据经验或者相关的理论工具对可能发生风险的环节的设想。其中可以用到的方法很多，有经验的项目人员可以指出重大风险可能发生的位置，也可以集思广益地找出风险点，还可以运用因果关系图等方法

找出风险因子。风险识别的方法和工具主要有以下几种：因果分析图法、检查表法、德尔菲法、敏感性分析法、流程图法、经验判断法、系统分析法等。风险识别要达到的目的就是利用各种手段尽可能多地识别出潜在的风险和威胁。风险识别是一个反复的过程，需要由项目团队或风险管理团队、主要利益相关人以及项目无关人员共同分析并经过多轮讨论来确定。风险识别的最终结果是要获得一个关于项目风险的详细列表，并且使这个列表能够尽可能多地覆盖项目所涉及的领域。

② 评价风险　对风险进行评价就是在风险识别之后，对各项风险对整个信息系统可能出现的影响情况做出分析和评估，目的是分析风险的发生概率和破坏程度，对重大风险进行预先防范。对风险进行评估大体上可以采用两种方法：一种是定性的评估，将风险因子之间进行相互的比较，进行归一化就可以看出孰轻孰重；另一种就是评分矩阵的方法，对于风险因子的影响效果用 $0 \sim 1$ 的小数表示，其发生概率也用 $0 \sim 1$ 的小数表示，然后找出那些乘积比较大的风险因子。对风险进行概率和影响分析，确定风险的概率级别为"非常高""高""中""低""非常低"。并对风险进行优先级排序，确定风险对质量、成本、进度、范围等方面的影响，记录到风险记录单。

③ 风险管理　风险管理就是对可能发生的风险预先制定好相应的应对措施，以减少带来的危害。其中应对风险的措施有：缓减、交换、规避。缓减就是将风险带来的影响降低到可以接受的范围内，交换就是将风险的影响和连带的权利交换给第三方来保全自己，规避就是采取变更项目计划或其他手段来避免风险的发生。

④ 风险监控　风险监控就是在项目进行的全过程中，持续地对已识别的风险进行监控应对，同时不断识别新的风险并记录的过程。项目风险监控主要包括监控已识别风险、防范残余风险和识别新的风险，对于项目的进展，新的环境和项目进度都会有产生风险的可能，建立完善的风险监控体系可以使管理人员对项目风险有更加清晰的认识。风险监控可以按照以下的方式进行：建立风险列表和排序表，及时进行风险评估，健全风险报告机制，实时更新风险数据库，结合第三方咨询意见。

风险监控是监控已识别的风险、跟踪残余风险并识别新的风险。每周会议时，针对风险记录表进行分析，与当前情况做比较，比如需求是否增多、测试错误率是否增加、进度是否符合预期等。若发现风险的影响与预期不符，则进行风险再评估，并重新制订应对计划，使这部分风险保持在可控范围内。

（2）信息系统面临的风险挑战

从信息系统生命周期理论的角度来看，信息系统在不同的生命阶段所面临的风险和挑战是截然不同的：

　　① 在信息系统规划阶段所面临的风险　信息系统在系统规划阶段主要有如下几个方面的风险。一是系统立项风险。信息系统开发是一个长期的动态变化过程，往往需要投入大量的资金、物力和人力资源，同时开发周期也是非常长的，因此信息系统的规模、成本、进度安排、资源投入以及成本预算等都无法进行精确的估算，从而使得信息系统在项目立项阶段存在较大的风险。二是领导风险。信息系统在规划的时候往往都需要一些领导进行牵头，一个重要的技术领导和领导对整个项目的规划，对项目的成败有着至关重要的影响。三是信息系统外界环境的影响。信息系统构建需要有一定稳定可靠的外界政治环境、社会环境以及法律环境的支持，但是这些环境是不能人为控制的，给项目的规划进行带来潜在的环境风险。

　　② 在信息系统需求分析阶段所面临的风险　信息系统在需求分析阶段主要有如下几个方面的风险。一是信息系统项目队伍的组建风险。信息系统开发一般都需要一支技术实力强、管理得当的团队，才能保障信息系统的顺利开发，如果项目队伍专业知识不深、管理错位等都将给信息系统的构建带来潜在的风险。二是信息系统用户的风险。在信息系统开发的过程中，用户往往都需要将所有的信息传达给开发团队，同时项目团队也不可能准确无误地收到信息和理解信息，这就容易使得信息系统存在一定的缺陷，导致系统需求分析无法全方位地表达用户的需求。三是现实脱离计划的风险。信息系统项目团队往往无法很好地把控用户的需求，脱离实际，最终会导致信息系统的计划需求与实际需求脱轨。

　　③ 在信息系统设计阶段所面临的风险　信息系统在系统设计阶段主要有如下几个方面的风险。一是个人设计偏好引发用户需求偏离风险。信息系统在设计阶段如果与用户缺乏合理的沟通，系统设计团队往往会从自我偏好着手进行系统设计，很容易与用户需求偏离。二是缺乏长远的设计眼光引发风险。信息系统设计人员往往只考虑到用户的短期需求，没有从长远的视角出发进行设计，最终导致信息系统难以实现可持续的利用。三是系统设计技术方面的风险。信息系统的设计规模大、技术复杂，技术成熟度变革给信息系统的设计带来一系列的技术风险。四是信息系统说明书引发的风险。在系统设计的基础之上成稿说明书，如果没有充分理解用户的流程需求等，可能导致说明书不全面等问题。

　　④ 在信息系统实施阶段所面临的风险　信息系统在系统实施阶段主要有如下几个方面的风险。一是信息系统项目施工进度控制方面的风险。系统开发团队在程序编制上花费时间较多，却忽略了系统开发的进度把控。二是信息系统质量控制风险。由于系统开发面临着不断变化的环境、用户需求以及技术变革等，这将给信息系统的质量带来严重的隐患。三是信息系统程序开发风险，信息系统在开发过程中没有使用面向对象的结构化模式开发，导致信息系统后期难以升级完善和运行维护。

⑤ 在信息系统测试验收和后期维护阶段所面临的风险　信息系统测试验收的时候可能存在验收质量把控不到位的风险。信息系统在后期维护阶段主要有如下几个方面的风险。一是信息系统在转换方面的风险。由于经费、时间以及技术方面的限制，导致信息系统以及相关数据转换困难，最终不利于信息系统的良性循环运行。二是信息安全风险。信息系统在运转过程中会引发信息安全性和准确性等方面的风险。三是信息系统导致流程出现一定的风险。信息系统在管理中植入必然会引起内部一系列的流程重组，可能会带来人员抵制、流程重组不合理以及信息系统无法适应流程等方面的问题。

（3）基于生命周期理论的信息系统风险管理政策建议

① 树立信息系统风险防范的意识　在任何系统中风险都是客观存在的，因此在进行信息系统构建的时候需要全员树立信息系统风险防范的意识。首先管理层应该对信息系统构建过程中的风险管理控制给予高度的重视，充分认识到在信息系统的不同生命周期阶段潜在的风险因素，并提前针对各种类型的风险做好应急预案准备。当信息系统风险因素超过警戒范围的时候，应及时采取相应措施将风险所带来的损失最小化。除此之外，信息系统的开发人员应该时刻树立强烈的风险防范意识，做好时刻预防潜在风险的准备，一旦出现任何风险事故都应该采用科学合理的措施对风险进行相应的引导和规避。

② 强化信息系统风险识别技术和水平　根据当前信息系统风险中的理论研究与实践研究，比较成熟并广泛应用的风险识别技术主要有头脑风暴法、SWOT风险分析法、因果分析法、情景分析法以及德尔菲法等。针对信息系统不同生命周期中的风险，可以综合采取上述风险识别方法对各类风险进行实时的识别，从而提升信息系统风险的综合识别能力。比如在信息系统规划的阶段，可以综合采用德尔菲法、SWOT 风险分析法以及访谈法等对信息系统规划阶段潜在的领导风险、项目确定风险以及环境风险等进行科学合理的识别分析。在信息系统实施的阶段，可以综合采用影响因素分析法、文件审查法以及流程图分析法等对信息系统实施阶段潜在的进度把控风险、程序开发风险以及质量管控风险进行科学合理的识别分析。

③ 制定科学合理的信息系统风险管理机制和策略　一般情况下，往往可以使用如下几种类型的策略来应对信息系统风险：一是风险规避策略，指的是可以通过有针对性的计划制定和变更对信息系统风险发生的条件进行控制消除，从而将潜在的风险及时规避；二是风险降低的策略，指的是针对一些潜在的信息系统风险，采用相应的措施将信息系统风险损失最小化；三是风险转移策略，指的是通过合同或者法定约定的方式将信息系统风险转移给另一个单位；四是风险接受策略，指的是当信息系统风险所带来的损失小于风险防范成本的时候，可以使用风险接受策略减少负面影响。因此在信息系统风险应对策略之中，需要根据不同

生命周期中的不同类型风险，制定科学合理的信息系统风险管理机制和策略，保障信息系统价值最大化。

④ 基于生命周期理论实行全过程的风险管理控制理念　信息系统风险控制管理需要从生命周期理论出发做好全过程的风险控制：一是在信息系统规划阶段需要明确系统目标，做好资源调配，请领导参与，综合分析系统规划的外界环境，保障信息系统在良好的环境和合理的目标定位范围内进行规划设计；二是在信息系统需求分析的阶段，争取各种类型人员的参与，充分理解用户的需求，保障信息系统需求分析与实际用户需求无缝对接；三是在信息系统设计阶段应该实现开发人员与用户的良性沟通，做好技术及时跟踪、客观系统设计等方面的规范要求；四是在信息系统实施过程中规范技术采购流程，做好系统开发人员技术保障，有效控制信息系统的质量和技术方面的风险；五是在信息系统后期维护过程中重视用户需求、维护培训、明确岗位职责和系统使用说明等工作，保障信息系统在后期的运行维护中有效防范功能转换、流程重组等风险。

第 2 部分

信息安全风险管理的发展变化

在网络安全新时代，信息安全风险产生的因素发生了变化，同时网络与信息系统面临的安全风险也发生了较大的变化，本部分在分析上述变化的基础上，对新形势下信息安全风险管理一系列标准规范进行了研究。基于上述发展变化，信息安全风险管理的对象及内容也在不断发展变化，突出了关键信息基础设施保护、网络安全态势感知、威胁情报分析等方面。基于新的网络安全形势，对信息安全风险识别与分析、信息安全风险控制等提出了优化的方法。

第**6**章 新形势下信息安全风险的变化

6.1 网络安全形势变化

（1）网络威胁多元化

2013 年 6 月的"棱镜门"等网络安全事件说明，随着信息安全逐步演进为网络空间安全，信息安全所面临的是整个网络空间的安全，既不单纯是传统的技术安全，也不单纯是针对某一个黑客的攻击，面对的很可能是国家级网络战部队的攻击，因此必须对网络空间威胁进行重新梳理。从国家整体利益上看，当前网络空间的安全威胁（图 6-1）主要来自以下方面。

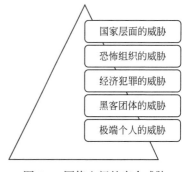

图 6-1　网络空间的安全威胁

① 国家层面的威胁　国家层面的威胁来源于国家与国家之间的竞争与对抗，与国家的意识形态、政治体制、国家利益、国家主权紧密相连，带有强烈的传统意味，但形式却发生了根本性变化。这类威胁的特点：一是由国家组织专门力量，二是目标针对主权国家，三是打击破坏力强大，四是战略威慑极大。国家层面的威胁，美国最具代表性，国家安全局、中央情报局和国土安全部，是美国构筑网络空间打击

能力、渗透能力、防御能力体系的核心。截至目前，美国是世界上唯一提出主动开展网络攻击的国家，由国家安全局牵头组建了世界上最大规模的网络战部队。而中央情报局作为世界最大的情报部门，近年在中东、北非以及世界其他地方利用网络进行渗透和秘密活动，已是连美国著名媒体都公开的"秘密"。"9·11"以后美国新成立的国土安全部，同样把国土防卫延伸到网络空间，制定了体系完备的网络安全防护计划。

② 恐怖组织的威胁　"9·11"事件之后，恐怖组织、极端宗教、民族分裂三股势力日益猖獗。他们长期利用网络的放大效应和动员优势招募成员、鼓动宣传、发展组织、募集资金、协调行动、逃避惩罚。近年来，更是利用网络的非对称性特点，对涉及国计民生的关键信息基础设施和重要网络系统图谋开展网络攻击。此类威胁的特点：一是组织更加广泛，二是协调更加隐蔽，三是行动更加突然，四是效果更难预料。美国国家安全局局长亚历山大在为"棱镜门"作证时提到，从"9·11"以来，美国有效防止了50多起恐怖袭击，其中包括至少10起位于本土境内的威胁。恐怖活动的网络化确实已成为全球共同的威胁之一。

③ 经济犯罪的威胁　近年来，在网络空间针对电信网络和金融机构的隐性攻击，以及针对普通百姓的网络诈骗越来越严重，而且很多都是跨国的、有组织的高智商犯罪。此类威胁的特点：一是高利益驱使，二是受害主体广，三是攻击方式多，四是社会危害大。从这些年国内外执法部门破获的网络犯罪案件看，这类威胁主要是利用了信息技术的安全漏洞。由于技术漏洞的广泛存在，网络的普及程度越高，网络经济犯罪的方便性越大，危害程度也就越大。

④ 黑客团体的威胁　黑客团体正在成为一支不可忽视的力量，参与国际政治事件，反对全球化，热衷极端思潮，倡导"无政府主义"，引发网络空间不对称威胁。此类威胁的特点：一是组织松散，黑客团体一般没有明确的行动纲领和旗帜，只是因为共同的信仰，自发组织在一起，形成一种松散的、跨国的团体，这种松散的组织结构往往难以控制、难以把握；二是目标随意，与恐怖组织不同的是，黑客团体不以公开危害社会为目的，不以特定的政党或国家为目标，往往只是因为突发奇想或某件事情、某个刺激点，而发起针对个人、组织和国家的攻击；三是战法各异，多数地下团体会凭着技术才干和狂热感情宣泄其爱憎，鲜有统一的协调和配合；四是很难防范。

⑤ 极端个人的威胁　随着"维基解密""斯诺登"等事件的爆发，极端个人利用网络挑战整个国家乃至世界的趋势越来越受到关注。此类威胁的特点：一是个人能力强，他们身怀绝技，能力水平很高；二是掌握资源多，拥有广泛或特殊的信息资源；三是反对国家权威，"维基解密""斯诺登"等事件都表明，极端个人借助交织的、网络化的信息技术和通信系统与其他技术相结合以

及跨国网络的协助，可以实现对政府权威的公然对抗和挑战；四是奉行自由主义，反对一切形式的约束和管理，这方面最具代表性的人物当推阿桑奇和斯诺登了。

（2）关键信息基础设施面临的网络安全威胁

我国关键信息基础设施所面临的安全威胁逐步增多，随着新型高危漏洞频频出现，危及制造、能源、市政等领域的关键信息基础设施，权限管理等类型的漏洞数量较多。所发现的漏洞中，高危漏洞达到 62%，工业控制、智能设备、物联网等领域的漏洞将近 300 个。

新型恶意软件病毒威胁加剧，勒索攻击、定向攻击成为攻击关键信息基础设施的新模式。2016 年 11 月底在美国旧金山市政地铁上，有超过 2000 台服务器和计算机被勒索软件攻击，这次事件是全球首起勒索软件深入渗透至公共基础设施控制系统的事件。还有勒索病毒 WannaCry 大规模感染事件，能源、通信、交通等多个工业相关领域遭受了攻击。勒索攻击主要以获取经济利益为目的，未来还会呈加剧态势，针对电力领域等工业控制系统的恶意软件，应该是继震网病毒之后最具危害性的工业控制系统恶意软件。

在万物互联形势下，关键信息基础设施攻击难度降低，可造成巨大的级联危害。目前漏洞及其利用方式可被轻易获取，大量漏洞及其利用方式可通过公开或半公开的渠道获得。很多研究者会在开源社区中，发布攻击源代码或者模型，很多关于设备的弱口令信息以及工业控制系统的扫描、探测、渗透方法被公布，也进一步加剧了工业控制系统的网络安全风险。

我国关键信息基础设施成为多个 APT 组织的重点攻击目标，面临严重的境外网络威胁。近几年，维基解密披露了美国中情局大规模实施网络攻击和间谍活动的秘密文件，包括大量网络攻击工具、病毒、恶意软件、武器化的零日漏洞等。由此表明，美国正在建立网络攻击武器库和战略资源库，已切实具备了针对各操作系统、智能设备等全方位、多层次的攻击能力，可发起国家级、有组织的网络攻击行动。客观上对我们国家的网络空间安全也构成了严重的威胁。

目前我国操作系统、服务器、数据库等产品国产化率低，核心技术受制于人。主流的操作系统、服务器、数据库等设备，都是以国外品牌作为主导，虽然是老生常谈，但在短时间内没有特别有效的方法进行改变，重要领域的关键核心技术仍然受制于人。

（3）政务信息系统面临的网络安全问题

随着政务信息化网络建设的全面推进，越来越多的政府部门将业务系统部署于互联网，实现了政务信息公开化。一方面，随着网络系统应用的全面开展，提高了政府部门的工作效率，赢得了广大群众的一致好评；另一方面，随着信息化的全面展开，越来越多的应用终端加入政务系统中，办公人员信息化技能的欠缺、黑客行为猖獗导致内网安全隐患与日俱增。政务信息系统面临的网络安全问题主要包括以下几方面（图6-2）。

工作人员网络安全意识欠缺，防病毒软件安装率较低

缺乏有效监管机制，P2P类软件充斥内部网络

工作人员系统登录口令为空或过于简单，给不法分子提供了可乘之机

终端的系统补丁长期不更新，给不法分子入侵提供了后门

部分单位缺乏统一管理机制，网络管理各自为营，安全隐患明显

图6-2 政务信息系统面临的网络安全问题

6.2 信息安全要素变化

随着技术的不断更新与发展，信息安全也不单是最初的病毒查杀等内容。信息安全的中心问题是要能够保障信息的合法持有，使用者能够在任何需要该信息时获得保密的、没有被非法更改过的"原装"信息，即通常所说的保密性（confidentiality）、完整性（integrity）和可用性（availability），简称CIA。近来，全球权威的信息研究与咨询顾问公司Gartner在2016年的研究报告中提出了信息安全的CIA（S）[Safety]模型，打破了传统的三要素模型，将人员和环境安全加入了其中，即Safety People and Safety Environments。目标是对网络信息安全有较为完整的认识，掌握电脑安全防护、网站安全、电子邮件安全、Intranet网络安全部署、操作系统安全配置、恶意代码防护、常用软件安全设置、防火墙的应用等技能。能够对系统中安全措施的实施进行跟踪和验证，能够建立起立体式、纵深的安全防护系统，部署安全监控机制，对未知的安全威胁能够进行预警和追踪。掌握防护系统的脆弱性分析方法，能够提出安全防护系统的改进建议，熟悉信息安全行业标准和产品特性，熟悉信息安全技术发展动向，再结合单位自身的信息安全需求，选择合适的安全技术和产品。

6.3 外部威胁变化

随着信息技术的快速发展，新的技术不断涌现，下一代互联网（IPv6）、物

联网、三网融合、虚拟化、云计算、大数据等新兴技术在迅猛发展，得到越来越多的应用。信息技术在带给人类巨大进步的同时，信息系统安全问题导致的损失和影响也不断加剧，并逐渐成为关系国家安全的重大战略问题，信息系统的安全问题受到人们的普遍关注。安全是下一代互联网的首要目标，在过去的几十年时间里，信息技术已发生了翻天覆地的变化，信息技术日益渗透到人类的生产生活中，成为现代社会的基础。网络安全的外延极度扩张，基于互联网进行的攻击在形式、方法、复杂性等方面也发生了质的变化。国家重大基础设施成为急需保护的对象，网络空间安全与国土安全、经济安全、政治安全一样成为国家安全的基础。网络安全的研究方向也发生了重大转变，从最初的被动安全体系建设发展到入侵、防御、评估为一体的主动安全体系建设，从单一安全问题的研究发展到全局网络的整体态势研究。近年来高级持续性威胁安全事件爆发，造成了无法估计的损失。特别是在"棱镜门"之后，高级持续性威胁已经成为国家间信息安全竞争的重要手段，高级持续性威胁（APT）具有多阶段、目的性、持续性、隐蔽性等特点。

面对复杂、严峻的信息安全管理形势，根据信息安全风险的来源和层次，有针对性地采取技术、管理和法律等措施，谋求构建立体的、全面的信息安全管理体系，已逐渐成为共识。与反恐、环保、粮食安全等问题一样，信息安全也呈现出全球性、突发性、扩散性等特点。信息及网络技术的全球性、互联性、信息资源和数据共享性等，又使其本身极易受到攻击，攻击的不可预测性、危害的连锁扩散性大大增强了信息安全问题造成的危害。信息安全管理已经被越来越多的国家所重视。与发达国家相比，我国的信息安全管理研究起步比较晚，研究的核心仅仅停留在信息安全法规的出台，信息安全风险评估标准的制定及一些信息安全管理的实施细则，应用性研究、前沿性研究不强。需从行业发展趋势和防御新型外部威胁角度多开展信息安全研究。

威胁可以通过威胁主体、资源、动机、途径等多种属性来描述，造成威胁的因素可分为人为因素和环境因素。威胁一律来自外部，各类攻击行为都可认定为外部攻击。环境因素包括自然界不可抗的因素和其他物理因素。威胁作用形式可以是对信息系统直接或间接的攻击，在保密性、完整性和可用性等方面造成损害，也可能是偶发的或蓄意的事件。在对威胁进行分类前，应考虑威胁的来源。

威胁的来源主要分为客观来源和主观来源。客观来源包括断电、静电、灰尘、潮湿、温度、鼠蚁虫害、电磁干扰、洪灾、火灾、地震、意外事故等环境危害或自然灾害。主观来源包括外部人员利用信息系统的脆弱性，对网络或系统的保密性、完整性和可用性进行破坏，以获取利益或炫耀能力。

6.4   内在脆弱性变化

信息系统安全问题不是单凭技术就可以彻底解决的，它的解决涉及政策法规、管理、标准、技术等方方面面，系统安全问题的解决要站在系统工程的角度来考虑全方位的安全，在这项系统工程中，信息系统安全评测作为检验和评价信息系统安全保护水平的重要方法占有重要的地位，它是信息系统安全的基本和前提。

随着互联网的发展，信息系统应用呈现出新特点，对传统安全评测技术带来了新的挑战，提出了新的安全需求。在网络层面，从原本相对比较封闭转变为越来越多地与互联网相连接。在计算资源层面，云计算的应用呈现出边界的消失、服务的分散、数据的迁移等特点，使得业务应用和信息数据面临的安全风险愈发复杂化。在用户终端层面，移动互联、智能终端广泛应用，都对信息安全管理提出新挑战。大数据的应用，业务系统从原来较为封闭的环境，转变为互联网环境，从提供被动服务转变为提供自助服务。所有这些变化，使得原来传统的被动防御策略，在开放、主动的环境下，显得越来越难以为继。边界逐渐消失，服务较为分散，应用呈现虚拟化，敏感业务数据放在相对开放的数据存储位置。内在脆弱性变化主要有以下几种，如图 6-3 所示。

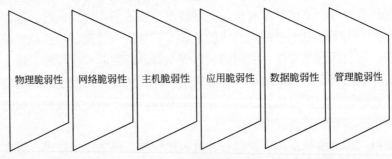

图6-3   内在脆弱性变化

针对各类内在脆弱性需加强检查手段。

（1）物理脆弱性

通过访谈、现场查看、文档审核等方式，检查机房环境中是否具备保护计算机信息系统的设备、设施、媒体和信息免遭自然灾害、环境事故、人为物理操作失误、各种以物理手段进行的违法犯罪行为造成的破坏、丢失的管理手段和技术措施。检查信息处理设备的存放场所安全，是否使用相应的安全防护设备和准入控制手段以及有明确标志的安全隔离带进行保护。从物理上使这些设备免受未经授权的访问、损害或干扰，根据所确定的具体情况，提供相应的保护。原则上被检测单位有 2 个或 2 个以上的机房应分别进行叙述。

（2）网络脆弱性

通过网络拓扑图核查、设备配置核查、漏洞扫描的方式来检测网络结构、网络设备、安全设备的使用情况、存在的安全问题等。安全检测中将网络结构分为两个部分，分别为互联网和业务专网。互联网主要是承载互联网服务类信息系统的网络，通过部署网络设备和安全设备与国际互联网逻辑隔离；业务专网主要是承载内部业务类和内部行政办公类的信息系统的网络，通过部署安全网关设备，与互联网、外部单位网络以及其他网络进行逻辑隔离。

（3）主机脆弱性

针对确定的信息系统内包含的服务器进行检测，检测的方式包括登录查看、漏洞扫描和配置核查等。其中服务器操作系统为 Windows、Linux、HP-UNIX、IBM-AIX 和专用操作系统，数据库为 Oracle 和 SQL Server 等。

（4）应用脆弱性

通过访谈应用系统管理员、登录应用系统进行核查等方式，对应用系统的系统开发、部署与运行管理、身份鉴别、访问控制、交易安全、数据安全、输入输出合法性、备份与故障恢复、日志与审计、安全测试等内容进行数据采集。

（5）数据脆弱性

数据脆弱性采集主要对数据生成的安全保护、数据传输的安全保护以及数据存储的安全保护等方面进行检测，发现这几类环节中存在的安全问题。

（6）管理脆弱性

通过人员访谈、文档审核和现场查看等方式，分别从安全管理机构、安全管理制度、人员安全管理、信息系统安全建设管理、信息系统安全运维管理、变更管理、密码管理等方面，对被检测单位的安全管理状况进行全面的检测。

6.5　安全风险的变化

第一次工业革命与蒸汽机的出现有关；第二次工业革命与电灯的发明以及流水线生产的运用有关；二十世纪六七十年代发生的第三次工业革命与数字程序控制和微处理器的发展有关；而第四次工业革命与工业朝着"智能生产"方向发展有关，"智能工厂"的"智能设备"将独立传输并获取运行所必需的信息，重新调整并优化生产能力，使几乎全部生产过程和阶段实现更高级的自动化。

"工业 4.0"概念的主体是"物联网"思想，并非传统理解上的互联网，而是要为物品配置内置技术，实现（物品）相互之间以及与外部环境的协作，以减少或者排除人的参与。被称为感应控制设备的自动化传感器和控制设备使用简单、成本低廉，应用领域十分广泛，从普通技术设备到武器装备均可使用。处理大量数据以获得便于人理解的结果的方式、手段和方法的总和被称为"大数据"。这是一个重要的概念，因为"工业 4.0"意味着要收集、处理大量的信息，而"手动"处理这些信息是不可能的。传感器、设备和信息系统之间相互协同以预测、自动调整并适应生产过程中变化的概念被称为"信息物理系统"（cyber physical systems，CPS）。

物联网的应用不需要对连入的设备进行较大改动，因此也不用花费大量资金用于完善设备，但必须从根本上改变对设备的使用方法，包括改变关于设备状态信息的收集、储存和处理方式、方法以及人在数据收集和设备控制中的地位。也就是说，物联网的应用需要改变自动化信息管理系统的研制和使用方法，以及对企业和组织的总体管理方法。

在管理技术和信息处理方面，这些变化体现为自动化管理系统程序逻辑实现云服务之间的交互（"管理云""物联网平台"），以及从等级设置严格、信息隔绝的自动化管理系统，即设备、监控和管理目标仅接入下级自动化管理系统的技术过程自动化管理系统，向无须人和中间自动化管理系统参与的"管理云"（管理目标直接接入具备下级管理系统和企业层级的管理系统）转变。也就是说，"管理云"能够同时具备多功能设备以及复杂和多样的控制算法的功能。通过使用开放的应用程序编程接口（application programming interface，API），实现了任意设备和自动管理系统在无须改变接入设备和系统的情况下，接入"管理云"的可能性，以及使用模板实现"管理云"接收数据处理逻辑的可能性，在没有预先模板的情况下，使用内置程序附件处理设备。

在大部分情况下，采用传统的自动化方法难以在现实的期限内、以合理的花费完成。但在向物联网过渡的过程中，全过程完全自动化可能包括各种商品和服务生产者以及消费者之间的协作，比如道路交通和交通基础设施管理、工业生产和产品使用过程、安全保障等。

随着信息安全要素、外部威胁、内在脆弱性以及信息安全检测评价标准的变化，网络与信息系统等保护对象面临的安全风险分析方法和过程也发生了变化。

第7章 新技术应用环境产生的信息安全风险

7.1 虚拟化技术平台安全风险

7.1.1 大数据平台的安全风险

7.1.1.1 大数据平台的安全威胁

（1）社会工程学攻击

社会工程学是利用人的心理弱点（如人的本能反应、好奇心、信任、贪婪）、规章制度的漏洞等进行诸如诈骗、伤害、入侵等行为，以期获得所需的信息（如计算机口令、银行账户信息）。社会工程学不是单纯针对系统入侵与源代码窃取，本质上，它在黑客攻击边缘上独立并平衡着，它囊括了网络钓鱼、网络入侵、反侦查、影像监控、窃听等黑客技术和神经语言程序学、心理学等内容，这类攻击最大的特点就是利用受害者的心理弱点进行攻击。如果大数据的管理人员信息安全意识淡薄，那么即使是较为安全的技术防控手段，也无法有效地保障数据的安全。攻击者为了提高效率，通过采用社会工程学攻击，在海量、复杂的大数据中明确攻击目标。

（2）高级可持续攻击挑战

传统的检测是基于单个时间点进行的基于威胁特征的实时匹配检测，而高级可持续攻击（APT）是一个攻击实施过程，并不具有能够被实时检测出来的明显特征，无法被实时检测。同时，APT攻击代码隐藏在大量数据中，让其很难被发现。

（3）数据安全问题

在数据采集阶段，由于采集数据体量较大、种类繁多、来源复杂，无法一一鉴别数据的真实性和可靠性。当前的技术手段不能对数据的真实性、可靠性进行鉴别和侦测，同时也无法剔除虚假信息和恶意数据。黑客可以通过网络攻击向数据采集端注入脏数据，通过破坏数据的真实性，进而影响数据分析结果。由于大数据的应用特性，数据不再局限于组织内部流转，而是会在数据控制者中流转，在此过程中，通过异构网络环境跨越数据控制者或者安全域的全路径数据追踪溯源就会变得更为困难，使得数据中标记的可靠性以及数据之间捆绑的安全性问题更加严重。大数据的全生命周期如图7-1所示，生命周期任一环节都需要关注数据安全问题。

图7-1　大数据全生命周期

（4）安全框架支撑

大数据服务组织的安全能力直接影响了数据安全性和服务可靠性，但当前我国并没有明确规范大数据服务组织的安全能力评价标准。现阶段我国的大数据安全保障能力还不够强大，安全体系建设还没有完成，不利于从法律的角度进一步支撑《中华人民共和国网络安全法》在大数据领域的落地实施。

7.1.1.2　大数据平台的脆弱性

（1）大数据平台缺乏整体安全规划

现阶段Hadoop是大数据计算软件应用最广泛的平台，是基础平台层的基础设施，其技术发展与开源模式相结合，通过集群的方式使用简单的编程模型分布式处理大数据。Hadoop最初设想是为了方便管理大量公共Web数据，从而假设集群处于一个可信的环境中，因此在设计阶段并没有相应的安全机制，也没有制定相应的整体安全规划。

（2）基础设施安全问题

作为大数据汇集的主要载体和基础设施，云计算为大数据提供了存储场所、访问通道、虚拟化的数据处理空间。云计算的出现彻底打破了地域的概念，使得数据不再存储于某一个确定的物理节点，而是由服务商动态地提供现实或者虚拟的存储空间，同时分布地点也会涉及不同国家的不同区域。数据中心的分散化不利于大数据的系统整合，一定程度上影响大数据的业务能力。在云计算环境下，数据安全由云计算的服务商负责，而不再是依靠一成不变的基础设施物理边界，用户失去了对系统和数据在物理和逻辑上的控制。

（3）大数据存储安全问题

大数据会使数据量呈非线性增长，而许多复杂多样的数据集中存储在一起，多种应用的并发运行以及频繁无序的使用状况，有可能会出现数据类别存放错位的情况，造成数据存储管理混乱或导致信息安全管理不合规范。用户在互联网中产生的数据具有累积性和关联性，单点信息可能不会暴露隐私，但由于大数据所具有的异构、多源、关联等特点，如果采用大数据关联性抽取和集成有关该用户的多点信息并进行汇聚分析，使得即使多个数据集各自具有脱敏措施，其隐私泄露风险还是会大大增加，多个数据集仍然会因为关联分析而造成信息的泄露。

（4）针对云平台相关的软件漏洞与后门

在软件定义世界的时代，软件既是信息系统的核心也是大数据时代的核心，几乎所有的软件上都存在后门。在软件的开发阶段，程序员常常会在软件内创建后门程序以便可以修改程序设计中的缺陷。但是，如果这些后门被其他人知道，或是在发布软件之前没有删除后门程序，那么它就成了安全风险，容易被黑客当成漏洞进行攻击。

Hadoop 作为应用最为广泛的大数据计算软件平台，其开源发展模式会为系统带来潜在威胁。根据 Common Vulnerabilities and Exposures 漏洞列表显示，从 2012 年到 2018 年，Hadoop 共暴露出 25 个漏洞，其中 2018 年暴露出 4 个漏洞。Hadoop 漏洞数量统计如图 7-2 所示。

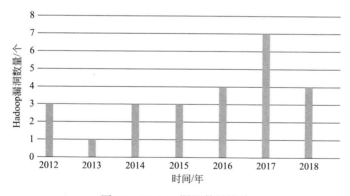

图 7-2　Hadoop 漏洞数量统计

（5）缺乏数据库安全机制

从基础技术角度来看，大数据依托的基础技术是非关系型数据库，如 NoSQL。当前已经被广泛使用的 SQL（关系型数据库）技术，在维护数据安全方面已经设置了较为严格的防控和隐私管理的工具。而作为传统关系型数据库的替代方案，NoSQL 的关键性特色之一是其动态的数据模型，NoSQL 在查询中并不使用 SQL 语言，而且允许用户随时变更数据属性。然而这个层面上的安全概念目前尚不存在，没有相关的解决方案，在 NoSQL 技术中，并没有设置严格的访问控制和隐私管理工具。大数据的数据来源多种多样，例如物联网、移动互联网、计算机终端和遍布全球的传感器，这些数据处于一种分散的状态，企业很难定位和保护机密数据。

7.1.2　云计算平台的安全风险

7.1.2.1　云计算平台的安全威胁

云计算平台安全威胁分类如图 7-3 所示。

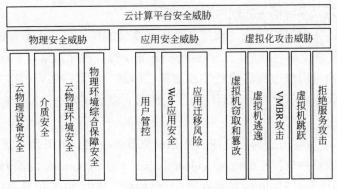

图7-3　云计算平台安全威胁分类

（1）物理安全威胁

① 云物理设备安全　在云计算环境中，各种设备可能会受到环境因素（例如雷击、火灾）、未授权访问、供电异常、设备故障等方面的威胁，使得云服务提供商面临资产损失、损坏、敏感信息泄露或云运营中断的威胁。在云计算数据中心，物理设备安全保护的对象既包括了构成信息系统的各种设备、网络线路、供电连接，也包括了各种媒体数据本身及其存储介质，它们的安全性直接决定了信息系统的保密性、完整性、可用性。

② 介质安全　云计算信息系统中常用的存储介质包括硬盘、磁盘、磁带、打印纸、光盘等，信息存储介质的安全影响着整个数据中心的安全性和稳定性。其中移动存储介质存在易丢失的安全隐患，同时自身又缺乏有效的审计和监控手段，因此会造成一定的安全隐患。

③ 云物理环境安全　物理环境的安全是物理环境的最基本保障，云计算数据中心所处的物理环境的安全性直接影响了云计算中心的可靠性。云计算信息系统所在的环境应满足传统信息系统所具有的环境要求，例如消防报警、安全照明、不间断供电、温湿度控制系统以及防盗报警等设施。机房设施安全指的是机

房的选址、防火、防雷、防震、防静电等能力。

④ 物理环境综合保障安全　安全区域既包括云服务提供商进行保护的业务场所，也包括被保护的信息处理设施的物理区域，例如系统机房、重要办公室或者工作区域。云数据计算中心可以根据区域人员以及区域所面临的风险划分为不同级别的安全区域，建立严格的进出控制等措施，从而尽可能地避免云计算中心设备可能遭受到的盗窃、损坏、非法物理访问或者泄密等威胁。云服务提供商的数据中心存储了宝贵的数据资源，内部人员、准内部人员、竞争对手、特殊身份人员、外部个人或小组等都会使云计算信息系统遭受人为威胁。

（2）应用安全威胁

互联网作为云计算信息传输的通道，其上存在的安全隐患同样威胁云应用的安全，因为云计算应用的无界性和流动性，将会带来更加严重的安全威胁。云平台面临的应用安全威胁包括以下内容。

① 用户管控

账号管理问题：在云应用的系统中，诸多的账号管理问题给系统带来了巨大的隐患，目前常见的口令破解方式例如字典攻击、网络嗅探、暴力破解、组合攻击等使得普通用户的弱口令很容易被攻击者破解；同时，用户习惯在不同的云应用中设置相同的口令，使得攻击者破解一个口令之后，可直接访问该用户的多个相关云应用。

身份认证问题：如果在云计算系统中缺乏有效的身份认证管理手段，黑客可以较为简单地绕过系统中身份验证机制从而侵入系统。一方面的原因在于现在很多云计算平台进行身份验证时仍采用静态口令，例如"账户＋口令"，静态口令存在终身使用、易于破解等安全隐患；另一方面的原因在于一个用户在一个云服务中会有多个身份，同时也支持用户使用多个不同身份进行验证，因此对于用户多重身份管理以及联合身份认证也是需要重点关注的问题。

访问控制问题：在云应用系统中，一方面数据以托管的方式存储在云端服务器中，使得黑客可以通过开放的访问接口进入云应用系统，从而破坏数据的机密性和完整性；另一方面，组合授权问题也是云访问控制服务安全框架考虑的问题。

安全审计问题：在安全审计方面，终端用户通过网络直接访问云端资源的行为会给平台带来风险；同时，内部人员更容易窃取用户信息，使得内部安全审计无法得到保障；传统的安全审计技术也已经不适用于云计算的环境中。

② Web 应用安全

拒绝服务攻击：拒绝服务攻击是一种简单的破坏性攻击。通常是利用传输协议下的某个弱点、系统存在的漏洞或服务器的漏洞，对目标系统发起大规模的进攻；用超出目标处理能力的海量数据包消耗可用系统资源、宽带资源等；或造成程序缓冲区溢出错误，使其他合法用户无法正常请求，最终致使网络服务瘫痪，甚至系统死机。一旦云应用遭受到拒绝服务攻击停止服务，所有的云用户都会受到影响。

中间人攻击：中间人攻击是一种"间接"的入侵攻击，这种攻击模式是通过各种技术手段将受入侵者控制的一台计算机虚拟放置在网络连接中的两台通信计算机之间，这台计算机就称为"中间人"。如果云服务商没有正确安装和配置SSL，攻击者则可以利用云计算平台与用户数据交换的不可信和不可控性进行中间人攻击，同时窃取用户和云服务提供商的通信信息。

云恶意软件注入攻击：云恶意软件注入攻击试图破坏一个恶意的服务、应用程序或虚拟机。闯入者恶意地强行生成个人对应用程序、服务或虚拟机的请求，并把它放到云架构中。一旦这样的恶意软件进入了云架构里，攻击者对这些恶意软件的关注就成为合法的需求。如果用户成功地向恶意服务发出申请，那么恶意软件就可以执行。攻击者向云架构上传病毒程序，一旦云架构将这些程序视为合法的服务，病毒就得以执行，进而破坏云架构安全。在这种情况下，硬件的破坏和攻击的主要目标是用户。一旦用户对恶意程序发送请求，云平台将通过互联网向客户传送病毒。

③ 应用迁移风险　为了加快应用部署速度、增强业务创新能力，更多的企业选择将原有的大型数据中心迁移到云端，但在迁移的过程中，需要考虑如何减少从企业迁移到云中所承担的风险，明确迁移应用和组件等一系列相关问题，这些都可能产生信息安全风险。

（3）虚拟化攻击威胁

① 虚拟机窃取和篡改　由于虚拟机本身不具备物理形态，一般将每个虚拟机的虚拟磁盘内容以文件的形式存储在主机上，攻击者利用网络将虚拟机从原有的环境中迁出或者复制到一个移动介质中，并且此过程不需要窃取物理主机和硬盘，且原来的虚拟机上未留下任何入侵记录。同时，攻击者破坏或者修改虚拟机离线时的镜像文件，可以威胁到虚拟机的完整性和可用性。

② 虚拟机逃逸　虚拟机能够分享主机的资源并提供隔离。在理想的状态下，一个程序运行在虚拟机里，应该无法影响其他虚拟机。然而由于技术的限制和虚拟化软件的一些漏洞，这种理想状态并不存在。在某些情况下，在虚拟机里运行的程序会绕过底层，从而利用宿主机，这种技术叫做虚拟机逃逸技术（VM Escape），由于宿主机的特权地位，其结果是影响到虚拟机整体安全。这也就是说，当一个攻击者所进入的主机中同时运行着多个虚拟机时，攻击者可以关闭Hypervisor，并且最终导致关闭所有的虚拟机。

③ VMBR 攻击　VMBR（virtual machine based rootkit）是一种基于虚拟机的 Rootkits 攻击，基于虚拟机的 Rootkits 相对于现有的 Rootkits 可以获得更高的操作系统的控制权，攻击者使用更多的恶意入侵手段的同时也可以藏匿自身的状

态和活动。VMBR 的组件包括虚拟机监视器（virtual machine monitor，VMM）、主机操作系统以及运行的恶意软件，其基本思想是在现有的操作系统之下安装虚拟机监视器，使得上移的操作系统变为虚拟机，恶意程序运行在 VMM 或者主机操作系统中，实现与目标操作系统的隔离，这样在 VMM 中运行的任何恶意程序都不会被运行在目标系统上的入侵检测程序发现。同时，因为 VMM 可以掌握目标操作系统上的所有状态和事件，被 VMBR 所控制的目标操作系统将无法发现 VMBR 所修改的状态和事件。

④ 虚拟机跳跃　虚拟机跳跃（VM hopping）攻击是指为了提高虚拟化技术的性能而进行内存共享、交换，导致虚拟机在通信过程中存在风险，攻击者通过一个已经被控制的虚拟机，获取同一个 Hypervisor 上的其他虚拟机的访问权限，一旦成功后就可以借助其以同样的形式对其他虚拟机进行攻击。网络攻击人员甚至可以直接控制宿主机，进一步控制运行在该宿主机上的所有虚拟机，因此一旦宿主机失去控制权，其后果相当严重。

⑤ 拒绝服务攻击　在虚拟的服务器中，在同一个物理机上的所有硬件资源和网络等都是由虚拟机和宿主机共同使用。拒绝服务攻击的主要目标是耗尽宿主机的所有资源，使其不能够再为运行在宿主机上的虚拟机服务，从而达到虚拟机宕机的目的。

7.1.2.2　云计算平台的脆弱性

（1）云计算平台存在的技术脆弱性

云计算平台灵活性、可靠性、可扩展性等优势的保持必然要依赖于一些新技术，但这些新技术的使用在给云计算带来可靠性保障的同时也带来了一些新的安全风险。云计算提供的服务可分为 IaaS、PaaS 和 SaaS 三个层面。IaaS 的虚拟化技术、PaaS 的分布式处理技术以及 SaaS 的应用虚拟化技术是构建云计算核心架构的关键技术，也是云计算平台所面临的技术风险的主要来源。云计算面临的技术脆弱性主要包括以下方面。

① IaaS 层脆弱性　IaaS 将计算、存储、网络等信息基础设施通过虚拟化技术整合和复用后，通过网络将这些信息资源以服务的方式提供给用户，使用户可以在这些资源上部署和运行软件，包括操作系统和应用程序。虚拟化技术是 IaaS 层的核心技术，它使基础设施具有可扩展性，即可以根据应用的需求动态增加或减少资源。虚拟化技术也实现了多用户，即相同的基础设施资源可以同时提供给多个用户。但由于系统虚拟化、网络虚拟化、存储虚拟化等虚拟化技术的使用，IaaS 层面临主机安全、网络安全、数据存储及迁移等多方面的安全风险。IaaS 层主要存在的脆弱性如图 7-4 所示。

② PaaS 层脆弱性　从服务层级上看，PaaS 以 IaaS 为基础，它为用户提供了包括中间件、数据库、操作系统、开发环境等在内的软件栈。PaaS 的服务内容

是分布式软件的开发、测试和部署环境，它使用户有能力使用供应商支持的编程语言和工具，在云基础设施上部署用户所创建或购买的应用程序。

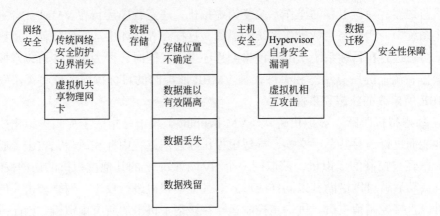

图 7-4　IaaS 层主要存在的脆弱性

分布式同步技术是为了解决分布式系统中对共享资源的并行操作可能引起的数据不一致问题，保证数据的一致性和安全性。分布式处理技术能够对云计算中心的物理资源进行充分扩展，满足 PaaS 用户的需求。然而，由于分布式处理技术所针对的数据是海量的，需要满足大量 PaaS 用户的服务需求，而且需要基于云计算中心的基础设施来实现，所以在云计算中，分布式处理技术往往不可能完全有效地实施，这就使 PaaS 面临数据安全风险和应用安全风险。

③ SaaS 层脆弱性　从服务层级上看，SaaS 以 PaaS 为基础，它使用户能够使用运行在云基础设施上的、由服务提供商所提供的应用程序，这些应用（如Web、电子邮件）可以在各种客户端设备上通过一个瘦客户端接口（如 Web 浏览器）被访问。对基于 PaaS 的 SaaS 服务模式来说，面临的主机安全风险和网络安全风险与 PaaS 层基本相同。

（2）云计算平台存在的管理脆弱性

与传统信息技术架构不同的是，云计算中数据的所有权和管理权是分离的。用户将自己拥有的数据存储到云服务提供商处，由云服务提供商进行全面管理，用户并不能直接控制云计算系统。云服务提供商没有对云数据的所有权，无法直接对数据本身进行查看和处理，管理方法受到了极大的限制。另外，云服务提供商无法得知用户使用的终端及进行的相关操作是否安全，由此可能引发许多不可控的、意料之外的风险。因此，与传统的 IT 架构相比，云计算面临着许多新的管理挑战。云计算面临的管理脆弱性主要包括以下方面。

① 云服务无法满足 SLA　服务等级协议（service level agreement，SLA）是服务提供商和用户双方经协商而确定的关于服务质量等级的协议或合同，而制定

该协议或合同是为了使服务提供商和用户对服务、优先权和责任等达成共识，达到和维持特定的服务质量（QoS）。虽然在服务等级协议（SLA）中，云服务提供商会针对可用性、响应时间、安全保障等对服务等级做出一定的承诺，但在实际服务过程中，云服务提供商难以完全履行服务等级协议（SLA）中所做出的承诺。

②　云服务不可持续脆弱性　提供资源的优化和信息技术服务的便捷性是云计算的优势所在，如何保障云计算服务的连续性是运营者关心的主要问题。在云计算中心内部，任何一个小小的代码错误、设备故障或是操作失误都可能导致服务故障，如 Gmail 在 2009 年 2 月爆发的全球性故障就是因为位于欧洲的数据中心进行例行维护时，一些新的程序代码出现问题导致欧洲另一个数据中心过载，连锁效应波及其他数据中心接口而最终造成全球性的服务中断。云服务不可持续脆弱性结构如图 7-5 所示。

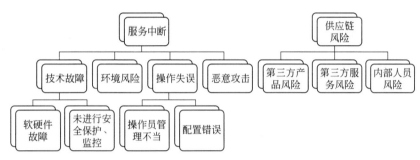

图7-5　云服务不可持续脆弱性结构

云服务提供商从硬件提供商和基础软件提供商那里采购硬件和软件，在软硬件等基础设施之上采用相关技术构建云平台，然后再向用户提供云服务。基础设施提供商、技术提供方等都是云服务供应链中不可缺少的参与者，如果任何一方突然无法继续供应，而云服务提供商又不能立即找到新的供应者，就会导致供应链中断，进而可能使相关的云服务出现故障或终止。

③　身份管理脆弱性　云服务提供商是身份管理的主要实施者。对于云服务提供商来说，云服务面对的是来自不同领域的大量用户，不同用户所具有的身份属性千差万别，如何从多个身份属性中选择出一个属性集合使得每组属性信息和具有特定权限的用户一一对应是比较困难的。云数据的所有者可能会将数据的某些访问和操作权限授予其他用户，因而同一用户可能有多重身份，即该用户对于自己的数据来说是所有者身份、对某些数据来说可能是访客身份、对其他数据来说则是非授权身份，如何对同一个用户设定不同的身份并严格地进行授权是比较困难的。不同领域的数据具有不同的安全等级标准，同一用户所拥有的数据也有敏感度高低之分，如何制定访问策略使数据能满足安全性需求也是比较困难的。另外，云服务提供商还必须考虑申请使用云服务人员的合法性，如果攻击者可以

注册并使用云服务，那么攻击者就可能向云端发送恶意数据、对云服务进行攻击等，给云服务安全带来极大的风险。

（3）云计算平台在法律法规方面存在的问题

为了切实保障信息安全，相关法律法规对信息安全的基本原则和基本制度、信息监管和隐私保护、违反信息安全行为的犯罪取证及处罚措施等都做出了明确的规定。建设良好的法律环境是信息安全保障体系建设中非常重要的一环，云计算安全体系作为信息安全保障体系中的一部分，也必须考虑到企业政策和法律法规的相关规定。然而，云计算作为一种新型的服务模式，其具有的虚拟性及国际性等特点产生了许多法律和监管层面的问题，使云服务面临多方面的法律法规风险。云计算平台面临的法律法规问题具体包括以下方面。

① 数据跨境　云计算具有地域性弱、信息流动性大的特点。一方面，当用户使用云服务时，并不能确定自己的数据存储在哪里，即使用户选择的是本国的云服务提供商，但由于该提供商可能在世界的多个地方都建有云数据中心，用户的数据可能被跨境存储；另一方面，当云服务提供商要对数据进行备份或对服务器架构进行调整时，用户的数据可能需要转移，因而数据在传输过程中可能跨越多个国家，产生跨境传输问题。

② 隐私保护　在云计算环境中，用户数据存储在云端，加大了用户隐私泄露的风险，保护用户隐私成为国内外热门议题。云服务与各国数据保护法、隐私法的关系也成为目前备受关注的话题。在云服务中，云服务提供商需要切实保障用户隐私，不能让非授权用户以任何方法、任何形式获取用户的隐私信息，然而一些国家的隐私保护法却明确规定允许一些执法部门和政府成员在没有获得数据所有者允许的情况下查看其隐私信息，以切实保护国家安全。因此，云服务中的隐私保护策略和某些国家的隐私保护法的相关规定可能产生矛盾。

③ 犯罪取证　在云服务中，不论是云基础设施还是云用户的账号，都很容易受到黑客的攻击，使云服务提供商和云用户的利益受到损害；另外，有一些攻击者可能利用云计算地域性弱、信息流动性大的特点，进行不良信息的传播、网络欺诈等违法行为。因此，在云计算环境中，犯罪行为可能频频发生，为了能够对攻击者进行相应的惩处，需要进行犯罪证据的获取、保存、分析，然而云计算所具有的多租户、虚拟化的特征增加了在云环境中进行犯罪取证的难度，在一定程度上阻碍了法律的顺利执行。

④ 安全性评价与责任认定　云服务提供商和用户之间通过合同来规定双方的权利与义务，明确安全事故发生后的责任认定及赔偿方法，从而确保双方的权益都能得到保障。然而，目前云计算安全标准及测评体系尚未建立，云用户的安全目标和云服务提供商的安全服务能力无法参照一个统一的标准进行度量，在出现安全事故时也无法根据一个统一的标准进行责任认定。目前国际社会对云服务

中的跨境数据存储、流动和交付的监管政策尚未达成一致，也没有专门针对云计算安全的相关法律。因此云服务提供商和用户之间签订的合同的合规性、合法性是无法得到认定的，一旦发生安全事故，云服务提供商和用户可能会各持己见，根据不同的标准来进行责任认定，确保自己的利益最大化，由此会产生许多争议和纠纷。

（4）云计算平台在行业应用方面存在的脆弱性

云计算的种种优势使它的发展前景十分可观，也逐渐在更多的领域得到推广和应用。在政府的强力推动下，我国云计算应用正以政府、电信、教育、医疗、金融、石油石化和电力等行业为重点，推出相应的云计算实施方案。由于不同行业的核心资产、关注问题、应用场景、监管要求各不相同，不同的云计算运营模型面临着不同的安全风险。

① 电子政务云　在传统的电子政务信息系统模型中，各个部门如政府、税务、司法、卫生等都需要购买服务器、存储、交换机、软件等资源且进行独立部署，构建出自己的平台，这些平台是相互独立的，资源无法共享，利用率也比较低，形成一个个的"政务孤岛"。每个平台都需要有专门的管理人员进行管理，且没有统一的领导、规划、标准等，不仅造成人员的浪费，也导致各个平台的服务水平不一致，服务质量得不到保障。

② 电子商务云　在传统的信息技术架构下，各个企业要想实现电子商务，必须花费大成本自己购买存储、计算、软件等基础资源，然后建设自己的数据中心和服务平台。由于系统的软硬件使用到一定年限后都会出现不同程度的损耗或跟不上市场的需求，企业还需要耗费人力资源和大量的时间进行系统的维护更新。随着程序开发精益求精以及用户体验上的需求日益增加，进行电子商务所需的相关程序和产生的文件的大小也在不断增加，企业和用户的计算机存储容量难以满足需求。由于电子商务涉及众多复杂的运算，使用电子商务的用户的数量也在不断增加，企业单纯通过增加硬件来提升运算速度的行为不仅可能不会从根本上解决运算能力受限的问题，还会使企业的运营成本大幅上升。另外，受各种有限的基础设施资源的制约，企业难以为用户提供多样化的服务，这将会降低用户对电子商务的关注度，阻碍企业的发展。

③ 教育云　教育云是云计算在教育领域的应用，是一种新的信息化服务模式。传统教育信息化平台建设中，各级各类教育机构需要独立地购买软硬件资源来搭建自己的信息化平台；而教育云为各级各类教育机构提供共享的软硬件资源，既减少了各机构购买基础设施的投资，也提高了资源的利用率。我国的教育机构特别是基础教育机构，普遍缺乏专业的信息技术团队，传统的教育信息化平台很难得到全面维护；而教育云一般由专业机构和专业人员建设和维护，具有更好的稳定性和安全性。

（5）云计算平台在虚拟化应用方面存在的脆弱性

云计算服务的规模化、集约化、专业化彻底改变了信息资源大量分散于终端设备的格局。利用虚拟化技术组织分配和使用计算资源的模式，有利于合理配置资源、提高利用率、促进节能减排、实现绿色计算。然而，虚拟化技术本身存在很多安全问题，全新的技术架构、组织结构、进程以及管理系统都会产生很多的潜在隐患。可是，只有极少数的使用者部署了专门处理虚拟化的安全工具，另外少部分的使用者希望在今后几年部署安全工具，绝大部分的使用者没有任何的计划来加强其虚拟化环境的安全性。云计算普及后，虚拟化的安全性分析和保护将变得更为重要。

① 虚拟机蔓延　虚拟化的优势使其在信息系统中迅速得到普及与应用，虚拟机在全球范围内的部署数量稳步增多。随着虚拟化技术的不断成熟，虚拟机的创建越来越容易，数量也越来越多，导致回收计算资源或清理虚拟机的工作越来越困难，这种失去控制的虚拟机繁殖被称为虚拟机蔓延（VM Sprawl）。虚拟机蔓延具有僵尸虚拟机、幽灵虚拟机、虚胖虚拟机三种表现形式：

- 僵尸虚拟机（Zombie VMs）。在实际的信息系统中，由于虚拟机生命周期管理流程的缺陷，许多已经停用的虚拟机及相关的虚拟机镜像文件依然被保留在硬盘上，甚至出于备份的考虑，还可能保有多份副本，这些虚拟机资源大量占据着服务器的存储资源。另外，由于虚拟机创建简单，所以用户经常会创建数千台的虚拟机。随着时间的推移，在一个较大环境中，管理员难以全面掌握虚拟机是否在用，这对于系统资源及安全性都会产生影响。

- 幽灵虚拟机。许多虚拟机的创建没有经过合理的验证和审核，导致了不必要的虚拟机配置，或者由于业务需求，需要保留一定数量的冗余虚拟机。这些虚拟机被弃用后，如果在虚拟机的生命周期管理上缺乏控制，随着时间的推移，无人知道这些虚拟机的创建原因，从而不敢删除、不敢回收，不得不任其消耗计算资源。

- 虚胖虚拟机。许多虚拟机在配置时被分配了过度的资源（过高的 CPU、内存和存储容量等），然而在实际部署后，这些被分配的资源没有得到充分利用。由于这些虚拟机仍然占据着分配给它的 CPU、内存和存储资源，导致其他资源匮乏的虚拟机也无法使用这些资源，长此以往，不仅会造成严重的资源浪费，还可能影响企业业务的效率。

a. 系统安全性。对于用户来说创建虚拟机是件很轻松的事，往往在数秒内就能创建和部署成功；而对于信息系统管理员来说却很难对这些虚拟机进行安全防护、监控及管理，保持所有的虚拟机是最新的安装状态（补丁、病毒库等）需要投入大量的时间成本。

b. 资源利用率。虚拟化技术的主要优势之一是能够充分利用硬件资源、提高资源利用率，然而虚拟机蔓延却大大抹杀了这一优势。大量弃用的僵尸虚拟机消耗着一定的计算资源却不能删除；被删除的虚拟机副本没有用处却仍然占据着很多的存储资源；过度配置的虚拟机长期占据着资源却不能使其得到有效利用；这些情况都对数据中心的硬件资源造成极大的浪费，使得资源的利用率变得很低。

c. 使用成本。一个节省成本的技术如果没有被很好地使用，反而会增加使用成本。虚拟机蔓延造成的成本增加包括软件许可证成本、服务器及存储设备成本、时间成本等。

② 特殊配置隐患　很多信息企业经常会采用虚拟化技术来模拟不同的操作系统配置，仿真各种各样的操作系统环境。例如，软件开发者想在不同版本的操作系统上同时测试他们的软件，以保证该产品适用于所有的客户端，可能就会在云计算中心中租用多个虚拟机。然而，这种特殊化的虚拟机配置却带来了一定的安全风险。

③ 状态恢复隐患　虚拟机的虚拟磁盘中的内容通常是以文件的形式存储在主机上。每当发生改动时，大多数虚拟机都会对虚拟磁盘的内容采取快照处理。因此，虚拟机的状态信息会被保留在主机上，从而使得虚拟机具有恢复到先前某个状态的能力，这样的功能有助于找回丢失的数据。然而，虚拟机状态恢复机制在带来好处的同时也给系统安全性带来了较大的挑战。

④ 虚拟机暂态隐患　对于物理服务器来说无论是否工作，都需要保持运行状态。然而，虚拟机则可以根据实际需要动态地使用，这样就产生了一种现象，大量的虚拟机时而出现在网络中，时而消失在网络中，这种现象被称为虚拟机暂态（VM Transience）。当虚拟机离线时，无法访问到该虚拟机，不利于虚拟机的统一管理。

云计算平台存在的脆弱性如图 7-6 所示。

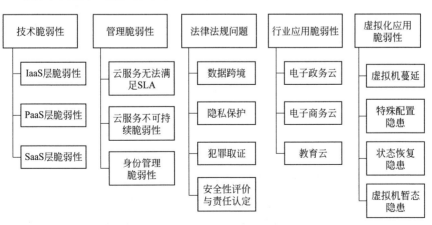

图7-6　云计算平台存在的脆弱性

7.2　移动互联网安全风险

7.2.1　移动互联网安全威胁

　　移动互联网相对于互联网和通信领域而言属于新兴产物，移动互联网的定义有广义和狭义之分。广义的移动互联网是指用户可以使用手机、笔记本、平板电脑等移动终端通过协议接入互联网，狭义的移动互联网则是指用户使用手机终端通过无线通信的方式访问 WAP 网站。简单地说，能让用户在移动中通过移动设备（如手机、笔记本、平板电脑等移动终端）随时、随地访问互联网，获取信息、商务、娱乐等各种网络服务，就是典型的移动互联网。可以认为移动互联网是融合传统通信业务和互联网业务的新领域，亦可认为移动互联网是未来互联网的发展方向。工业和信息化部电信研究院在 2011 年的《移动互联网白皮书》中提出：移动互联网（Mobinet）是以移动网络作为接入网络的互联网及服务，它包括移动终端、移动网络和应用服务三大要素。

　　移动通信和互联网业务在逐渐深度融入移动互联网的同时，也将各自领域的安全问题带入了移动互联网之中，移动互联网拓扑结构如图 7-7 所示。随着移动互联网的快速发展，移动终端越发智能化，功能也越来越多样化，网络应用平台技术发展和业务创新步伐也在逐渐加快，移动网络更新模式也越来越灵活多样，WLAN 网络发展尤为迅速，使得移动互联网的移动终端、应用平台和移动网络三个层面的安全威胁层出不穷。

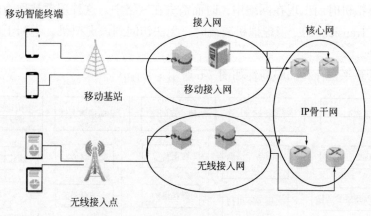

图 7-7　移动互联网拓扑结构示意图

7.2.1.1　移动终端安全威胁

　　移动终端已经广泛应用于如金融、能源等多个方面的工作和生活领域，由于智能终端涉及和存储了大量的个人信息及敏感数据，很容易遭受网络、应用层面的攻击，主要威胁来自移动恶意代码和移动终端蓝牙连接威胁。

（1）移动恶意代码问题

移动恶意代码发展过程如图 7-8 所示。手机病毒同样是一段计算机程序，区别于普通病毒的是其感染或破坏对象是手机（包括 PDA）。手机病毒是以移动通信网络和计算机网络为传播平台，利用信息发送（包括 SMS、EMS 和 MMS）、网络下载、蓝牙、红外传输或存储卡等方式，实现网络到手机、手机与手机、计算机与手机之间的传播，从而对手机进行攻击，造成手机异常的一种新型病毒。按照工作机理的不同，可以将手机病毒分为蠕虫、木马、感染性病毒、间谍软件和恶意软件五种。

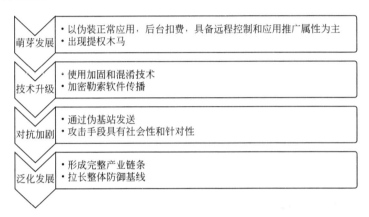

图7-8　移动恶意代码发展过程示意图

（2）移动终端蓝牙连接威胁

蓝牙是移动终端经常使用的一种通信方式，如移动终端之间的数据传输、移动终端对相关设备的无线调试与控制和移动终端与计算机设备之间的数据传输等，常用的蓝牙设备有蓝牙鼠标、蓝牙键盘、蓝牙耳机、蓝牙适配器、蓝牙手机等。而很多蓝牙设备在连接移动互联网过程中存在许多安全漏洞，如没有设置蓝牙连接口令、口令密码简单、未进行安全连接设置，这些都会存在安全隐患。

7.2.1.2　网络层面安全威胁

（1）基础通信基站安全威胁

我国移动通信主要以宏蜂窝、微蜂窝和智能蜂窝三种形式搭建，移动终端信息的通信主要依靠基站来完成，移动终端的网络连接管理切换都由基站来完成。作为移动互联网信息通信的基础单元，正受到各种模式的"伪基站"的威胁。目前大部分"伪基站"都是针对 2G 网络设计的，主要利用 2G 通信网络安全认证能力弱，缺少移动用户端对网络的认证环节，具体工作原理是在"伪基站"工作范围内发射大功率信号，进而干扰正常连接在基站上的移动用户收发信号，并把

3G、4G 信号加以屏蔽迫使移动终端切换为 2G 模式，进而达到移动联网用户自动连接到单向认证的"伪基站"上，然后分析连接的用户手机号码，截取用户发出的信息，并推送垃圾短信、诈骗短信，以达到相应的犯罪目的。

（2）伪装 AP 安全威胁

伪 AP 欺骗主要是利用移动终端用户喜欢接入免费 WIFI 无线网络心理进行引诱欺骗。主要手段有两种：一是在提供公共免费 WLAN 场合进行欺骗，黑客通过自身高功率无线 AP 发射装置发出无线信号，进而干扰原有公共免费无线信号，使自身 AP 信号强于原有公共无线网络信号，同时将伪 AP 网络 SSID 名称更改为公共免费网络 SSID 名称，并将伪 AP 的 MAC 地址改为公共 AP 一样的MAC 地址，进而引诱移动终端用户连接伪 AP 网络；二是无论是否有公共免费WLAN，都进行免费 WLAN 网络信号发射，同时将 WLAN 的 SSID 名称改为公共场所名称进行伪装，如 KFC、MCD、DICOS 等名字，进而引诱移动用户连接其伪 AP。一旦移动用户接入了伪 AP，并进行了相关敏感信息通信，那么黑客就可以截获分析相关内容，进而达到其犯罪目的。

（3）手机僵尸网络威胁

随着移动互联网网络的井喷式发展，以及与传统互联网的进一步融合，以往的"僵尸网络"基础单元也有所迁移，逐渐形成了以手机为"肉鸡"的"手机僵尸网络"，针对各种移动终端系统的恶意软件也不断更新，"手机僵尸网络"蔓延迅速。目前，在移动互联网网络中产生的"手机僵尸网络""移动物联网僵尸网络"进行网络攻击的事件时有发生。Traynor 等人评估了移动僵尸网络可能对蜂窝网络造成的影响，结果表明，一个小规模的移动僵尸网络可以对蜂窝网络造成严重的拒绝服务攻击。

7.2.1.3　应用层面安全威胁

（1）开放式应用（APP）通信软件安全威胁

在移动互联网应用平台中，很多移动终端应用（APP）通信软件都是源代码免费开放的，支持嵌入式程序开发，导致很多隐秘性强、带有很高保密措施的APP 通信软件被不法分子利用，进行恐怖组织的联络通信、招募聚集、宣传恐怖邪教信息、在线培训等活动。

（2）通用安全威胁

按照通信的分类方法，移动互联网应用面临的安全威胁主要包括 SQL 注入、分布式拒绝服务（DDOS）攻击、隐私敏感信息泄露、移动支付安全威胁、恶意扣费、恶意商业广告传播、业务盗用、业务冒名使用、业务滥用、违法信息及不良信息等。在内容安全方面，还面临着非法、有害和垃圾信息的大量传播，严重污染了网络环境，并且干扰和妨碍了人们对信息的利用。

7.2.2 · 移动互联网脆弱性

移动终端、移动应用和无线网络三个部分构成了移动互联技术等级保护中的移动互联部分，移动互联应用架构如图 7-9 所示。

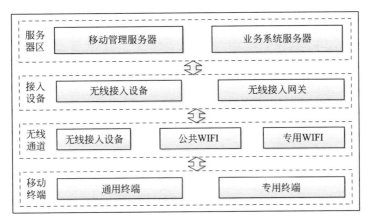

图7-9　移动互联应用架构

7.2.2.1　移动终端脆弱性

（1）移动终端自身安全漏洞

在移动互联网高速发展的同时，各种移动终端产品层出不穷，而且数量巨大，移动终端的操作系统、应用软件、固件等都有可能存在漏洞，恶意攻击者可以利用这些漏洞对终端进行攻击。终端操作系统，特别是市场占有率超过 70% 的安卓系统，呈现出显著的碎片化现象。终端操作系统的发布与更新往往是由各个终端厂商独立完成的，每个终端厂商都会根据自己的软硬件设计，对原生的安卓操作系统进行或多或少的定制化开发。因此，即便是安卓系统的原始开发者 Google 公司，也无法掌控所有终端系统的漏洞修复与版本更新，这就使得终端操作系统的安全性面临更加复杂的挑战。终端漏洞会降低智能终端的安全性，导致严重的安全问题，如经济损失、隐私泄露等。其中 Android 系统存在的漏洞数量统计如图 7-10 所示。

（2）移动终端不当操作漏洞

在网络安全领域人为操作和设置始终都是安全运行的最薄弱环节，移动互联网安全也不例外，在木桶效应理论中总会从最短板进行渗透攻击，所以移动终端用户始终是移动互联网漏洞的最主要环节。一是个人安全意识原因，据不完全统计我国大约有 41% 的手机用户没有安装手机防护软件，而且还有不少用户不是主动安装防护软件，还有的用户安装完防护软件并不进行具体设置和版本更新，能够让不法黑客轻易地控制用户手机；二是个人上网习惯原因，目前移动终端具有很强的综合功能，短信、彩信和微信以及其他一些界面都可以随意打开超级链接，而不法分子恰恰是利用这一点，给终端用户推送诱惑力和误导性很强的超级链接，如果终端用户安全意识不强，一旦点开链接，很有可能就会在不知情的情况下中了木马等恶意程序，进而让犯罪分子可以实施进一步犯罪活动；三是个人对移动终端设备的使用习惯原因，很多人不喜欢对系统进行升级，也不打漏洞补丁，觉得会使系统变慢影响正常使用，还有些人喜欢对系统进行越狱或者更换移动终端操作系统，这些行为都会给黑客留下很多利用漏洞的机会。还有些人不喜欢在正规的"应用市场"下载终端应用软件，从而加大了感染恶意程序的风险。

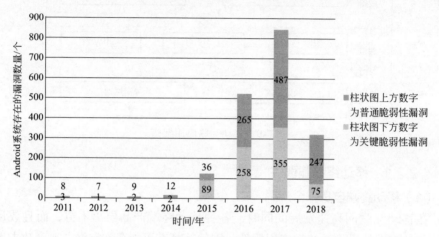

图 7-10　Android 系统存在的漏洞数量统计

7.2.2.2　网络层面脆弱性

移动互联网所具有的网络开放性、IP 化以及无线传输特性，使其网络边界越来越模糊，安全成为其接入网以及核心网面对的关键性问题之一。但是受限于现有技术水平，移动互联网缺乏对隐藏在传输信息中的恶意攻击进行识别与限制的能力。按照攻击的方式，移动互联网网络面对的威胁方式有窃听、伪装、破坏完整性、拒绝服务、非授权访问服务、否认使用 / 提供、资源耗尽等，这些潜在安全问题威胁着正常的通信服务。

（1）传统移动接入网面临的安全问题

网络协议和系统的弱点是 3G 移动通信系统面临的安全威胁的主要来源，攻击者可以利用此类弱点实现非授权访问敏感数据、非授权处理敏感数据、干扰或滥用网络服务，进而对用户和网络资源造成损失。以通用移动通信系统（UMTS）为例，在其安全机制中存在着许多的安全漏洞，攻击者利用这些漏洞能够对移动通信网发起诸如中间人攻击、流氓基站攻击和拒绝服务攻击等类型的攻击。

4G 移动通信系统由于其异构和基于全 IP 技术的体系结构，也会继承由于 IP

技术具有的特定安全漏洞而产生的安全问题。比如 LTE 的网络架构采用了全 IP 技术，与 GSM、UTMS 采用的网络架构相比，这种平坦的结构易受诸如窃听、注入、修改等方式的攻击，增大了泄露用户隐私的风险。此外，LTE 网络还容易受到 MAC 层位置跟踪、DoS 攻击、数据完整性攻击以及用户设备和移动设备的非法使用的影响。

（2）WLAN 接入网面临的安全问题

WLAN 技术采用公共的电磁波作为载体，具有标准统一、部署简单、性价比高的特点，同时又具有高灵活性和扩展能力强的特点，成为移动互联网接入的重要手段之一。但是由于其安全体制存在的缺陷，在信息安全、网络安全等方面存在多项安全问题，使其成为易被攻击和入侵的对象。主要表现在无线网络搭建者安全意识薄弱，没有对无线网络进行安全设置。有很多 WIFI 无线网络没有管理员密码或者使用默认管理员账号密码，还有的 WIFI 无线网络管理员密码和 WIFI 连接密码一样，而且大多数 WIFI 无线网络密码使用弱口令密码和关联性强的密码甚至不使用密码，极容易被黑客利用人体工程学字典短时间内爆破密码，从而进入 WIFI 无线网络之中。黑客一旦进入 WIFI 无线网络之中，就可以进行中间人欺骗、内网劫持，获取用户很多个人敏感信息，如各种账号密码、私人交互信息等。

（3）网络运营管理漏洞

无论是网络诈骗还是无线网络入侵或是其他通过网络的犯罪行为，犯罪分子都需要一个网络虚拟身份。但通过网络犯罪，就需要网络接口，需要一种真实身份认证过程。所以严格执行网络接入实名制度，严格监控各种提供公共上网的场所，是抑制网络犯罪的一种有效措施，即使发生网络犯罪也可以有效地进行网络轨迹溯源，对网络犯罪分子有震慑作用。目前我国无线网络接入管理仍存在很多漏洞，有很多犯罪分子可以匿名或者用虚假身份进入互联网之中进行违法犯罪活动，比如手机黑卡产业就给移动互联网监控管理带来很多漏洞。

7.2.2.3　应用层面脆弱性

（1）终端硬件脆弱性

移动互联终端主要包括手机、平板电脑和笔记本等，虽然我国移动终端自主品牌在市场上的占有量在逐年增加，但是硬件核心技术如 CPU、主板始终没有突出重围，始终受制于人，所以在移动终端生产上一直存在安全隐患。

（2）终端软件脆弱性

目前我国移动终端生产商始终没有涉及操作系统的核心技术开发，这也导致我国移动终端用户所使用的终端系统自身就存在一定安全隐患，系统内部容易被植入后门程序，形成大规模的移动僵尸网络，从而产生一系列应用安全问题。虽然我国国产移动智能终端占据市场中的较大份额，但处理芯片、操作系统、移动通信网络的制式、技术体制和标准等关键核心技术仍未实现完全自主可控。但随着技术的不断发展，我国企业在不断努力打破国外企业对于处理芯片、操作系统的技术垄断，例如国产 TD LTE 芯片、北斗芯片等。

①　二次签名打包　Android 系统中每一个应用都应该具有一个唯一性签名，且同一个用户只能安装签名一致的应用。有些应用需要在反编译之后重新签名，然后再打包运行，一些二次打包团伙运用反编译包获取便利。二次打包指的是通过 apktool、dex2jar、签名工具等获取应用源码，并在其中嵌入木马、恶意病毒和广告，最后利用非法分子自己的签名对应用重新进行打包签名，投入市场进行使用。非法分子利用二次打包达到用户隐私窃取、吸资扣费、耗费流量的目的，同时二次打包也会严重侵害开发者的利益。

②　反编译　反编译指的是通过一定的技术工具，将文件重新生成对应（或等效）的源文件过程，一般非法分子通过反编译窃取别人的劳动成果。为了增加代码阅读难度和破解难度，一般可加入代码混淆和资源混淆两项功能。

③　权限声明　Android 系统引入权限机制本质上是通过权限策略处理安全问题，但权限机制仍然存在一定的安全问题。一方面应用程序可以自命名新的权限，并没有明确的命名规则和限制，不规则名称可能会存在一定的问题；另一方面，某一个应用程序具有权限之后，此权限在应用程序的生命期间不会被移除。

④　SO 文件注入漏洞　移动应用（APP）不具备抵抗进程注入的能力，攻击者可利用漏洞在 APP 动态注入第三方 SO 模块，可以达到恶意程序插入、盗取用户账号信息等攻击目的。

⑤　动态调试 APP　动态调试是指利用调试器跟踪应用（APP）的运行状态，利用漏洞寻求攻击的途径。被检测系统客户端程序可以利用动态调试，造成业务逻辑和内存敏感信息泄露等问题。

7.3　工业控制系统安全风险

7.3.1　工业控制系统安全威胁

工业控制系统（ICS）是多种类型控制系统的总称，一般包括数据采集与监视控制系统（SCADA）、集散控制系统（DCS）和其他控制系统，例如经常在工业部门和关键基础设施中使用的可编程逻辑控制器（PLC）。工业控制系统广泛应用于各个领域，包含基础设施（金融、通信、交通、能源）、民生（水、电、燃气、医院）、工业生产（冶金、石油化工、核能）和军工等。由于 ICS 产品越来越多地通过采用通用协议、硬件或者软件等方式与互联网一类的公共网络进行连接，打破原有的封闭领域，面临的信息安全问题日益突出。

7.3.1.1　环境因素

环境因素包括断电、静电、灰尘、潮湿、鼠蚁虫害、电磁干扰、洪水、火灾、地震、意外事故等环境威胁和自然灾害等。自然灾害会使工业控制系统的一个或多个组件停止运行。

7.3.1.2　内部威胁

内部威胁包括误操作和有意破坏。其中误操作是由内部人员缺乏责任心、不关心或者不关注、没有遵循相关的规章制度和操作流程、缺乏培训、专业技能不足等导致了工业控制系统故障或被攻击。从事工业控制系统运维的人员、一般网络安全技术人员对工业控制系统原理所具有的实时、不可停滞等特性没有深入了解，而具有工业控制自动化专业的相关人员对网络安全了解不多。一般合法操作员意外地发布错误指令或进行错误配置，结果导致工业控制系统过程和组件被破坏。故障检测缺失同样也会导致工业控制系统面临威胁，它指的是操作员错误操作和违规操作的系统故障。抵赖指的是合法用户否认在工业控制系统交互式系统中已执行的错误操作。

有意破坏是具有某种恶意目的的内部员工对工业控制系统进行破坏或窃取系统信息。因为内部人员了解系统状况并且具有一定的访问权限，同时可以实际接触系统、掌握系统的关键信息，进行有意破坏时不需要掌握太多入侵知识就可以破坏系统或窃取系统数据。

7.3.1.3　外部攻击

外部攻击是外部人员或组织对工业控制系统进行的攻击。外部攻击者难以接触系统，应具备一定的资金、人力、技术等资源，不同的攻击者能力差距较大。攻击者进行嗅探，获得存储于工业控制系统组件中的敏感信息，造成信息泄露。

攻击者分析受保护的敏感信息，通过旁路嗅探，修改存储于工业控制系统组件中的敏感信息，进一步破坏存储于工业控制系统组件中的敏感信息。攻击者通过嗅探、欺骗，获得存储于工业控制系统组件中的用户授权信息，冒充合法用户；攻击者实施 DOS 攻击，使工业控制系统组件在一段时间内无法使用，达到系统拒绝为合法用户提供服务的目的，造成拒绝服务。无线技术的广泛应用同样给工业控制系统的安全防护带来巨大挑战。

7.3.1.4　供应链

供应链包括为使用者提供软件、硬件、服务等的制造商及生产厂商，可能在提供的软硬件设备上设置"后门"来达到方便维护人员调试或收集系统信息等目的。

7.3.2　工业控制系统脆弱性

7.3.2.1　物理脆弱性

工业控制系统的物理环境包括场所环境、电磁环境、设备实体、线路等。物理环境脆弱性指的是上述内容存在的脆弱性，主要包括非法人员在未授权的情况下随意进入场所，未安装安防监控系统，会造成设备和信息的泄露；无应急电源，断电时会对设备造成损坏并且造成数据丢失；未安装通风、空调等支持系统，则无法保障工业控制系统工作环境的稳定。

7.3.2.2　网络脆弱性

（1）网络结构及网络边界脆弱性

工业控制系统网络未分层：使用者设计实施时未对工业控制系统网络进行分层隔离，可能会导致部分设备出现的安全问题弥散到整个工业控制系统的网络中；因业务和操作需要对工业控制系统网络架构开发和修改，存在在不经意间将安全漏洞引入网络架构中的风险；攻击数据包和恶意软件在网络之间传播，可轻易监测到其他网络设备上的敏感数据，造成未授权访问；在控制网络中传输非控制数据，控制数据和非控制数据有着包括可靠性在内的不同要求，因此在同一个网络中传输两种流量会导致网络难以配置；在控制网络中应用互联网络服务；互联网络中使用的服务（例如 DNS、DHCP、HTTP、FTP、SMTP 等）在控制网络中被使用时，可能引入额外的严重安全漏洞。

（2）网络设备脆弱性

不安全的物理端口：不安全的通用接口如 USB、PS/2 等外部接口都有可能会导致未授权设备的接入，引发安全问题。无关人员物理访问网络设备：一般包括对网络设备进行不当的物理访问、进行数据和硬件窃取、造成数据和硬件的物理损伤破坏；对网络安全环境（比如，修改 ACL 允许攻击进入网络）的篡改、未授权的阻止或控制网络行为、关闭物理数据链路。没有使用数据流控制：未采用数据流控制机制，如利用访问控制列表（ACL）限制系统或者人对网络设备的直接访问。网络设备配置不当：使用缺省配置往往导致主机上运行了不必要的开放端口和可能被威胁所利用的网络服务。将工业控制系统网络中总线协议转换为以太网协议进行数据传输的设备，管理人员对其内部构造了解不多，一般均采用出厂的默认设置，存在一定的安全风险。

（3）通信和无线连接脆弱性

通信协议明文传输：攻击者可以使用协议分析工具或者其余设备解析 Profibus、DNP、Modbus、CAN 等协议传输的数据，从而实现对工业控制系统的网络监控。通信协议缺少认证机制：许多工业控制协议本身并不具备认证机制，采用此类型的通信协议，存在重放或者篡改数据的可能性。缺少通信完整性保护：大部分的工业控制协议不具备完整性检查机制，使得攻击者可以控制没有经过完整性检查的通信。无线连接客户端与接入点间认证不足：如果无线连接客户端与接入点间认证不足，会导致客户端访问的是攻击者伪造的接入点，并且非法入侵人员同时也可以访问工业控制系统的无线网络。无线连接客户端与接入点间数据保护不力：如果无线客户端与接入点之间传递敏感信息并且未采用加密保护，攻击者可以监听明文信息，最终造成信息的泄露问题。

7.3.2.3　平台脆弱性

（1）平台硬件脆弱性

开启远程服务的设备安全保护不足：开启远程服务的设备没有配备运行维护工作人员，也没有物理监视技术手段。不安全的物理端口：不安全的通用接口如USB、PS/2 等外部接口可能会导致设备的未授权接入。无访问控制的硬件调试接口：攻击人员可以利用调试工具更改设备参数，从而造成设备非正常的运行。工业控制系统中某些设备模块没有进行资产登记，可能会导致存在非授权用户访问点以及后门。

（2）平台软件脆弱性

缓冲区溢出：工业控制系统软件可能存在缓冲区溢出的问题，攻击者利用这一弱点可实施攻击。拒绝服务攻击：大多数实时或嵌入式操作系统都没有拒绝访问系统资源的机制，工业控制系统软件可能会遭受 Dos 攻击，从而导致合法用户不能访问系统，或者系统操作和功能延迟；一些工业控制系统没有进行有效检测就处理可能包含格式错误或者包含非法域值的数据包；在工业控制系统中普遍使用的 CAN、DNP3.0、Modbus、IEC 60870-5-101、IEC 60870-5-104 和一些工业控制系统专用协议的相关信息已经被公开或者破译，并且这些协议自身很少或者根本不包含安全功能；许多工业控制系统协议以明文方式传递信息，导致消息很容易被攻击者所窃听；某些软件中存在安全后门，不法供应商为了各种目的，在提供的软件中设置后门，危害性极大。通信协议脆弱性：工业控制系统采用的部分通信协议，由于设计原因存在安全脆弱性，若攻击者利用这些脆弱性，会造成系统的不可用，数据被截获、修改、删除，控制系统执行错误的动作等。

（3）平台配置脆弱性

关键配置未存储或者备份：若没有制定和实施工业控制系统软硬件配置备份和恢复规程，意外或者恶意地对系统参数进行修改可能造成系统故障或者数据丢失。在便携设备上存储数据且无保护措施：敏感数据（密码、拨号号码）以明文方式存储在移动设备（笔记本、PDA）上，一旦这些设备丢失或者被盗，系统安全就会遭受极大威胁。缺少恰当的口令策略：若没有口令策略，系统就缺少合适的口令控制，使得对系统的非法访问更容易。口令策略是整个工业控制系统安全策略的一部分，口令策略的制定应考虑到工业控制系统处理复杂口令的能力。访问控制不当：若访问控制方法不当，可能导致工业控制系统用户具有过多或者过少的权限，如采用缺省的访问控制设置使得操作员具备了管理员的权限。不安全的工业控制系统组件远程访问：系统工程师或厂商在无安全控制措施的情况下，实施对工业控制系统的远程访问，可能导致工业控制系统访问权限被非法用户获取。

7.4　信息安全保障能力的不足

针对日渐突出的新技术应用所产生的新型信息安全风险，无论是由于新技术带来新的安全威胁，还是新应用造成新的脆弱性问题，主要还是信息安全保障能力不足，对新的安全风险防范能力不强，存在以下几方面的问题。

（1）信息安全标准化

标准是对一类事物进行统一描述的特殊文件、规则或者使用原则，信息安全标准的目的在于通过提供相应工作规范，为信息安全保障工作的参与方及评判者提供相应的标准，是我国信息安全保障体系的重要基础环节。现阶段我国信息安全标准化已取得一定的成绩，但是与发达国家，尤其是美国信息安全标准化工作仍然具有一定的差距。一方面需要完善标准管理与服务体系，通过不断沟通交流，建立信息安全标准化的统一管理与沟通。通过结合国家总体安全规划战略，制定更加有明确性的信息安全标准化体系；另一方面需要提升信息安全标准研究能力与编制水平，虽然现阶段我国信息安全标准研究具有一定的成绩，但仍需培养大量熟悉国际信息安全标准规范的复合型人才。

（2）信息安全应急处理与信息通报

信息安全应急处理与信息通报的目的在于提高使用单位网络与信息系统处理突发事件的能力，一般来说突发信息安全事件可能会对社会造成严重损失和恶劣影响。如何针对突发事件做好应急处理和信息通报相关内容至关重要。目前我国信息安全应急处理普遍存在应急培训流于形式、思想认识不足以及应急演练开展不够的问题。虽然各个相关单位积极培训信息安全应急管理培训工作，但一般对信息安全应急的了解停留于表面，缺乏针对性措施，遇到大型信息安全突发事件，实际响应能力有待提升；对应急管理工作与信息通报的重视程度不到位，缺乏对信息安全应急处理与信息通报重要性的认识；由于信息安全应急演练涉及人力、财力等多方面问题，在实际演练过程中会与实际生活需要具有较大的差距。针对涉及信息安全的应急事件，摸索利用现有的网络安全相关的法律法规进行处置。

（3）信息安全等级保护制度

信息安全等级保护制度是国家在国民经济和社会信息化的发展过程中，提高信息安全保障能力和水平，维护国家安全、社会稳定和公共利益，保障和促进信息化建设健康发展的一项基本制度。信息安全等级保护的目的是针对不同系统提供所需要级别的保护。目前《中华人民共和国网络安全法》将信息安全等级纳入法律保护，但仍然存在部分单位不愿意接受监管，对信息安全等级保护重视程度不足的问题。

（4）信息安全风险评估

《信息安全风险评估指南》给出的风险评估方法为具有概括性的通用方法，在具体实践过程中，仍需要根据评估者的实际工作经验进行准确识别与判断，其量化工作相对困难，容易造成信息安全问题。

（5）灾难恢复

灾难恢复指的是关键业务在发生灾难之后能够在较短时间恢复相应工作。在实际工作当中，可能存在不清楚容灾意义、容灾计划缺乏可执行性或者无多余备份手段等问题。由于缺乏容灾意识，在实际工作当中不会在备份方面花费巨大精力和财力，在进行容灾计划时忽略实际使用情况，同时不进行任何模拟训练，缺乏实践性。

（6）人员配备

很多企业为了保障网络系统的正常运转，都配备有系统管理员，这些系统管理员虽然能够保障网络的正常运行，但缺乏网络安全的必备知识。尽管配备了防火墙、入侵检测等安全产品，但应用依然出现各种各样的问题，其中大部分是涉及信息安全的问题，对安全产品的运用和安全管理能力的培养已成为企业网络应用中的一个瓶颈。

目前国内的网络安全管理，尤其是信息安全管理人才奇缺。企业不仅缺少优秀的信息安全分析、规划人员，甚至在日常业务中可以维护信息安全系统正常运转的信息安全管理员也不是可以随时找到。信息安全保障对人才的复合能力要求较高，不仅需要了解计算机、网络安全相关知识，同时也需要对社会工程学、机器学习、自然语言处理、企业规划等多方面知识进行综合掌握。

（7）工业控制系统安全

随着互联网的迅速发展，打破了生产网络与管理网络的界限，一方面大量的工业控制系统以及设备暴露于互联网之中，使得工业信息安全的风险点进一步增加；另一方面，网络攻击手段愈加多元化，产生了僵尸网络攻击、定向网络攻击等一系列新型工业控制系统攻击手段。尤其现阶段我国工业信息安全发展不充分，工业控制行业普遍存在信息安全制度不完善的问题。

第**8**章 新形势下信息安全风险识别与分析方法的优化

8.1 现行方法存在的局限性

现行检测方法存在的问题如表 8-1 所示。

表 8-1 现行检测方法存在的问题

信息安全风险评估	风险评估角色不清、责任不明
	风险评估缺乏统一的实施标准
信息系统安全等级保护测评	等级保护与主动防御的理念不相适应
	等级保护标准相对滞后且不能满足新技术发展要求
网络与信息系统安全检查	安全检查的深度不够
	安全检查缺少对风险的分析
	安全检查难以体现具体问题

（1）信息安全风险评估存在的问题

① 风险评估角色不清、责任不明　现行风险评估的方法流程不够优化，责任落实不够清晰，使得被评估单位对评估结果常存有异议或者不满。在信息安全测评机构作为评估方实施风险评估时，被评估单位的配合也往往不到位，使得评估方难以了解被评估方的业务特点、管理要求，因此评估结果也易产生较大偏

差。很多单位的信息安全风险评估工作也未同该单位的安全建设工作紧密联系，风险评估后未针对评估结果采取相应的整改对策，单位的信息安全状况最终并未取得真正的提升和改善，上述问题都导致了信息安全风险评估工作难以起到其应有的作用。

② 风险评估缺乏统一的实施标准　信息安全风险评估具体数据的采集和分析方法还没有统一的标准，评估体系所应包含的评估框架、评估方法以及结果的运用等还未形成统一标准，也是如今信息安全风险评估不得不面对的问题。风险评估流程不够科学规范，就会导致评估结果不准确、不客观，影响评估结果的使用。因此，需要针对风险评估的任务、过程、责任以及程序标准统一要求；否则风险评估的效果必然受限于各个环节，使得风险评估结果参差不齐，难以达到统一标准。

（2）信息系统安全等级保护测评存在的问题

① 等级保护与主动防御的理念不相适应　信息安全等级保护属于政策性驱动的合规性保护，这种合规性保护只关注通用信息安全需求，并且属于被动保护，对于当前信息安全保护中的主动防御要求还有一定差距。例如，中国铁路客户服务中心 12306 网站的保护等级定为四级，2012 年，曾暴露出被黑客拖库以及因机房空调问题停止服务等，而这两项内容都在等级保护规范中有明确的要求。

另外，2010 年"震网"病毒事件破坏了伊朗核设施，表明网络攻击由传统"软攻击"上升为直接攻击要害系统的"硬摧毁"。2013 年曝出的"棱镜门"事件，2014 年曝出的美国国安局入侵华为服务器等，这些事件表明当今信息安全的主要特征是要建立主动防御体系，例如建立授权管理机制、行为控制机制以及信息的加密存储机制，即使信息出现泄露也不会被黑客轻易获得。而等级保护是一种被动的、前置的保护手段，与当前信息安全保护所要求的实时的、主动防御还有一定的差距。

② 等级保护标准相对滞后且不能满足新技术发展要求　随着新技术的发展，信息安全等级保护政策逐渐显现出其标准的滞后性，难以满足新技术应用的信息安全需求。例如，当前的物联网、云计算、移动互联网的应用呈现出新特点，提出了新的安全需求，在网络层面原本相对比较封闭的政府、金融、能源、制造系统开始越来越多地与互联网相连接。计算资源层面：云计算的应用呈现出边界的消失、服务的分散、数据的迁移等特点，使得业务应用和信息数据面临的安全风险愈发复杂化。用户终端层面：移动互联、智能终端广泛应用，都对信息安全管理提出新挑战。

在大数据应用中，很可能会出现将某些敏感业务数据放在相对开放的数据存储位置的情况。针对这些边界逐渐消失、服务较为分散、应用呈现虚拟化、敏感业务数据放在相对开放的数据存储位置的情况，等级保护的"分区、分级、分域"保护的原则已无法与之相适应。

（3）网络与信息系统安全检查存在的问题

① 安全检查的深度不够　现行的安全检查工作多是由政府部门发文，自上而下的检查方式，更偏重于合规性检测。每年的检测内容依据当年关注的重点而发生变化，在覆盖面较为广泛的情况下，难以实现深度检测。

② 安全检查缺少对风险的分析　安全检查工作受到其检测方法的制约，采集数据更注重的是问题分析，从采集的数据中难以对安全风险进行分析。

③ 安全检查难以体现具体问题　由于安全检查工作更多的是从整体上对单位或部门的安全状况进行评价，对具体的安全问题没有较为详细的描述，不利于开展整改工作。

8.2　现行方法融合的必要性

随着信息系统规模和复杂性的不断增大、攻击技术和手段不断革新，信息系统安全风险的威胁因素越来越多，安全风险防范的难度和复杂性也越来越大。由于资源和能力的限制，不可能消除信息系统中的每一个脆弱点，也不可能防御所有的攻击行为。在信息安全领域，风险控制意味着在成本与效益之间进行权衡，并最终制定相应的安全防御策略，从而有效降低安全风险。以往的信息安全攻防未考虑攻防成本，使得做出的攻防决策并不一定是最优决策。如何在信息安全风险和投入之间寻求一种均衡，充分考虑攻防成本有效性问题，利用有限的资源做出最合理的决策，做到"适度安全"，这就给安全检查、风险评估和等保测评等工作带来了巨大挑战。安全检查、风险评估和等保测评实施团队需要准确掌握信息系统的安全风险状况，找出风险最大的环节予以防范，避免大规模安全事件的发生。现行的主要检测方法如图 8-1 所示。

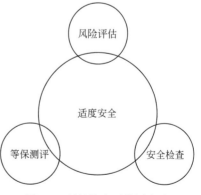

图8-1　现行的主要检测方法

无论是安全检查、风险评估还是等保测评，其核心思想都是通过现场检测的方式进行数据采集，采用不同的分析方法，最终将网络与信息系统存在的安全风险向用户进行展示。首先应明确被保护对象的安全风险是客观存在的，而且随着时间的变化而发生变化的动态过程，影响风险分析的因素包括保护对象、外部威胁、内部脆弱性以及安全措施的有效性等。

　　如图 8-2 所示，安全风险由三个要素所决定，即信息资产价值（受保护对象）、外部威胁和内部脆弱性，而已有的安全保护措施只是弥补了内部的脆弱性，从而降低了安全风险。如果将三类方法进行有机的融合，信息资产的价值是统一的，外部威胁的定义也是统一的，存在脆弱性的点也是一致的，威胁利用脆弱性的可能性也相同。但由于三类检测方法所用脆弱性的采集方式和标准的不同，带来的脆弱性分析结果不同，进一步影响安全风险分析结果。

- 等保测评是通过国标定义了脆弱性的衡量标准，即等级保护基本要求。
- 风险评估是由用户可自行定义脆弱性的衡量标准，即不可控制的脆弱性。
- 安全检查是由国家职能部门定义的脆弱性衡量标准，即合规性要求。

　　上述因素决定了三类检测方法能够定位出一致的风险点，但通过各自的方式分析的风险值却不尽相同。单一的安全检测方法无法覆盖全面的安全问题，通过将三类检测方法进行有机融合，可达到符合等级保护测评、风险评估和安全检查的三合一安全体系，为客户的信息系统提供综合的安全保障。

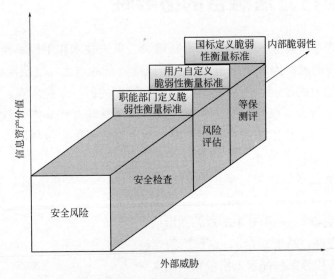

图 8-2　安全风险产生原理

　　新的测评方法是创新发展的需要，传统的等级保护测评、风险评估的方法和思路已经沿用多年，其存在的固有的缺陷和不足越发明显，怎样开发出一套新的测评标准和方法来重塑和深化，是信息安全工作者应该思考的问题。对参与等级保护备案、整改建设、测评等各个环节工作的众多安全服务厂商和企事业单位，在采用三合一体系时，必将面临抉择和挑战；而对于直接采用三合一体系实施检测的安全服务厂商来说，确实是一个难得的机遇，也是促进信息安全产业转移、创业和再创业的黄金时期。一次现场测评，三份检测报告，报告中不但有等级保护基本保护能力的符合性结论，又有风险评估的内容。这解决了测评机构多次测评、多份报告的问题，进一步减轻了被测评单位的负担。

8.3　现行方法融合的基本思路

（1）安全检测方法融合的总体思路

从图8-3中看到，安全检测方法的有机融合的总体思路是借鉴信息安全检查、信息安全风险评估和信息系统安全等级保护测评的方法，找出其内在的关联性，从风险分析的角度入手，采用一次现场数据采集，产生三类检测报告的结果，通过综合分析来发现网络与信息系统真正存在的安全风险。

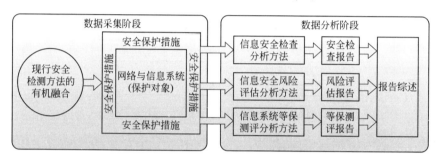

图8-3　安全检测方法有机融合的总体思路

以往三类安全检测方法相对独立，虽然检测对象和检测内容基本一致，但通过三类检测方法得出的检测结果存在一定的差异性，受主观因素的干扰，难以客观地评价安全风险，三类检测报告的关联性也不是很强，甚至可能出现矛盾的结果。分析其原因，主要是如图 8-4 所示的几个方面。

> 现存矛盾原因
> - 对保护对象重要程度的界定不统一
> - 对外部威胁源和威胁程度的分析不统一
> - 对内部脆弱性的严重程度定义不统一
> - 对网络及信息系统自身保护措施分析不透彻
> - 安全层面间的关联补偿考虑不全面
> - 风险分析的角度不同，难以产生统一结果

图8-4　现存矛盾原因

鉴于上述情况，为了实现安全风险分析的客观性、可用性和时效性，需将现行安全检测方法进行有机的融合，包括数据保护对象定义的统一、采集方法的组合、分析方法的关联等。现行检测方法融合的思路是如图8-5所示的几个方面。

```
┌─────────────────────────────────────────────────────────────┐
│ 融合思路                                                      │
│                                                              │
│  • 对保护对象进行重新定义                                      │
│  • 对信息资产重要程度进行统一的定义                            │
│  • 对外部威胁源进行重新定义，并对重要程度进行统一界定          │
│  • 对内部脆弱性采集点、采集方式、严重程度进行统一界定          │
│  • 对安全风险的分析应从三类检测方法的不同角度进行透射，        │
│    并从其内在的关联性方面分析结果                              │
│  • 从三类检测方法中分析出的安全风险应具有一致性，尽可能        │
│    地接近保护对象所存在的真实安全风险                          │
└─────────────────────────────────────────────────────────────┘
```

图8-5　现行检测方法融合的思路

通过有机融合应达到六个统一，其内容如图 8-6 所示。

图8-6　现行检测方法融合统一的内容

（2）安全检测方法的融合模型

前面讲到三类检测方法的有机融合的核心思想是六个统一，只有达到统一才能够使得风险检测的结果一致。三类检测方法虽然进行了有机融合，但由于脆弱性衡量标准不同，风险分析的方法不同，保持了三类检测方法各自的特点，既可以满足用户的不同需求，也可以保证检测出风险点的一致性和相关性。

从图 8-7 可以看到，在基本模型中首先对被检测对象进行统一的定义，包括确认检测对象的类别、数量和重要程度等，进一步梳理出三类检测方法所关注的信息资产。

由于外部威胁是客观存在的，与被检测对象之间没有直接的关联性，基于三类检测方法可以实现外部威胁的统一定义、统一分析和统一赋值。强调一点，威胁一定是来自外部作用，而非来自内部的作用。

脆弱性采集是检测过程的关键环节，三类不同的检测方法应依据各自的检测标准来进行脆弱性采集，安全检查的脆弱性采集是依据网信办或公安部每年发布的信息安全检查指南来进行合规性检测；风险评估脆弱性检测主要依据风险评估规范并结合用户的要求进行脆弱性采集；等保测评主要是依据等级保护的基本要求进行符合性测评。但在进行已有安全措施分析、威胁利用脆弱性方面三类检测方法应统一考虑，否则会影响风险分析的结果。

在考虑信息资产的重要程度、外部威胁的统一分析以及脆弱性采集，并对已有安全措施进行统一分析的基础上，分别采用安全检查、风险评估和等级保护测评的分析方法，对受保护对象面临的安全风险进行分析，并依据检测结果产生相关的检测报告。

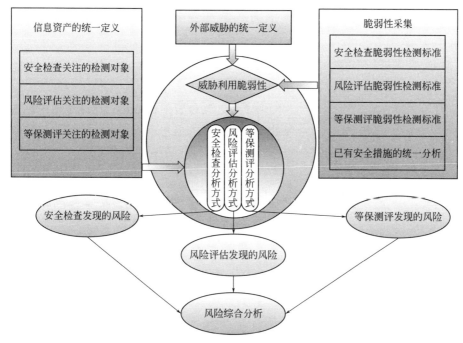

图8-7　安全检测方法有机融合的基本模型

在通过三类检测方式得到风险分析的结果后，依据风险分析结果的关联性，形成风险综述性分析结果。

8.4　现行方法融合的主要内容

8.4.1　检测目标统一定义

在检测目标方面，将安全检查、等级保护测评和风险评估三项工作有机整合，通过安全检查全面了解单位信息安全总体状况和信息安全工作落实情况；通过等级保护测评清晰梳理应用系统重要程度，以及保护措施是否到位；通过风险评估对重要信息系统和信息化资产所面临的信息安全风险有定量和定性的认识。定期开展风险评估、等级保护测评和安全检查等方面的检测工作，及时掌握网络与信息系统安全状况和面临的威胁，认真查找隐患，堵塞安全漏洞，完善安全措施，减少安全风险，提高应急处置能力，确保网络与信息系统持续安全稳定运行。

8.4.2 信息资产统一定义

在检测对象选择方面，风险评估、等级保护测评和安全检查所选择的检测对象都应涵盖物理环境、网络、服务器、应用系统（应用软件）、数据、终端计算机、管理制度和人员等方面，只是由于数据采集范围不同，检测对象的选择略有差异。

系统的资产可分为：应用系统资产（应用软件）、物理资产、管理资产、网络资产、安全资产、硬件资产和终端资产。其中应用资产应按照不同的信息系统分别进行识别，物理环境资产、网络资产、管理资产和终端资产同属于承载系统的资产，应统一进行识别。针对处于不同区域的信息系统资产，应按照各系统进行单独录入，如：有部分终端资产属于多个业务系统，应在资产录入时对应至多个业务系统。

依据资产的重要程度及其安全属性破坏后可能对组织造成的损失程度，经过评定得出资产等级，最终将资产划分为五级，级别越高表示资产越重要，根据重要程度对资产进行赋值，同时结合等级保护能力建设评价。原则上等保定级为3级的业务系统，应用服务资产赋值范围是3～5；等保定级为2级的业务系统，应用服务资产赋值范围是1～4。

8.4.3 外部威胁统一定义

随着信息技术的快速发展，新的技术不断涌现，下一代互联网（IPv6）、物联网、三网融合、虚拟化、云计算、大数据等新兴技术在迅猛发展，并且得到越来越多的应用。信息技术带给人类巨大进步的同时，信息安全问题所产生的损失、影响也不断加剧，并逐渐成为关系国家安全的重大战略问题，信息安全问题越来越受到人们的普遍关注。安全是下一代互联网的首要目标，在过去的几十年时间里，信息技术已发生了翻天覆地的变化，信息技术日益渗透人类的生产生活，成为现代社会的基础，网络安全的外延极度扩张，基于互联网进行的攻击在形式、方法、复杂性等方面也发生了质的变化。国家重大基础设施成为急需保护的对象，网络空间安全与国土安全、经济安全、政治安全一样成为国家安全的基础，网络安全的研究方向也发生了重大转变，从最初的被动安全体系建设发展到入侵、防御、评估为一体的主动安全体系建设，从单一安全问题的研究发展到全局网络的整体态势研究。近年来高级持续性威胁（APT）类型的安全事件持续爆发，造成了无法估计的损失，特别是在"棱镜门"之后，高级持续性威胁已经成为国家间信息安全竞争的重要手段，高级持续性威胁（APT）具有多阶段、目的性、持续性、隐蔽性等特点。

在安全检测方法有机融合中外部威胁被重新定义，原来涉及内部威胁的内容一律划入脆弱性的定义范围中。威胁可以通过威胁主体、资源、动机、途径等多种属性来描述，造成威胁的因素可分为人为因素和环境因素。威胁一律是来自外部，各类攻击行为都可认定为外部攻击，环境因素包括自然界不可抗的因素和其他物理因素。威胁的作用形式可以是对网络与信息系统直接或间接的攻击，在保密性、完整性和可用性等方面造成损害，也可以是偶发的或蓄意的事件。在对威胁进行分类前，应考虑威胁的来源（表8-2）。

表8-2　威胁来源

威胁来源	描述
客观因素	断电、静电、灰尘、潮湿、温度、鼠蚁虫害、电磁干扰、洪灾、火灾、地震、意外事故等环境危害或自然灾害
主观因素	外部人员利用信息系统的脆弱性，对网络或系统的保密性、完整性和可用性进行破坏，以获取利益或炫耀能力

对威胁进行分类的方式有多种，针对上表的威胁来源，并根据其表现形式，将威胁主要分为以下几类。威胁分类见表8-3。

表8-3　威胁分类

威胁来源	威胁类别	威胁描述
主观因素	身份假冒	非法用户冒充合法用户进行操作的可能性
	口令攻击	非法用户猜测确定用户口令获得访问权限的可能性
	密钥分析	非法用户通过密码生成算法或密码协议获得访问权限的可能性
	漏洞利用	非法用户利用系统的或物理的漏洞侵入系统或物理环境
	拒绝服务	非法用户利用拒绝服务手段攻击系统的可能性
	恶意代码	病毒、特洛伊木马、蠕虫、逻辑炸弹等感染的可能性
	窃取数据	非法用户通过窃听等手段盗取重要数据的可能性
	物理破坏	非法用户利用各种手段对资产物理破坏的可能性
	社会工程	非法用户利用社交等手段获取重要信息的可能性
客观因素	灾难	火灾、水灾、雷击、鼠害、地震等发生的可能性

8.4.4　内在脆弱性统一定义

8.4.4.1　脆弱性采集

风险评估、等保测评和安全检查三类检测方法的工作内容都包括了技术安全检测和管理安全检测两大部分，其中技术安全检测主要包含物理安全、网络安全、主机安全和应用安全等方面的内容，管理安全检测主要包括安全管理制度、安全管理机构、人员安全管理、系统建设管理和系统运维管理等方面的内容。三类检测方法的工作内容都是以信息系统为核心，对支撑信息系统的物理环境、网络环境、主机、应用软件、数据以及管理制度进行安全检测，并针对发现的安全问题提出整改建议。在技术安全检测和管理安全检测的基础下，对系统进行渗透测试验证系统漏洞，确定已有安全措施的有效性，并执行脆弱性分析与赋值。脆弱性采集的流程如图 8-8 所示。

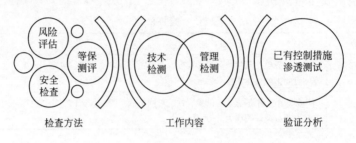

图 8-8　脆弱性采集的流程

（1）技术安全检测

① 物理脆弱性　通过访谈、现场查看、文档审核等方式，检查机房环境中是否具备保护计算机信息系统的设备、设施、媒体和信息免遭自然灾害、环境事故、人为物理操作失误、各种以物理手段进行的违法犯罪行为造成的破坏、丢失的管理手段和技术措施。检查信息处理设备的存放场所安全，是否使用相应的安全防护设备和准入控制手段以及有明确标志的安全隔离带进行保护；从物理上使这些设备免受未经授权的访问、损害或干扰；根据所确定的具体情况，提供相应的保护。

② 网络脆弱性　通过网络拓扑图核查、设备配置核查、漏洞扫描的方式来检测网络结构、网络设备、安全设备的使用情况，存在的安全问题等。安全检测中将网络结构分为两个部分，分别为互联网和业务专网，互联网主要是承载互联网服务类信息系统的网络，通过部署网络设备和安全设备与国际互联网逻辑隔离；业务专网主要是承载内部业务类和内部行政办公类的信息系统的网络，通过部署网络设备和安全设备与互联网、外部单位的网络、与其他单位的网络进行逻辑隔离。

③ 主机脆弱性　针对确定的信息系统内包含的服务器进行检测，检测的方式包括登录查看、漏洞扫描和配置核查等。其中服务器操作系统为 Windows、Linux、HP-UNIX、IBM-AIX 和专用操作系统，数据库为 Oracle 和 SQL Server 等。

④ 应用脆弱性　通过访谈应用系统管理员，登录应用系统进行核查等方式，对应用系统的系统开发、部署与运行管理、身份鉴别、访问控制、交易安全、数据安全、输入输出合法性、备份与故障恢复、日志与审计、安全测试等内容进行

数据采集。

⑤ 数据脆弱性　数据脆弱性采集主要对数据生成的安全保护、数据传输的安全保护以及数据存储的安全保护等方面进行检测，发现这几类环节中存在的安全问题。

（2）管理安全检测

管理安全检测的内容如图 8-9 所示。通过人员访谈、文档审核和现场查看等方式，分别从安全管理机构、安全管理制度、人员安全管理、信息系统等级保护安全管理测评、信息系统安全建设管理测评、信息系统安全运维管理测评、变更管理、密码管理和信息系统安全集中管控九个方面，对被检测单位的安全管理状况进行全面的检测。

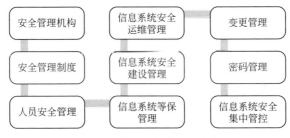

图8-9　管理安全检测的内容

8.4.4.2　渗透测试验证

网络与信息系统渗透测试验证是指模拟互联网用户和局域网用户，通过漏洞扫描、漏洞利用和权限提升等攻击手段，对系统门户网站、网上应用系统和内部业务系统实施远程、非破坏性的安全检测，以发现信息系统可能被恶意利用的脆弱环节。

作为信息安全检查、信息安全风险评估和信息系统安全等级保护测评的重要检测手段，渗透测试对三项工作中发现的安全问题进行了较为客观的验证，是全面检测一个单位整体信息安全防护能力的有力措施。

8.4.5　风险分析统一定义

风险分析的流程如图 8-10 所示。

（1）已有安全措施分析

已有安全控制措施分析是对被检测单位现有的安全控制措施进行调查，明确已经实施的控制措施，并根据被检测单位的安全要求分析该安全措施的有效性。这对于检测人员在对被检测单位的安全风险进行计算、分析、提出安全建议时是一个重要的参考因素。安全控制措施包括技术措施与管理措施两类，安全控制措施的识别不仅需要考虑措施的制定与实施情况，还需考虑措施的落实情况，对各检测子项中的已有安全措施进行识别。

图8-10　风险分析的流程

（2）脆弱性分析与赋值

通过技术安全检测和管理安全检测，将被检测网络与信息系统存在的脆弱性进行采集和输出，主要包括物理脆弱性、网络脆弱性、应用脆弱性（包括服务器、数据库、应用软件和终端）、数据脆弱性和管理脆弱性六个方面，其中物理脆弱性、网络脆弱性和管理脆弱性为公共部分，应用脆弱性和数据脆弱性与信息系统关联，即每个信息系统都存在不同的应用脆弱性和数据脆弱性，应分别进行分析和描述。对脆弱性进行赋值时，将针对每一项需要保护的信息资产，考虑两个关键因素：一是信息资产存在脆弱点的严重程度，二是信息资产存在的脆弱点被威胁所利用的可能性大小。首先对信息资产脆弱性的严重程度进行评估，并找出每一种脆弱性能被威胁所利用的程度，最终为其赋相对等级值。在进行脆弱性赋值时，提供的数据应该来自这些资产的拥有者或使用者，来自相关业务领域的专家以及软硬件信息系统方面的专业人员。采用问卷调查、访谈、漏洞扫描、配置核查、渗透测试等方法提取数据、综合分析，最后采用定性相对等级的方式对脆弱性赋值。

（3）基于安全检查方式的风险分析

依据安全评测表单输出的安全检查表单，进行数据的收集整理工作。收集整理的数据包括网络安全架构、网络设备、安全设备、服务器、终端计算机、安全性验证等方面的检查结果。此外，还应收集与上述检查对象相关的等级保护检查结果和风险评估检查结果。在安全检查综合分析阶段，应依据安全评测表单输出的安全检查表，并结合等级保护和风险评估的检测结果，分析总结被查对象已采取的各种安全措施，以及尚存在的主要安全问题；应从安全技术、安全管理方面，归纳总结出整个信息系统在安全技术和安全管理两个方面所存在的主要安全问题。

（4）基于风险评估方式的风险分析

风险评估数据整理工作主要是对风险评估计算方法所需要的四大要素进行整理和分析。风险评估计算要素收集完成后，通过计算业务系统的风险值模型得出被评估单位各业务系统的风险程度，从而得出被评估单位业务系统安全状况。风险评估四要素的整理分析工作后，根据脆弱性威胁关联表单，进一步论证各类威胁作用到不同脆弱性检测项的可能性，分析两者之间的关联关系，计算出系统的脆弱性威胁关联值，计算完成之后将系统的脆弱性威胁关联值乘以应用系统的权重值，可得出业务系统的风险值。

（5）基于等保测评方式的风险分析

等保测评主要是通过单项测评结果判定、系统整体测评分析等方法，分析整个系统的安全保护现状与相应等级的保护要求之间的差距，综合评价被测信息系统整体安全保护能力，针对系统存在的主要安全问题提出整改建议。安全性仅仅靠单项测评和单元测评的结果判定并不能真实地反映出安全的实际情况。为此在完成前面工作之后，需要实施人员进一步对系统环境进行整体测评。针对单项测评结果的不完全符合项，采取逐条判定的方法，从安全控制间、层面间和区域间出发考虑，给出整体测评的具体结果，并对系统结构进行整体安全测评。整体测评的方法是首先从安全控制间、层面间、区域间和系统结构方面逐一对单元测评中的不完全符合项（不符合项或部分符合项）进行风险分析。接着，通过分析不完全符合项可能面临的威胁，确定是否有其他安全措施可规避该威胁产生的风险。最终，根据风险分析的结果，将能规避风险的不完全符合项的测评结果调整为符合。

（6）风险综合分析

从安全检查中发现的安全风险、从风险评估发现的安全风险和从等级保护测评中发现的安全风险角度是不同的，对于一个单位的检测对象而言，需综合考虑保护对象所面临的安全风险。虽然三类检测方法中关注的信息资产不同、脆弱性分析角度不同，但风险的落点应是一致的，三类检测方法中发现的安全风险一定存在较强的关联关系。

（7）检测差异性

风险评估、等保测评和安全检查三类检测方法在数据采集、分析和结果输出上依然存在差异性，风险评估需要进行资产的赋值、威胁的赋值和脆弱性赋值，并依据三个赋值进行风险计算，最后进行定性和定量的分析得到信息系统的风险值。等保测评需要对每个信息系统进行单元差距测评和整体测评，对每个检测项给出差距测评的结果，并进行整体评价。安全检查是以被检测单位整体安全状况为基础，通过适当地抽取检测对象进行安全检测，发现一个单位存在的信息安全问题，以及信息安全措施的落实情况。

8.5　新型风险识别与分析方法的提出

信息安全风险测评将安全检查、等级保护测评和风险评估三项工作有机整合，通过安全检查全面了解本单位信息安全总体状况和信息安全工作落实情况；通过等级保护测评清晰梳理应用系统重要程度，以及保护措施是否到位；通过风险评估，对重要信息系统和信息化资产所面临的信息安全风险有定量和定性的认识。

信息安全风险检测分析方法的有机融合，可通过信息资产统一定义、外部威胁统一定义、脆弱性采集统一定义和风险分析统一定义四大方面进行整合。单一的检测方法不能实现的功能，可以通过将多种检测方法进行融合，达到互补的效果。将风险评估、等级保护测评和安全检查方法进行融合后，可通过等级保护测评弥补风险评估中的角色不清、责任不明情况，且可提供一套统一的实施标准；通过风险评估可弥补安全检查中缺少对风险的分析、检查深度不够和难以体现具体问题的不足；通过安全检查可提供主动的检查方式，对于新技术、新标准可通过增加安全检查项来进行及时的补充。综上所述，现行信息安全检测分析方法的有机融合弥补了单一检测项的不足，使检测方法更趋于完善，检测效果更贴近于用户的需求。

8.6　新型风险识别与分析方法的优化

8.6.1　工作原理的优化

信息安全风险测评是基于信息系统安全等级保护测评、信息安全风险评估和信息安全检查有机融合发展而来，随着《中华人民共和国网络安全法》的颁布，信息系统安全等级保护测评标准、信息安全风险评估规范以及信息安全检查的标准规范都发生了不同程度的变化。

信息安全风险测评方法的主线不发生变化，在具体实施过程中需要按照新的标准规范中要求的方法进行数据采集、分析以及报告的编制工作，工作原理的优化（图8-11）应包括以下内容。

① 保护对象发生了变化，不仅包括传统意义的网络与信息系统，还融入了虚拟化应用平台（云计算、大数据）、物联网、移动互联网以及工业控制系统等方面的内容。

② 信息系统安全等级保护相关标准更改为网络安全等级保护相关标准，包括了通用安全要求、云计算安全扩展要求、移动互联网安全扩展要求、物联网安全扩展要求、工业控制安全扩展要求等，在实施测评的过程中应按照上述要求进行数据采集与分析，按照新的报告模板进行编制。

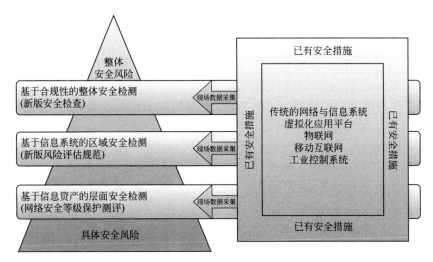

图8-11　信息安全风险测评方法工作原理优化

③ 新修订的信息安全风险规范提出了基于业务、面向信息系统生命周期（规划、设计、实施、运行维护和废弃）的风险评估方法，分析了业务及其支撑的信息系统所面临的威胁及其存在的脆弱性，全面评估安全事件造成的危害程度。风险评估围绕着业务、资产、威胁、脆弱性、安全措施和风险这些基本要素展开。

④ 信息安全检查逐步过渡为由中央网信办牵头，多个国家职能部门共同开展的一项例行工作，每年针对不同的重点内容进行检查，近年来基于国家关键信息基础设施的保护是检查的重点内容。

⑤ 从工作原理、检测方案制定、检测表单编制以及检测报告编制等方面都需要依据新的标准和规范进行修订、完善，使得信息安全风险测评方法更好适用于对新型技术构建的网络与信息系统实施检测。

基于上述变化，信息安全风险测评的流程、方法和内容都应以新的标准为指导和依据，在原有基础上进行优化，在新的网络安全形势下，形成适用于虚拟化、云计算架构的测评方法，这会更加契合移动互联网、物联网的发展，更加贴近工业控制系统业务应用模式。

8.6.2　工作流程的优化

总体工作流程包括了三个阶段的工作，分别为准备阶段、现场实施阶段和分析总结阶段，但在具体的工作流程中应依据网络安全等级保护相关标准、新版信息安全风险评估规范等对工作流程进行完善和优化。

（1）定级梳理工作的优化

依据《网络安全等级保护定级指南》的内容，网络安全等级保护工作的作用对象主要包括基础信息网络、工业控制系统、云计算平台、物联网、使用移动互联技术的网络、其他网络以及大数据等，新增了等保 2.0 覆盖的新技术、新应用形态，向被检测单位下发信息系统定级情况调研表的内容也应该涵盖到上述的范围。

按照《网络安全等级保护定级指南》的要求，明确了国家安全、社会秩序和公共利益的具体表现形式，对不同损害程度做了一定的定性分析，将公民、法人和其他组织的合法权益造成特别严重损害定为三级，对侵害国家安全、社会秩序、公共利益及公民、法人和其他组织的合法权益的具体内容进行了一定明确和认定，可更准确合理地进行系统定级。

（2）信息安全风险测评流程的优化

如图 8-12 和图 8-13 所示，信息安全风险测评的流程需要按照新的测评标准和方法进行优化和调整，具体调整和优化内容如下。

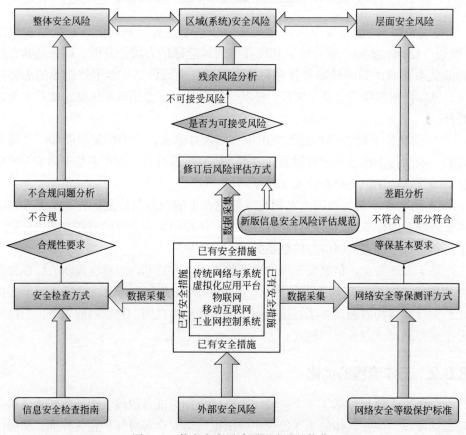

图 8-12　信息安全风险测评流程的优化

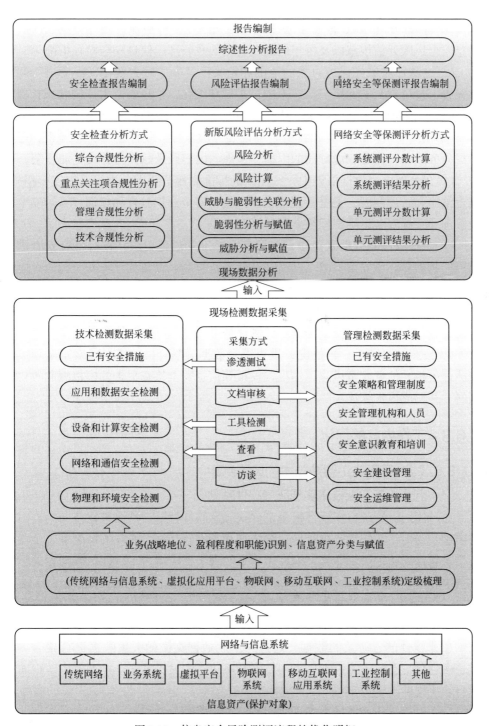

图8-13　信息安全风险测评流程的优化明细

　　① 遵循的标准和规范发生变化，包括网络安全等级保护测评方法、改版的信息安全风险评估规范以及每年侧重点不同的政府部门信息安全检查指南等。

　　② 被测评对象或保护对象的范围和定义已经发生较大变化，需要进行调整和完善，传统意义的网络与信息系统被扩展和细化，信息资产由传统领域扩展到虚拟化应用平台、物联网系统、移动互联网系统和工业控制系统等。

　　③ 在信息资产的分类和赋值时不仅要考虑软件、硬件、人员等因素，还要考虑业务战略、业务职能方面的因素，考虑的内容以及赋值的方式更加复杂。

　　④ 在管理检测数据采集中，按照新的标准和规范要求，进行已有安全措施、安全策略和管理制度、安全管理机构和人员、安全意识教育和培训、系统安全建设管理和系统安全运维管理等方面的检测。

　　⑤ 在技术检测数据采集中，按照新的标准和规范要求，进行已有安全措施检测、物理和环境安全检测、网络和通信安全检测、设备和计算安全检测、应用和数据安全检测等。

　　⑥ 在现场数据分析方面，按照新的标准和规范要求，进行检测结果的分析汇总，进行相应的网络安全等级保护测评结果计算和风险评估结果计算。

　　⑦ 按照检测结果分析情况，进行综合数据关联分析，依据网络安全等级保护测评模板、信息安全风险评估报告模板和信息安全检查报告的模板编制各自的报告，并形成报告综述。

8.6.3　工作内容的优化

8.6.3.1　基于人工智能技术的风险测评

（1）利用人工智能技术实现恶意软件预测

　　通过使用机器学习和统计模型，寻找恶意软件特征，预测进化方向，提前进行防御。当前，在病毒恶意软件持续增加和勒索软件突发涌现的情况下，企业对于恶意软件的防护需求非常迫切，市场上涌现一批应用人工智能技术的相关产品和系统。

（2）利用人工智能技术开展威胁情报分析

　　基于机器学习、深度学习算法的人工智能安全分析引擎，能够更好地处理模糊的、非线性的、海量的数据，通过对不同数据类型的大量数据进行聚合、分类、序列化，有效检测识别各类网络安全威胁，大大提升安全检测效率、精准度和自动化程度。

（3）利用人工智能技术实现网络安全动态感知

　　网络安全态势感知对影响网络安全的诸多要素进行获取、理解、评估以及预测未来的发展趋势，是对网络安全性定量分析的一种手段，是对网络安全性的精细度量。人工智能技术可对各种网络安全要素数据进行归并、关联分析、融合处理，通过大量安全风险数据进行关联性安全态势分析，综合分析网络安全要素，评估网络安全状况，预测其发展趋势，进而构建网络安全威胁态势感知体系。

（4）利用人工智能技术评估关键信息基础设施安全防护能力

关键信息基础设施保护体系的建立健全依赖于运营者网络安全防护能力的提升，对于运营者安全防护能力的评估则是促进能力提升的基础。以大数据平台为支撑，通过人工智能技术，建立不同的分析模型；利用人工智能技术深入分析不同行业关键信息基础设施保护的实践经验；利用人工智能技术分析不同行业可能存在差异性的安全需求和扩展性要求，以适用于不同类型的关键信息基础设施安全能力的评估；在人工智能分析中突出威胁信息共享、监测预警、应急处置等横向协同的内容，评估体系更加客观真实。

8.6.3.2 基于大数据技术的风险分析

（1）基于大数据技术的信息资产采集与分类

基于大数据采集、存储、检索等技术，可以对信息资产进行广泛的收集和整理，可以从根本上提升数据分析的效率。采集多种类型的数据，如物理环境资产、网络设备资产、安全设备资产、服务器资产、应用软件资产、人员资产、服务资产、文档资产等。针对不同的数据采用特定的采集方式，提升采集效率。并行存储和 NoSQL 数据库提升了数据分析和查询的效率。

（2）基于大数据技术的威胁采集与分析

在网络边界进行旁路流量镜像采集，深度分析所面临的安全威胁。采集网络流量原始数据、路由器配置数据、僵木蠕检测事件、恶意 URL 事件等信息，采用多维度分析、行为模式分析、指纹分析、孤立点分析及协议还原等方法分析。

融合多种安全日志，包括 Web 日志、IDS 设备日志、Web 攻击日志、IDC 日志、主机服务器日志、数据库日志、网管日志、DNS 日志及防火墙日志等，通过规则关联分析、攻击行为挖掘、情景关联分析、历史溯源等方法，来分析 Web 攻击行为、SQL 注入、敏感信息泄露、跨站漏洞等。

高级可持续性威胁（APT）攻击针对特定对象进行长期的、有计划的攻击，具有高度隐蔽性、潜伏期长、攻击路径和渠道不确定等特征，现已成为信息安全保障领域的巨大威胁。基于大数据机器学习方法，发现 Web 渗透行为、追溯攻击源、分析系统脆弱性，加强事中环节的威胁感知能力，同时支撑调查取证。

（3）基于大数据技术的脆弱性采集与分析

网络与信息系统的脆弱性产生由于自身原因，例如创建账号、创建文件、修改注册表、内存属性变化、进程变化、域名解析请求、HTTP 访问请求、收发邮件、即时消息、文件上传和下载、数据库访问等等，在这些操作执行的过程中都有可能被攻击者恶意利用，产生异常行为。通常内部异常行为都是非常隐蔽的，攻击者会隐藏自己的攻击行为。通常单个行为看上去都是正常的，但是一些行为关联在一起以后，则这种行为很可能是异常。

基于大数据技术的关联分析主要包括 IP 地址或主机作为被分析对象，对内部行为日志进行解析，将描述各种行为的异构日志转换成适合分析比较的行为链，将行为链数据代入关联分析算法，计算出各种可能的关联关系，根据一定的判断规则，从计算出的多个关联关系中找出异常行为的组合。

（4）基于大数据技术的风险综合分析

通过对大数据技术的应用，能实现威胁、脆弱性数据的分布采集，短时间内完成大批量的数据采集工作，并对数据信息进行高效处理，整体上提高数据处理能力。借助大数据分析技术，能够更好地解决巨量安全要素信息的采集、存储的问题。借助基于大数据分析技术的机器学习和数据挖掘算法，能够更加智能准确地定位网络与信息系统面临的安全风险，更加客观地分析网络与信息系统残余风险。大数据分析技术能够给网络与信息系统安全带来全新的技术提升，突破传统技术的瓶颈，可以更好分析已知的安全风险，也可以发现未知的安全风险。

第9章 新形势下信息安全风险控制的方法优化

9.1 关键信息基础设施安全保护

关键信息基础设施是国家的重要资产，为了更好地构建关键信息基础设施安全保护体系，应明确界定关键信息基础设施概念，这是对关键信息基础设施进行安全保护的前提。明确关键信息基础设施具体范畴，这是关键信息基础设施安全保护的关键步骤，要实施保护就必须明确哪些设施是"关键的"、哪些设施是"应当予以重点保护的"。

9.1.1 明确关键信息基础设施保护对象

"关键信息基础设施"（critical information infrastructure，CII）是由"关键基础设施"（critical infrastructure）一词发展而来的。关键基础设施一词由来已久，虽然各国对关键基础设施具体定义存在较大差别，但是对其范畴和边界的理解总体趋向一致，认为关键基础设施是指社会经济运转所严重依赖的产品、服务、系统和资产的总和，一旦这些设施遭到破坏，会对国家安全、经济稳定和公众安全产生严重影响。具体到关键信息基础设施，可以从两个方面来理解：一个是信息基础设施中的关键部分，一个是关键基础设施中的信息部分，前者通常包括电信网络、广播电视网络、域名系统、电子签名认证系统等，后者即通常所说的重要信息系统。实际上，随着信息技术的发展，国家关键基础设施普遍网络化和信息化，这两个方面的融合度已经越来越高。

如果说入侵到个人计算机中的病毒是一场普通感冒，那么关键信息基础设施一旦感染那就是一场需要住院的重流感。近年来，针对关键信息基础设施的攻击和破坏活动不断发生。从 2015 年乌克兰电网瘫痪到 2016 年全美互联网瘫痪，从巴西银行被入侵以及 2017 年勒索病毒"WannaCry"全球爆发，针对关键信息基础设施的攻击强度和范围不断扩大。黑客组织通过钓鱼攻击、DDoS 攻击、利用操作系统漏洞设置攻击程序、安插恶意软件等方式非法控制重要行业信息系统，使得重要数据遭到泄露和破坏，手段层出不穷。如何有效应对日益复杂的网络安全环境、有效保护国家关键信息基础设施安全，已经实实在在地成为世界各国共同面临的安全课题。

9.1.2　我国关键信息基础设施面临的威胁

① 我国关键信息基础设施所面临的主要安全威胁：

第一大威胁是操作系统、服务器、数据库等产品国产化率低，核心技术受制于人。主流的操作系统、服务器、数据库等设备，都是以国外品牌作为主导，在短时间内暂时没有特别有效的方法进行改变，重要领域的关键核心技术受制于人。

第二大威胁是新型恶意软件病毒威胁加剧，勒索攻击、定向攻击成为攻击关键信息基础设施的新模式，其中勒索攻击主要以获取经济利益为目的，未来还会呈加剧态势。

第三大威胁是在万物互联形势下，关键信息基础设施攻击难度降低，可造成巨大的危害。目前漏洞及其利用方式可轻易地获取，大量漏洞及其利用方式可通过公开或半公开的渠道获得。

第四大威胁是我国关键信息基础设施成为多个高级持续性威胁 APT（advanced persistent threat）组织重点攻击目标。多个高级持续性威胁组织已经把我国关键信息基础设施作为重点监测和攻击目标，客观上增加了我们国家网络空间安全所受到的威胁。

第五大威胁是高危漏洞的频频出现，危及制造、能源、市政等领域的关键信息基础设施。

② 我国现阶段国家关键信息基础设施安全防护能力相对较差，存在应对网络威胁能力不足，不能抵抗有组织、大规模的网络攻击问题。

首先是主动发现能力差。缺少必需的实时监测攻击和窃密的技术手段，安全技术措施和管理措施落实不到位，导致主动发现入侵者入侵攻击和窃密的能力较差，发现网络系统安全隐患和问题的能力也相对较差。

其次是主动防护能力差。防攻击、防窃密、防篡改等技术措施和管理措施落实不到位，核心要害系统防控能力不足，会遭受大面积、大范围、多领域的敌对分子的攻击，使得关键信息基础设施存在严重安全隐患。

最后是应急处置能力不足。相关部门和单位并没有制定网络安全应急处置预案，或是对应急预案不按期开展相应的演练，缺少有效的备份措施或者容灾系统。

9.1.3 制定关键信息基础设施安全保护标准规范

美国、英国、德国、俄罗斯等国纷纷将关键信息基础设施保护作为国家网络安全的重要工作，出台政策法规是当今各国主要的做法。其中，美国作为最早开展关键信息基础设施保护的国家，除了发布《提升美国关键基础设施网络安全的框架规范》《增强联邦政府网络与关键性基础设施网络安全》行政令等系列政策法规外，在 20 多年的探索中形成了较为完整的管理系统和能力体系。组织机构方面：美国构建起以国土安全部为国家领导机构，相关部门和监管机构在各自职责范围内保护国家关键信息基础设施安全的组织架构。运行机制方面：美国对政府掌握的关键基础设施，通过执行联邦信息安全管理法案、实施爱因斯坦等项目部署入侵检测防御系统等措施应对威胁。对私营企业掌握的超过国家 80% 的关键基础设施，通过公私协作机制及各类协调委员会机制处理政府与私营企业之间以及跨部门、跨地区的协作事项。能力体系构建方面：通过与迈克菲、赛门铁克、IBM 等知名公司的项目合作，构建起针对关键信息基础设施中威胁的定位和特征描述技术、基于云的网络分析态势感知技术等能力体系。

从国家战略到具体实施举措，我国始终高度重视关键信息基础设施领域的信息安全保护工作。国家网络空间安全战略明确指出，要采取一切必要措施保护能源、金融、交通、教育、科研、水利、工业制造、医疗卫生、社会保障、公用事业等领域关键信息基础设施及其重要数据不受攻击破坏，提高网络安全防护能力，维护国家主权、安全、发展利益。2017 年 6 月 1 日实施的《中华人民共和国网络安全法》专设关键信息基础设施运行安全一节，构建起以信息共享为基础、事前预防、事中控制、事后恢复与惩治的关键信息基础设施保护体系。2017 年 7 月 11 日《关键信息基础设施安全保护条例（征求意见稿）》面向社会公开征求意见，关键信息基础设施安全保护立法进程加快向前推进。同时，在中央网络安全和信息化委员会的统一领导下，初步形成了中央网信办统筹协调，行业部门指导监督，工信、公安等职能部门依法依职保护监督，属地管理同步加强的工作体系。关键基础设施安全保护工作正朝着规范化、体系化方向迈进。

9.1.4　网络安全等级保护与关键信息基础设施保护

实施网络安全等级保护制度的根本目的就是保护国家关键信息基础设施，主要是从以下几个方面出发：

第一是等级保护制度为普适性制度，是关键信息基础设施保护的基础，等级保护制度的重点内容为关键信息基础设施。

第二是等级保护制度和关键信息基础设施保护都是与网络安全紧密相关、不可分割的两个重要方面，关键信息基础设施必须完全按照网络安全等级保护制度的要求，开展定级备案、等级测评、安全建设整改、安全检查等规定性、强制性的工作。

第三是明确第三级（含）以上网络中需要网络运营者确定的关键信息基础设施。

第四是关键基础设施保护需要公安机关、保密部门和密码管理部门落实监督监管职责，行业主管部门和网络运行者也需要落实自身主体职责。

第五是应该发挥职能作用和主力军作用，保护关键信息基础设施安全。

9.2　网络安全态势感知

在详细分析感知内容即网络资产、资产脆弱性、安全事件、网络威胁、网络攻击和网络安全风险的基础上，针对不同种类用户提出网络安全态势感知的功能架构和部署方式。

9.2.1　网络安全态势感知概念

现阶段对于态势感知的定义和理解存在不同说法，其中认同度较高的是Endsley博士所给出的动态环境中态势感知的通用定义：态势感知是感知大量的时间和空间中的环境要素，理解它们的意义，并预测它们在不久将来的状态。通过定义可以明确感知、理解和预测是态势感知的三个基本要素。根据态势感知通用定义，一般对网络安全态势感知的基本描述为：网络安全态势感知是实时获取并综合分析网络安全要素，评估网络安全状况，预测其发展趋势，并以可视化的方式展现给用户，并给出相应的报表和应对措施，尽量降低安全威胁造成的风险和损失。网络安全态势感知信息处理流程，一般可分为数据采集、数据存储、网络安全威胁行为分析、网络安全态势预警与处置四个部分，如图9-1所示。

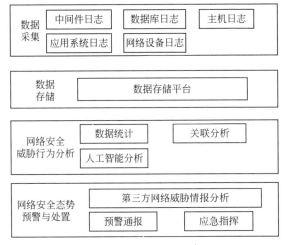

图9-1 网络安全态势感知信息处理流程示意图

9.2.2 网络安全态势感知的内容

（1）感知网络资产与资产脆弱性

感知资产的方法主要有主动探测和被动分析。主动探测主要用于对未知网络下的资产发现探测，被动分析主要用于 7×24h 持续性监听已知网络下的未发现资产。通过强大的资产指纹库建立各类型资产的特征，包括网络设备、安全设备、各类操作系统、数据库和应用中间件等，进行资产识别并完成资产属性的补全，最终实现未知资产的发现、识别与管理。

对于资产漏洞，感知方法是基于已知的漏洞信息，采用端口探测等手段，对网络中指定的主机、网络设备等资产进行漏洞检测，发现网络资产存在的漏洞。资产配置脆弱性感知方法是采用基线安全配置检测工具，深度获取主机、服务器和网络设备等资产的配置信息，并与配置基线进行比较，发现资产配置的脆弱性。最终，在发现脆弱性基础上，维护所有资产脆弱性的生命周期信息，并分析可能的攻击面和攻击路径。

（2）感知安全事件

随着网络技术的发展，网络安全威胁的方式层出不穷。病毒、蠕虫、后门和木马等网络攻击方式越来越多，逐渐受到人们的广泛关注。为了保证网络系统的安全运行，网络中广泛使用了防火墙、入侵检测系统、漏洞扫描系统和安全审计系统等安全设备。这些安全设备会产生大量违反安全策略和安全规则的告警事件。但是，这些安全告警事件信息中含有大量的重复报警和误报警，且各类安全事件之间分散独立、缺乏联系，无法给安全管理员提供在攻击时序上和地域上真正有意义的指导。

（3）感知网络威胁

面对层出不穷的网络攻击和新的网络安全形势，采集内部网络流量数据、日志数据和安全数据等，进行基于大数据分析、人工智能技术的异常行为检测，发现隐藏在海量数据中的网络异常行为。通过监测、交换和购买等各种方式，搜集恶意样本 Hash 值、恶意 IP 地址、恶意域名、攻击网络或者主机特征、攻击工具、攻击战技术、攻击组织等网络威胁情报数据，用于支撑安全运行维护、安全检测分析和安全运营管理。

（4）感知网络攻击

在网络攻击的一次迭代过程中，一般分为情报收集、目标扫描、实施攻击、维持访问和擦除痕迹 5 个阶段。感知网络攻击是持续不断地收集当前网络中的攻防对抗数据。一方面实时展现当前网络中的攻防对抗实况，深入挖掘各种攻击行为，如端口扫描、口令猜测、缓冲区溢出攻击、拒绝服务攻击、IP 地址欺骗以及会话劫持等；另一方面，借助网络异常行为检测和历史攻击信息，分析潜藏的高危攻击行为和未知威胁，并协助安全分析师抽取高价值的威胁情报。

（5）感知网络安全风险

网络安全风险感知是在感知网络资产、资产脆弱性、安全事件、网络威胁和网络攻击的基础上，进一步进行数据融合分析，建立全网的安全风险指标体系和风险评估模型，从抽象的高度来评估当前网络的整体安全风险。

9.2.3　网络安全态势感知的方式优化

并不是说网络安全态势感知是所有企业都在采用，需根据企业自身情况进行选用，同时针对不同行业需重点关注的优化方式包括以下几个。

① 企业　由于企业信息网络态势感知的目的是详细掌握企业网络资产、脆弱性、告警事件、威胁、攻击和风险，并进行应急响应、调查分析等闭环处置。具体方法是尽可能全面采集信息网络相关数据，包括网络设备数据、安全设备数据、主机设备数据、数据库数据以及应用系统和中间件数据，融合威胁情报进行基于大数据平台的安全管理与安全分析，实现资产管理、漏洞管理、事件管理、威胁告警、调查分析和应急响应等业务功能。

② 行政主管部门　由于行业主管部门既有自身信息网络安全保障的职责，也有下级网络安全监管的职责，其网络安全态势感知平台应该是一个分级分域的架构，其功能架构与企业层面态势感知平台类似。但是，上级平台除具有企业态势感知的全部功能外，需要对汇聚的下级平台态势信息进行统计分析和关联分析，并向下级平台预警等。

③ 政府监督机构　政府监督机构关注的重点是管辖范围内的网络安全态势。网络安全态势感知需要汇聚辖区内不同规模态势感知平台的态势信息、重要事件

信息，同时结合互联网大范围监测的 DDoS 攻击态势、WEB 攻击态势、僵木蠕态势以及第三方网络威胁情报中心的情报信息，分析、研判网络安全态势，针对重大、特别重大的网络安全事件进行预警通报和应急指挥。

9.3　虚拟化应用安全保护

实现从虚拟机资源池中的底层安全，到虚拟机的系统安全，到虚拟机内部的应用安全的防御。

（1）恶意软件防护

它提供对恶意软件的防护功能，包括实时扫描、预设扫描及手动扫描功能，处理措施包含清除、删除、拒绝访问或隔离恶意软件。检测到恶意软件时，可以生成警报日志。恶意代码主要包括敲诈勒索软件、病毒、蠕虫、木马、后门等。

（2）虚拟防火墙

虚拟防火墙具有企业级、双向性和状态型特点，用于启用正确的服务器运行所必需的端口和协议上的通信，并阻止其他所有端口和协议，降低对服务器进行未授权访问的风险。

（3）入侵防御

入侵防御对暴力破解、缓冲溢出、漏洞利用等网络攻击行为进行检测和拦截，同时依托威胁预警平台提供对新发现的漏洞进行防护的规则，将这些规则应用到服务器上，实现虚拟补丁的功能。

（4）主机加固

主机加固是对宿主机及虚拟机设定预置检查基线，通过对目标系统展开合规安全检查，找出不符合的项目并选择和实施安全措施来控制安全风险，并通过对历史数据的分析获得业务系统安全状态和变化趋势，保障虚拟环境的安全合规。

（5）Hypervisor 层防护

Hypervisor 多基于 Linux 系统开发，继承了 Linux 系统的安全风险，攻击机能够利用上层虚拟机漏洞，向下攻破 Hypervisor，从而造成虚拟机逃逸或整个虚拟化平台的崩溃，需为客户提供 Hypervisor 层的防护功能。

9.4　威胁情报分析

威胁情报目前并没有明确统一的定义，当前接受范围较广的是 Gartner 在2014 年发表的《安全威胁情报服务市场指南》（Market Guide for Security Threat Intelligence Service）中提出的定义，即威胁情报是关于信息技术或信息资产所面临的现有或潜在威胁的循证知识，包括情境、机制、指标、推论与可行建议，这些知识可为威胁响应提供决策依据。威胁情报生命周期如图 9-2 所示。

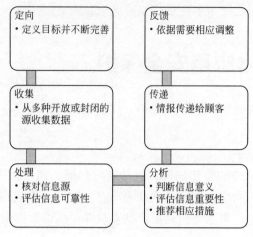

图9-2 威胁情报生命周期示意图

随着以高级可持续性威胁（APT）为典型代表的新型威胁和攻击的不断增长，企业和组织在防范外部的攻击过程中越发需要依靠充分、有效的安全威胁情报作为支撑，以帮助其更好地应对这些新型威胁。对于政企客户而言，威胁情报的应用是实现情报价值的关键，各类安全设备都应该能够应用威胁情报，但最关键的是安全管理平台（SOC）对威胁情报的应用。威胁情报只有与处于企业和组织网络安全中枢位置的安管平台（SOC）集成，才能最大限度地发挥出情报的价值，进而实现全网的基于威胁情报的协同联动。

威胁情报分析是专业情报分析人员利用大数据情报分析技术和自动化分析平台，将来源于多种渠道的源威胁信息进行整合，形成有价值情报的活动，是威胁情报工作的核心内容，包含了威胁的类型分析、影响范围分析和严重程度分析等内容。威胁情报分析还能有效还原已发生的攻击事件、评估当前网络安全态势并对未来可能出现的威胁进行预测。威胁情报分析架构如图 9-3 所示。

威胁情报分析工作借助于威胁分析平台和威胁分析技术，常用威胁分析技术有以下几种。

（1）零日攻击检测

基于不依赖已知攻击特征的虚拟执行技术，可以检测利用零日漏洞以及其他传统防病毒引擎无法检测的恶意软件。不同于沙箱技术仅在行为层面进行检测，可以通过内存指令级分析，在漏洞利用阶段发现攻击，对抗针对沙箱技术的逃避技术。

（2）恶意软件跟踪

对恶意软件在终端的整个活动进行分析，跟踪漏洞利用、软件下载、回连命令控制服务器外传数据等恶意软件各阶段的活动行为，并输出详细的入侵行为报告。

图9-3 威胁情报分析架构

（3）全面协议分析

覆盖主要的传输协议有 HTTP、SMTP、POP3、FTP 等，同时可以对黑客利用的主要文件类型全面检测，包括 Office 文档、PDF、Flash 等，并可对压缩文件进行检测。

（4）精准定位检测

基于恶意软件在模拟环境下运行的真实行为做判断，误报的概率可以忽略不计，使安全专家聚焦响应真正的威胁，保障安全运维的效率和效果。

（5）事件排序

事件排序提供事件响应的优先排序，集成多种传统检测引擎，可以通过报警比对等方式了解威胁的严重程度，确定事件响应的优先级并同时面对传统恶意软件提供更高的检测能力。

（6）关联分析

通过信誉系统联动 IPS，自动阻断恶意软件的下载及回连活动，保障防御的及时性。同时提供事件的关联分析、攻击的地理位置视图等先进的可视化能力，更直观地了解威胁态势。

9.5　构建纵深网络安全防御体系

　　纵深防御原本是一种军事战略，其目的是减缓敌人的进攻，直到可以进行反击。伴随网络技术的不断发展，原有的单纯层次化安全防御已经不能适应新的形势，必须构建纵深防御体系，形成一个纵深、动态的安全保障框架。纵深防御（defense in depth，DiD）是经典信息安全防御体系在新信息技术架构变革下的必然发展趋势，指的是管理者通过设置多个防御层来降低攻击者成功的概率。纵深防御作为一种分层防御措施，一般从不同的角度、不同的层面对系统做出整体的解决方案，其最终目标是依据信息系统安全防护中"双网双机、分区分域、等级防护、多层防御"的指导方针，建立信息系统的纵深防御体系。在确定方针时所遵守的两个原则分别是需要在不同层面、不同方面实施安全方案，保证不同安全方案之间的相互配合，避免出现纰漏，形成一个有机的整体；应该在能够解决根本问题的地方实行相对应的解决方案，有效地解决问题。纵深防御的层次结构（图9-4）为"预警→保护→检测→响应→恢复→反击"，作为一个循环性的纵深防御策略，一个完整防御过程可为后期的"预警"提供一定的帮助。

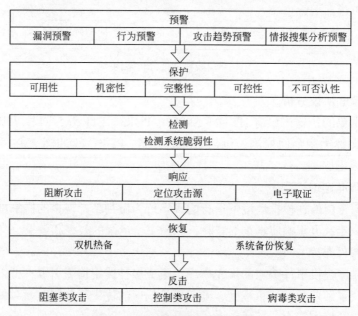

图9-4　纵深防御层次结构示意图

（1）预警

　　预警是对可能发生的攻击提出预先的警告，通过多个检测点搜集数据并且进行智能化数据分析，检测是否会发生某种恶意的攻击。漏洞预警指的是根据最新的漏洞库来发现信息系统中可能存在的弱点，进而对可能会发生的攻击提出预先警告；行为预警是通过更多的信息安全人员对网络黑客行为进行分析，判断其发生攻击行为的可能性；攻击趋势预警是根据正在发生或者已经发生的网络攻击来判断接下来可能会发生的网络攻击；情报收集分析预警指的是综合分析多渠道采集的情报数据，进而判断攻击发生的可能性。

（2）保护

采用一切手段保护信息系统的可用性、机密性、完整性、可控性和不可否认性，一般需要对网络设备、安全设备、操作系统、数据库和应用系统根据等级保护要求进行安全配置，包括一些静态的防护手段例如防火墙、安全域访问控制系统、网络防病毒系统、虚拟专用网等。

（3）检测

通过工具检查系统存在的可能提供黑客攻击、白领犯罪、病毒泛滥的脆弱性；通过检测系统存在的安全漏洞，即检测系统存在的脆弱性，有效地阻止攻击。

（4）响应

对危及系统安全的事件和行为及时作出反应，阻止危害行为对系统的进一步破坏并尽力将损失降低到最低，也可以理解为发生安全事件后的紧急处理程序。一方面要求在检测到攻击后可以及时阻断攻击，或者将攻击引诱到其他的区域，尽可能减少对信息系统的破坏，力求系统可以提供正常服务；另一方面是定位攻击源，根据网络攻击的特征信息，如攻击源信息、攻击类型、进入点等相关信息，对攻击进行电子取证。

（5）恢复

一旦系统遭到破坏后，采取一系列的措施尽快恢复系统功能，使系统可以尽快地对外提供服务。为了更好地在受到攻击后及时恢复系统，需要对重要设备（边界串接设备、核心交换机、服务器等）做好双机热备，当出现单点故障或者破坏时，及时切换到备机进行服务。

（6）反击

对攻击者进行反向的攻击。通过综合利用攻击手段，在遵守国家法律和道德规范的前提下，迫使攻击者停止攻击。攻击手段一般包括阻塞类攻击、控制类攻击、病毒类攻击等。

随着网络技术的不断发展，原有的单纯层次化安全防御已经不能适应新的形势，必须以体系化的思想重新定义纵深防御，从而形成一个动态、纵深的安全保障框架，即纵深防御体系。纵深防御要求可以从不同的层面、不同的角度对系统提出整体的安全解决方案。

9.6　新技术应用环境下的信息安全风险控制

9.6.1　虚拟化平台风险控制

（1）合理调配虚拟机运行资源，加强虚拟机管理机制

对分配给虚拟机的 CPU、硬盘、内存等资源进行估算，判断其能否满足服务器虚拟化的实际需求。可以采用应用多台物理服务器的方式对硬件资源进行镜像处理和冗余设置，从而达到虚拟软件动态迁移的目标。

严格监控虚拟服务器上负载的数量，通过检查和分析系统日志来发现是否有异常情况发生。备份虚拟机主机、管理程序和每个客户虚拟机等的配置，确保在应用系统变更时能够正确配置，使单位的安全策略包含各虚拟机系统。同一物理主机上运行的虚拟机系统的数量应得到严格的监控和限制，降低因增大受攻击面而带来的风险。

（2）完善虚拟机安全措施，提高虚拟机自身防护能力

及时更新所有的虚拟机操作系统补丁，并禁用不使用的服务和端口，减少漏洞和被攻击的机会。在物理主机或虚拟机上安装防病毒软件，减少病毒威胁。应用防火墙和入侵防御系统对各虚拟机进行隔离和防护，阻断相关攻击。

需部署基于主机的防火墙或者虚拟防火墙实现针对统一虚拟平台、虚拟网络下的虚拟主机之间的网络访问控制和隔离。通过在虚拟机服务器主机上部署基于主机的检测防护系统，实现针对虚拟机服务器主机的网络访问及隔离、入侵攻击防护、系统加固及审计等功能，弥补传统网络防火墙、入侵防护技术在虚拟环境下的防护缺失，实现虚拟服务器自身防护需求。

（3）构建合理的网络安全策略，实现虚拟机间的有效隔离

虚拟化环境下的保护对象边界、主要脆弱性、面临的威胁，都发生了显著的变化，需要进行全面的风险分析后，对整体信息安全策略进行调整，以符合目前的网络安全需求。

可以通过在虚拟的环境中建立隔离机制来解决虚拟机之间的隔离问题，采用划分 VLAN 的方式，对虚拟机系统进行逻辑隔离，确保各虚拟机系统之间的通信安全。在物理主机和虚拟机之间使用加密措施，防止虚拟机与物理主机之间的通信被嗅探和破坏。

（4）加强虚拟化平台底层安全防护，提高虚拟化安全防护整体水平

根据虚拟化技术特点，构建虚拟化平台底层构架的安全防护体系，虚拟机服务器安全防护软件因引入适合的虚拟化信息安全防护技术，对虚拟化平台提供更完善、更可靠的保护。通过对虚拟化管理服务器事件日志的实时收集和分析，实时监控虚拟服务器文件的配置变化。对于虚拟化管理服务器，在对其操作系统进

行安全加固的基础上，也应对运行在其上的虚拟化管理软件进行安全加固和安全测试。通过提升虚拟化管理服务器的安全性，有效提升整个虚拟化基础架构安全防护能力。

9.6.2　物联网风险控制

物联网是通过射频识别（RFID）、红外感应器、全球定位系统、激光扫描器等信息传感设备，按约定的协议，把任何物品与互联网和通信网相连接，进行信息交换和通信的一种网络。从体系架构上来看，物联网可分为三层，即感知层、传输层和应用层。感知层由各种传感器以及传感网络节点构成；传输层由各种私有网络、互联网、有线和无线通信网、网络管理系统和云计算平台等组成；应用层是物联网和用户的接口，它与行业需求结合，实现物联网的智能应用。

物联网面临的安全问题主要有以下几个方面，包括硬件接口、弱口令、信息泄露、未授权访问、远程代码执行、中间人攻击等。对物联网安全的需求日益迫切，需要明确物联网中的特殊安全需求，考虑如何为物联网提供端到端的安全保护，以及实现这些安全机制的措施。

（1）感知层安全风险控制措施

对RFID的保护，利用近场通信技术和生物识别等技术，更好地保护RFID的安全性和隐私。对无线传感网络的保护，加强无线传感网机密性的安全控制，需要有效的密钥管理机制，用于保障传感网内部通信的安全；增加节点认证机制，确保非法节点不能接入；进行入侵行为监测，对一些可能被控制的重要传感网节点行为进行监控，防止传感网被非法入侵；通过安全路由技术，对无线传感网的路由进行控制。

（2）传输层安全风险控制措施

物联网传输层主要实现信息的转发和传送，它将感知层获取的信息传送到远端，为数据在远端进行智能处理和分析决策提供强有力的支持。为保护物联网在信息传输和信息处理的过程中免受人为外部威胁的破坏，传输层安全保障技术主要包括防火墙技术、入侵检测技术、安全隔离技术、病毒过滤技术和远程访问安全技术等。此外，还应加强传输层的跨域认证和跨网认证。

（3）应用层安全风险控制措施

应用层解决的是信息处理和人机交互的问题，充分体现物联网智能处理的特点，其主要涉及海量数据信息处理和业务控制策略，将在安全性和可靠性方面提出较高要求。在数据智能化处理的基础上制定有效的数据访问控制策略；建立不同业务的认证机制和加密机制；建立完善的计算机网络取证能力等。

（4）公钥基础设施及应用

物联网公钥基础设施主要由证书管理中心、密钥管理中心、属性证书管理中心、可信时间戳子系统、密码服务子系统和发布查询子系统等组成。通过这些功能的实现，安全基础设施为物联网提供标准、统一、规范的安全服务，包括用户的访问控制服务，身份鉴别服务，密钥管理服务，数据的保密性、真实性、完整性服务，可信时间戳服务等，从而保障物联网的安全。

9.6.3　移动互联网风险控制

移动终端可以通过运营商基站或公共 WIFI 等无线方式接入互联网，业务系统通过移动管理系统的服务端软件向客户端软件发送移动设备管理、移动应用管理和移动内容管理策略，并由客户端软件执行，实现系统的安全管理。与传统业务应用相比，采用移动互联技术突出三个关键要素：移动终端、移动应用和无线网络，因此采用移动互联技术实施的风险控制机制，也是在传统安全风险控制机制的基础上发展而来，但具有其自身的特点。移动互联网的风险控制主要包括以下几个方面。

（1）建立基于移动互联网安全保障框架

运营商、网络安全厂商、手机制造商以及手机应用软件开发商等，要从移动互联网整体建设的各个层面出发，分析存在的各种安全风险，建立一个全局性、可扩展的移动互联网安全保障框架。

（2）完善移动互联网安全技术标准

现阶段，移动互联网数据接口规格、终端软件开发以及网络设备应用等多个环节都缺乏针对性的安全技术标准。需要制定一系列的安全技术标准，从数据加密、用户认证到设备安全、软件应用安全等各个方面，加强用户认证机制和数据安全保护，确保移动互联网整体的安全运行。

（3）加强移动智能终端安全管理

从手机和平板电脑的病毒、垃圾短信以及恶意软件等影响移动互联网安全的问题入手，加强移动互联网终端安全软件开发。政府监管部门需加强对运营商的监管，而运营商应当加强对用户、服务供应商的管控，全面提升用户、服务供应商的安全意识和防范能力。

（4）全面提升移动互联网安全防护能力

移动互联网在实际运营过程中，电信运营商及服务供应商应当加大在安全防护方面的投入，从网络运营、设备管理、服务内容优化升级等多个层面提升移动互联网安全管理与防护能力。

（5）进一步完善信息内容的预审管理机制

加强信息内容传播的监控手段，从信息源上阻断不安全因素的传播。要根据用户的需求变化，提供整合的安全技术产品，产品类型要由单一功能的产品防护向集中管理过渡，不断提高综合防范能力。

9.6.4 工业控制系统风险控制

工业控制系统（ICS）是几种类型控制系统的总称，主要包括 SCADA 系统、DCS 系统和 PLC 设备。SCADA 系统是高分布式系统，经常用于控制地理上分散的资产，分散在数千平方千米，其中集中的数据采集和控制至关重要到系统操作。它们用于配水系统，如配水和废水收集系统、油气管道、电网和铁路运输系统。DCS 用于控制工业过程，如发电、油气炼油、水和废水处理以及化学、食品和汽车生产。PLC 是基于计算机的固态设备，用于控制工业设备和工艺，而 PLC 是整个 SCADA 和 DCS 系统中使用的控制系统组件。由于传统工控是独立的网络和控制，不会与外界连接，这让其安全只限于自身内部，但工业互联网让工控直接连接到互联网上，安全风险极大增加。工业控制系统主要采用的风险控制措施包括：

① 开展底层协议和工业控制系统数据交换技术、安全控制系统技术、工控信息安全防护技术等关键技术研究，建成自主知识产权的成套技术体系。

② 开展工业控制软件、工业交换机、工业防火墙、工业控制系统边界信息隔离设备等基础装备研发与成果转化，完善我国工业控制信息安全自主基础装备产业链。

③ 开展工业控制网络环境下态势感知、监测预警、威胁管理、安全防护、漏洞挖掘和分析等技术研究，整体提升工业控制系统信息安全水平。

④ 完善工业控制安全监测、评估、认证体系，建设信息安全专业服务平台，开展工控等级保护设计咨询、风险评估、安全咨询、安全测评。

⑤ 制定工业控制应急管理机制，开展工业控制安全专业人才培养。

第10章 新形势下信息安全风险管理合规性要求的发展

10.1 新形势下信息安全风险管理标准体系

国家对网络安全工作高度重视，2014年2月27日，中央网络安全和信息化领导小组成立，习近平总书记亲自担任小组组长，这是中国在网络安全和信息化方面迈出的重要一步。习近平总书记指出，没有网络安全就没有国家安全，没有信息化就没有现代化，将网络安全提升到了国家安全的高度。信息安全风险管理体系如图10-1所示。

2016年颁布的《中华人民共和国网络安全法》中明确指出，对关键信息基础设施的安全风险进行抽查检测，关键信息基础设施的运营者应当自行或者委托网络安全服务机构对其网络的安全性和可能存在的风险每年至少进行一次检测评估。

2016年底颁布的《国家网络空间安全战略》中也明确指出，网络安全风险得到有效控制，国家网络安全保障体系健全完善，核心技术装备安全可控，网络和信息系统运行稳定可靠，应采取必要措施保障关键信息基础设施安全，逐步实现先评估后使用。

2017年初颁布的《"十三五"国家信息化规划》中也指出，主动防范和化解新技术应用带来的潜在风险，正确认识网络新技术、新应用、新产品可能带来的挑战，提前应对工业机器人、人工智能等对传统工作岗位的冲击，加快提升国民信息技能，促进社会产业结构调整平滑过渡。提高网络风险防控能力，以可控方式和节奏主动释放互联网可能引发的经济社会风险，维护社会和谐稳定。建立互联网新技术、新应用网络安全风险评估制度，加强对新技术、新应用上线前的风险评估。

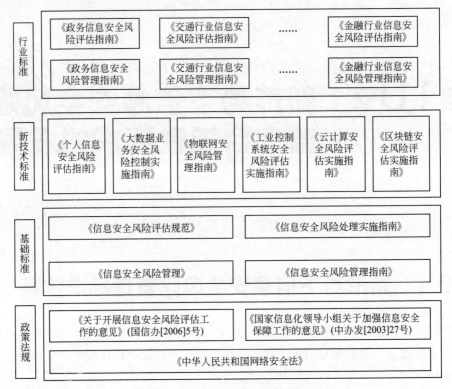

图10-1 信息安全风险管理体系

新形势下的信息安全风险管理标准体系可分为4个层面，包括政策法规、基础标准、新技术标准、行业标准。

① 政策法规支撑层面　政策法规支撑是信息安全风险管理标准体系的顶层纲领性文件，指导相关工作的开展，引导相关标准规范的确立。政策法规层面以《中华人民共和国网络安全法》为基础，《国家信息化领导小组关于加强信息安全保障工作的意见》（中办发［2003］27号）等相关政策要求为辅。此外还包括《电信和互联网用户个人信息保护规定》《全国人民代表大会常务委员会关于加强网络信息保护的决定》《关键信息基础设施安全保护条例》《网络产品和服务安全审查办法》和《个人信息和重要数据出境安全评估办法》等。

② 基础标准配套要求层面　为推动政策执行，支撑政策文件落地实施，基

础标准给出了信息安风险管理工作的定义、范畴和内容。基础标准包括《信息安全风险管理指南》《信息安全风险评估规范》和《信息安全风险处理实施指南》等。

③ 新技术标准应用层面 新技术标准给出了风险评估标准在新技术领域的实施流程和方法，包括在研标准《个人信息安全风险评估指南》《大数据业务安全风险控制实施指南》《物联网安全风险管理指南》《工业控制系统安全风险评估实施指南》《云计算安全风险评估实施指南》和《区块链安全风险评估实施指南》等。

④ 落实行业标准指导层面 行业标准指导着具体工作在各行业的开展和实施，包括《金融行业信息安全风险管理指南》《政务信息安全风险管理指南》《交通行业信息安全风险管理指南》《金融行业信息安全风险评估指南》《政务信息安全风险评估指南》和《交通行业信息安全风险评估指南》等。

10.2 网络安全法

《中华人民共和国网络安全法》是我国第一部全面规范网络空间安全管理方向问题的基础性法律，是我国网络空间法制建设的重要里程碑，以制度建设掌握网络空间治理和规则制定方面的主动权，是维护国家网络空间安全发展的利器。

10.2.1 网络安全法立法的背景

网络安全属于国家安全的范畴，是基础性、全局性的安全，网络安全与政治安全、经济安全、国土安全、社会安全并列为当前国家安全工作的五个重点领域。国家安全最现实的、日常大量发生的威胁不是来自海上、陆地、领空、太空，而是来自被称为第五疆域的网络空间。2014年，中央网络安全和信息化领导小组成立时，习近平总书记就指出，没有网络安全就没有国家安全，没有信息化就没有现代化，中国要由网络大国走向网络强国，这三句话给未来中国信息化发展战略和网络安全战略指明了方向。

为适应国家网络安全工作的新形势、新任务，根据党中央的要求和全国人大常委会立法工作安排，2014年上半年，全国人大法工委组成工作专班，开展网络安全法研究起草工作。通过召开座谈会、论证会等多种方式听取中央有关部门、银行、证券、电力等重要信息系统营运机构、网络设备制造企业、互联网服务企业、网络安全企业、有关信息技术和法律专家的意见，并到北京、浙江、广东等一些地方调研，深入了解网络安全领域存在的突出问题，掌握各方面的立法需求。在此基础上，先后提出了网络安全法的基本思路、制度框架和草案初稿，会同中央网信办与工业和信息化部、公安部、国务院法制办等部门多次交换意见，反复研究，提出了网络安全法草案征求意见稿。经同中央国安办、中央网信办共同商量，再次征求了有关部门的意见，作了进一步完善，形成了网络安全法草案。

10.2.2 网络安全法的基本内容

《中华人民共和国网络安全法》由全国人民代表大会常务委员会于 2016 年 11 月 7 日发布，自 2017 年 6 月 1 日起施行。主要由七个章节、七十九项条款组成，涵盖范围极为广泛，旨在监管网络安全、保护个人隐私和敏感信息，以及维护国家网络空间主权和安全。

其中第一章总则共十四条条文，简述了法律目的、适用范围和总体要求；第二章网络安全支持与促进共六条条文，主要定义政府机构推动网络安全方面的职责；第三章网络运行安全共十九条条文，主要定义网络运营者的职责以及网络关键设施的保护措施要求；第四章网络信息安全共十一条条文，主要定义个人信息保护的要求；第五章网络预警与应急处置共八条条文，主要定义网络安全与汇报机制；第六章法律责任共十七条条文，主要定义相关的处罚规定；第七章附则共四条条文，主要定义网络、网络安全、网络运营者、网络数据和个人信息等的名词解释。

《中华人民共和国网络安全法》的主要内容可以理解为"一项制度四大领域"即以网络安全等级保护制度为中心，囊括物理安全、数据安全、内容安全和运行安全四大领域，即基础设施的安全、信息自身的安全、信息利用的安全和信息系统的安全。

① 保障网络物理安全即网络设备基础设施的安全，其中包括关键信息基础设施使用与采购符合国家强制性标准的设备。网络关键设备和网络安全专用产品应当按照相关国家标准的强制性要求，由具备资格的机构安全认证合格或者安全检测符合要求后，方可销售或者提供等。

② 保障网络数据安全，其目标是保护网络数据，维护国家安全、经济安全，保护公民合法权益，促进数据利用。

③ 保障网络内容安全，其目标是净化网络环境，遵守网络秩序。

④ 保障网络运行安全，其目标是保障网络安全可靠运行，重点需要快速响应，实施网络安全风险应急预案和全面贯彻网络空间实名认证，同时保障网络产品和服务安全。

网络安全等级保护是我国网络安全保障的基本制度，是网络空间安全保障体系的重要支撑，同时也是应对强敌高级可持续性威胁（APT）的有效对策。

10.2.3　网络安全法的作用及意义

① 构建我国首部网络空间管辖基本法，是落实国家安全观重要举措。作为国家实施网络空间管辖的第一部法律，《中华人民共和国网络安全法》属于国家基本法律，是网络安全法制体系的重要基础。网络安全已经成为关系国家安全和发展、关系广大人民群众切身利益的重大问题。

② 提供维护国家网络主权的法律依据，是网络安全管理的里程碑。《中华人民共和国国家安全法》首次以法律的形式明确提出"维护国家网络空间主权"，随之应运而生的《中华人民共和国网络安全法》是《中华人民共和国国家安全法》在网络安全领域的体现和延伸，为我国维护网络主权、国家安全提供了最主要的法律依据。

③ 在网络空间领域贯彻落实依法治国精神，将网络安全顶层设计法制化。依法治网成为我国网络空间治理的主线和引领，以法治谋求网治的长治久安。《中华人民共和国网络安全法》的调整范围包括了网络空间主权，关键信息基础设施保护，网络运营者、网络产品和服务提供者义务等内容，各条款覆盖全面、规定明晰，显示了较高的立法水平。

④ 需要网络参与者普遍遵守的法律准则和依据，为"互联网+"保驾护航。各方参与互联网上的活动都要按照《中华人民共和国网络安全法》的要求来规范自己的行为，同样所有网络行为主体所进行的活动，包括国家管理、公民个人参与、机构在网上的参与、电子商务等都要遵守《中华人民共和国网络安全法》的要求。

10.3　关键信息基础设施安全保护条例

在 2017 年 7 月 11 日，国家互联网信息办公室发布了《关键信息基础设施安全保护条例（征求意见稿）》，作为已出台颁布的《中华人民共和国网络安全法》的重要配套法规之一，关键信息基础设施征求意见稿是针对网络安全法中第三十一条"关键信息基础设施"（CII）的进一步细化规定，对多行业和领域的企事业单位具有重大意义。本次由网信办代为起草并发布的征求意见稿最终将以国务院立法层级的"条例"形式出现，也彰显了这一制度在网安法体系内的地位。

10.3.1　安全保护条例主要内容

该条例率先明确了具体关键信息基础设施的相关定义及要求，保护条例共用八章计五十五条的篇幅，对关键信息基础设施安全保护做了详细的规定。其中第一章总则共七条，简述了该条例的目的、适用范围和总体要求；第二章支持与保障共十条，主要定义国家政府机构对保护关键信息基础设施方面的职责；第三章关键信息基础设施范围共三条，主要定义关键信息基础设施的保护范围；第四章运营者安全保护共九条，主要定义运营者对保护关键信息基础设施需履行的保护义务以及相关从业者的职责；第五章产品和服务安全共六条，主要定义关键信息基础设施的安全保护要求；第六章监测预警、应急处置和检测评估共九条，主要定义关键信息基础设施预警、处置与评估机制；第七章法律责任共八条，主要是相关处罚的规定；第八章附则共三条，要求关键信息基础设施的保护和使用应当遵守其他法律法规。通过对条件的详细解读，可以得出结论，国家会在关键信息基础设施（CII）领域进行强化监管和重点治理，这里简单从几个方面来介绍。

① 保护条例明确了政府的倾向性和监管态度。各行业主管和监管部门会结合保护条例要求，制定本行业的网络安全规划，进一步建立并落实工作经费保障机制；针对如能源、运营商、交通等重点支持行业，需为关键信息基础设施（CII）的网络安全事件应急处置与网络功能恢复提供重点保障和支持，涉及相关违法犯罪活动的，公安机关会依法打击；国家会制定或修订相关产业、财税、金融和人才等专项政策，支持关键信息基础设施（CII）相关安全技术、产品和服务创新、人才培养等政务扶持。

② 保护条例中列举并扩大了关键信息基础设施（CII）的适用范围。政府机关和能源、金融、交通、水利、卫生医疗、教育、社保、环境保护、公用事业等行业领域的单位，电信网、广播电视网、互联网等信息网络，以及提供云计算、大数据和其他大型公共信息网络服务的单位，国防科工、大型装备、化工、食品药品等行业领域科研生产单位，广播电台、电视台、通讯社等新闻单位，其他重点单位。

③ 保护条例强化了相关自然人主体的义务负担和追责机制。明确关键信息基础设施（CII）运营者主要负责人是本单位关键信息基础设施（CII）安全保护工作的第一责任人，负责建立和落实相应的安全责任制，在企业运营过程中承担全面责任（第二十二条）；设置专门的网络安全管理负责人（第二十五条）；关键岗位专业技术人员则需要实行执证上岗制度，并接受每人每年不少于 3 个工作日的网络安全教育培训（第二十六、二十七条）；从业人员应当接受每人每年不少于 1 个工作日的网络安全教育培训（第二十七条）。

④ 保护条例中明确了运营者中涉及产品和服务外包及关键信息基础设施（CII）的运维会面临更严格的要求，还明确了在采购和使用过程中的安全监管。关键信息基础设施（CII）运营者对外包开发的系统、软件，接受捐赠的网络产品，应在上线应用前进行安全监测（第三十一条）；关键信息基础设施（CII）的运行维护应当在境内实施，确需进行境外远程维护的，应事先报告行业主管或监

管部门和公安部门（第三十四条）；特别要求面向关键信息基础设施（CII）开展"安全监测评估，发布系统漏洞、计算机病毒、网络攻击等安全威胁信息，提供云计算、信息技术外包等服务的机构"，应当符合网信部门会同国务院另行制定的有关具体要求（第三十五条）。

⑤ 对第三方专业服务机构提出了资质管理的要求，体现出了浓厚的强监管色彩，也与上述针对第三方专业服务机构明确追责机制形成呼应。在关键信息基础设施（CII）数据本地化存储和出境评估基础上，征求意见稿额外提出了"运维本地化"的要求，这对于很多存在跨境业务合作和技术支持（无论是集团内部还是与外部之间的合作）的跨国公司而言，无疑提出了更高的合规要求，可谓影响巨大。

10.3.2　安全保护条例的局限性

尽管保护条例中对关键信息基础设施（CII）的范围做了相应的扩充，在网安法基础上进一步明确了关键信息基础设施（CII）运营者的管理要求和义务责任条款，但总体而言，保护条例仍然只是关键信息基础设施（CII）的一份原则性和纲领性文件，相关企事业单位在实际执行过程中还有很多内容需依据实际情况进行细化和明确，这里列出几点需关注的内容。

① 在具体关键信息基础设施识别操作层面，虽说目前也开始准备相关关键基础设施的识别指南，各行业主管或监管部门也将根据此识别指南组织各行业和领域的识别工作，并报送识别结果从识别方法、流程和重点等多方面，通过对网络设施或信息系统风险影响力的"定性 + 定量"评价，对关键信息基础设施识别进行初步评估，可确定关键信息基础设施（CII）运营者所属行业领域、界定相关行业领域对网络设施或信息系统依赖程度，最后明确所属措施重要性；整体认定原则可以包括以严重危害国家安全、公共利益的，涉及网络战的优选目标的，且自身数据资产价值高的对象为原则。

② 在网络安全事件事后定责或追究方面，虽说保护条例中已对关键信息基础设施（CII）运营者、第三方专业服务机构和有关部门进行了责任界定，规定在重大网络安全事件中，经调查确定为责任事故的，除应当查明运营单位责任并依法予以追究外，还应查明相关网络安全服务机构及有关部门的责任，对有失职、渎职及其他违法行为的，依法追究责任。

③ 保护条例虽然在征求意见中，相关条例也并没有执行，这不意味着相关企业可以坐等观望，建议相关企事业单位结合网安法、等级保护条例中相关配套文件，结合自身的网络安全和数据合规情况进行事先梳理和自查，包括岗位职责及相关安全管理制度、数据使用和存储情况，以及采购的网络产品和服务的安全性等。同时，需与行业主管或监管部门保持积极密切的沟通交流，高度关注网络

安全，尤其是关键信息基础设施（CII）的最新政策和动态。

10.3.3　安全保护条例与网络安全等级保护关系

为了进一步明确网络安全法、网络安全等级保护和关键信息基础设施的关联关系，保护条例中也明确了各机制职能及要求；从国家、行业、运营者三个层面，分别规定了国家职能部门（如网信办、网监、公安部等）、行业主管部门（如银保监会、卫生局、教委等）及运营企业等各相关方在关键信息基础设施安全保护方面的责任与义务；明确了关键信息基础设施保护的基础是基于网络安全等级保护制度的，关键信息基础设施是等级保护制度的重点，二者相辅相成，不能分割。网络安全等级保护制度是普适性的制度，关键信息基础设施是重点保护的核心点，两者是面和点之间的关系。

10.4　网络安全等级保护相关标准

等级保护制度是根据信息系统在国家安全、经济建设、社会生活中的重要程度，遭到破坏后对国家安全、社会秩序、公共利益以及公民、法人和其他组织的合法权益的危害程度，将信息系统划分为不同的安全保护等级并对其实施不同的保护和监管。

10.4.1　现有等级保护政策和标准体系

10.4.1.1　实施等级保护制度的主要目标

- 明确重点、突出重点、保护重点。
- 有利于同步建设、协调发展。
- 优化信息安全资源的配置。
- 明确信息安全责任。
- 推动信息安全产业发展。

10.4.1.2　相关部门的责任和义务

- 职能部门：制定管理规范和技术标准，组织实施，开展监督、检查、指导工作。
- 行业主管部门：督促、检查、指导本行业和本部门开展的等级保护工作。
- 运营使用单位：开展信息系统定级、备案、建设整改、等级测评、自查等工作，落实等级保护制度的各项要求。
- 安全服务机构：开展技术支持、服务等工作，并接受监管部门的监督管理。

10.4.1.3 等级保护政策和标准体系

到目前为止，公安部根据国务院 147 号令的授权，会同国家保密局、国家密码管理局、发改委、国务院原信息办出台了一些文件，构成了信息安全等级保护政策体系（图 10-2）。

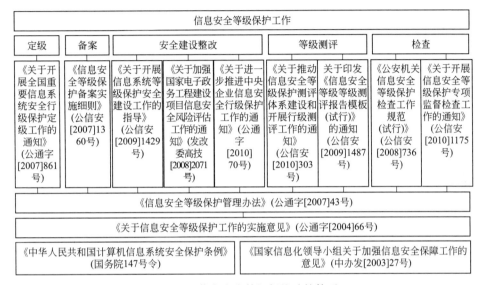

图 10-2 信息安全等级保护政策体系

同时，公安部牵头会同有关部门制定、梳理和完善了信息安全等级保护配套技术标准共 100 多个，形成信息安全等级保护标准体系，有效支持了信息安全等级保护的系统定级、安全建设、等级测评等主要工作。

10.4.2 网络安全等级保护制度2.0

等级保护制度推行 10 年，取得成效的同时符合程度已达到稳态，需要提升台阶。新技术、新应用的发展催生了应用的新模式，需要等级保护制度覆盖这些新模式。《中华人民共和国网络安全法》第三十一条要求网络安全等级保护制度能够覆盖关键基础设施保护。

10.4.2.1 全新的国家网络安全基本制度体系

《中华人民共和国网络安全法》第二十一条明确要求"国家实行网络安全等级保护制度"。中央关于加强社会治安防控体系建设的意见、公安改革若干重大问题的框架意见要求"健全完善信息安全等级保护制度"。习近平总书记等中央领导批示要求"健全完善以保护国家关键信息基础设施为重点的网络安全等级保护制度"。国家等级保护制度进入 2.0 时代。

10.4.2.2 以保护国家关键信息基础设施为重点

关键信息基础设施指的是公共通信和信息服务、能源、交通、水利、金融、公共服务、电子政务等重要行业和领域运行的信息系统或工业控制系统。这些系统一旦发生网络安全事故，可能影响重要行业正常运行，对国家政治、经济、科技、社会、文化、国防、环境及人民生命财产等造成严重损失，严重危害国计民生、公共利益和国家安全。

国家等级保护制度 2.0 中，等级保护对象加入了关键信息基础设施的内容。网络安全等级保护定级见表 10-1。

表 10-1　网络安全等级保护定级

保护对象等级	重要性程度	监督管理强度等级
第一级	一般系统	自主保护级
第二级	一般系统	指导保护级
第三级	重要系统/关键信息基础设施	监督保护级
第四级	关键信息基础设施	强制保护级
第五级	关键信息基础设施	专控保护级

关键信息基础设施在网络安全等级保护制度的基础上，实行重点保护。在实现网络安全等级保护相关要求的基础上，增加实现更强的要求。

关键信息基础设施保护标准体系也即将出台，主要包括：

- 《关键信息基础设施保护条例》。
- 《关键信息基础设施安全保护要求》。
- 《关键信息基础设施安全控制要求》。
- 《关键信息基础设施安全控制评估办法》。

10.4.2.3 新等级保护标准的变化

国家等级保护制度 2.0 与之前的等级保护制度相比，主要有如下变化。

（1）名称的变化

原有的《信息系统安全等级保护基本要求》改为《信息安全等级保护基本要求》，《中华人民共和国网络安全法》出台后，再次改为《网络安全等级保护基本要求》。

（2）等级保护对象的变化

原有的"信息系统"，改为"等级保护对象（网络和信息系统）"。安全等级保护的对象包括网络基础设施（广电网、电信网、专用通信网络等）、云计算平台/系统、大数据平台/系统、物联网、工业控制系统、采用移动互联技术的系统等。

（3）安全要求的变化

原有的"安全要求"，改为"安全通用要求和安全扩展要求"。安全通用要求是不管等级保护对象形态必须满足的要求，针对云计算、移动互联、物联网和工业控制系统提出了特殊要求，称为安全扩展要求。

（4）章节结构的变化

"安全要求"章节中，除"安全通用要求"外，增加了"云计算安全扩展要求""移动互联安全扩展要求""物联网安全扩展要求""工业控制系统安全扩展要求"。

（5）控制措施的分类结构变化

结构和分类调整为"技术部分"，包括安全物理环境、安全通信网络、安全区域边界、安全计算环境、安全管理中心；"管理部分"包括安全管理制度、安全管理机构、安全管理人员、安全建设管理、安全运维管理。

（6）增加了云计算安全扩展要求

"云计算安全扩展要求"章节对云计算的特点提出特殊保护要求。对云计算环境主要增加的内容包括"基础设施的位置""虚拟化安全保护""镜像和快照保护""云服务商选择"和"云计算环境管理"等方面。

（7）增加了移动互联安全扩展要求

"移动互联安全扩展要求"章节针对移动互联的特点提出特殊保护要求。对移动互联主要增加的内容包括"无线接入点的物理位置""移动终端管控""移动应用管控""移动应用软件采购"和"移动应用软件开发"等方面。

（8）增加了物联网安全扩展要求

"物联网安全扩展要求"章节针对物联网的特点提出特殊保护要求。对物联网环境主要增加的内容包括"感知节点的物理防护""感知节点设备安全""感知网络节点设备安全""感知节点的管理"和"数据融合处理"等方面。

（9）增加了工业控制系统安全扩展要求

"工业控制系统安全扩展要求"章节针对工业控制系统的特点提出特殊保护要求。对工业控制系统主要增加的内容包括"室外控制设备防护""工业控制系统网络架构安全""拨号使用控制""无线使用控制"和"控制设备安全"等方面。

（10）增加了应用场景的说明

增加附录 C，描述等级保护安全框架和关键技术。增加附录 D，描述云计算应用场景。增加附录 E，描述移动互联应用场景。增加附录 F，描述物联网应用场景。增加附录 G，描述工业控制系统应用场景。增加附录 H，描述大数据应用场景。

10.5　网络产品和服务安全审查办法

国家互联网信息办公室于 2017 年 5 月 2 日正式发布《网络产品和服务安全审查办法（试行）》（以下简称《审查办法》），该办法作为《中华人民共和国网络安全法》的首个配套法规，于 2017 年 6 月 1 日与《中华人民共和国网络安全法》同时生效实施。《审查办法》构筑了网络产品和服务国家安全审查（简称"网络安全审查"）的基本框架，对网络安全审查的审查对象、审查内容、审查主体、审查启动及方式等进行了原则性规定。

10.5.1　安全审查办法主要内容

《审查办法》的颁布，对网络产品和服务有着非常重要的指导和检查意义，首先因涉及的网络产品及服务其安全性、可控性确实关乎用户利益、关系国家安全，这块绝不能忽视。其次基于产品应用功能的准入审查（更偏于事前审查），存在对产品和服务检测、审查模式不完善的问题；最后明确了检查及指导机构，解决了原来检测产品与服务的职能分散在不同部门的弊端，检查单位和内容更统一，具体表现在以下方面。

① 建立统一的网络安全审查制度。审查办法中说明国家互联网信息办公室会同有关部门成立网络安全审查委员会，负责审议网络安全审查的重要政策，协调网络安全审查相关重要问题。专家委员会对网络产品和服务的安全风险及其提供者的安全可信状况进行综合评估。网络安全审查不是行政审批，是对重要网络产品和服务采取的事中、事后监管，坚持实验室检测、现场检查、在线监测、背景调查相结合的原则。

② 明确了哪些产品和服务需审查。办法中规定如关系国家安全和公共利益的信息系统使用的重要网络产品和服务，应当经过网络安全审查。但并非所有网络产品和服务都需要审查，是有条件的。而且，重点审查的是网络产品和服务的安全性、可控性。判定是否影响国家安全和公共利益，主要看产品和服务使用后，是否会危害国家政权和主权安全，是否会危害广大人民群众利益，是否会影响国家经济可持续发展及国家其他重大利益。

③ 界定了党政部门所用产品审查方式。党政部门及重点行业优先采购通过审查的网络产品和服务，不得采购审查未通过的网络产品和服务。如果某个网络产品和服务可能会影响国家安全，在进行安全审查后没能通过审查，被列入"黑名单"后不能采购。

④ 明确网络安全审核与个人信息安全的区分。审查办法是重点审查网络产品和服务的安全性、可控性，网络审查办法重点是审查网络产品和服务的安全

性、可控性，产品和服务提供者不得利用提供产品和服务的便利条件非法获取用户的信息，不能损害用户对自己信息的自主权、支配权；不得非法控制、操纵用户的系统或设备，用户自己的系统要用户自己控制；不得利用广大用户对产品和服务的依赖搞不正当竞争，谋取不正当利益，比如停止必要的安全服务、搞垄断经营等。目的是维护用户信息安全，维护国家安全和广大人民群众的合法权益。

10.5.2　安全审查办法出台后的影响

就关键信息基础设施运营者、提供产品和服务的经营者而言，审查办法正式实施和颁布对企业产生的影响具体表现在以下方面。

① 今后会陆续出台关于网络安全审查的标准、规范等具体制度，经营者应当更加关注产品与服务的安全性能，确保产品和服务符合关于网络安全的各种标准和规范要求。

② 网络安全审查会基于用户的反映而启动，具有很大随意性和不确定性，要求经营者将用户安全体验放在突出位置，注重对用户信息的保护，避免因泄露用户信息等原因受到网络安全审查。

③ 经营者需要对所提供产品产业链的全过程，包括设计研发、部件采购、生产制造、运行测试、运输交付等所有环节进行严格的安全风险管控，以有效应对供应链安全风险审查。

④ 经营者在向关键信息基础设施运营者提供产品和服务时，就网络安全方面很可能会被要求作出严格的承诺和保证，并且一旦违反会被追究严重违约责任。

⑤ 网络安全审查方法包括背景调查，这意味着企业的基本情况、合规状况等同样会对网络安全审查结果产生影响，对企业的全面合规提出了更高要求。

具体来说，重要行业和领域采购的网络产品和服务以及关键信息基础设施运营者采购的网络产品和服务，可能影响国家安全的应当通过网络安全审查。一般的网络运营者采购网络产品和服务，并不需要经过网络安全审查，是否影响国家安全将由关键信息基础设施保护工作部门确定。明确重点审查网络产品和服务的安全性、可控性是审查办法的突出特点。从制度层面加强对网络产品和服务的监管，将推动相关法规、资质和标准的完善，推动网络产品和服务安全可控水平的规范和提升。提高政府及企业对网络服务与产品采购和使用安全性的信心，拉动云计算、物联网等新技术的发展及落地应用。

10.5.3　安全审查办法意义及作用

我国的企业信息化程度落后于发达国家，安全可控是很多新技术落地和政府企业应用的最大障碍之一。但是，当前网络产品与服务提供商安全意识较弱，经常为了优先功能和快捷性，而忽略和牺牲安全上的考虑，对实际应用的每个环节缺乏全面考虑。《审查办法》的出台对行业将形成有效拉动，促使安全厂商从不同行业实际应用需求出发，为用户提供从内到外、全面、有效的体系化安全保护。《审查办法》对我国网络安全产业产生多方面的影响，具体包括以下内容。

（1）安全意识的提升

《审查办法》推出后，对于广大网络产品与服务提供商来说，通过法规撬动市场的杠杆，让他们更加关注自身产品与服务的安全性，和对用户网络安全保障的服务力度；而不是像以前，主要关心产品性能、功能、应用模式和便捷性，而对产品安全和产品使用导致的用户的隐患不够重视。那么，毫无疑问，只要全体网络产品企业都重视网络安全，我们国家整体网络空间安全和清朗的环境指数将大幅提升。

（2）国内产业机遇

对于如何更加贴近中国用户，如何更加对用户有本地化安全服务，如何更加满足《审查办法》的审查要求，毫无疑问，国内企业会比外企做得更好。以前如果做得好，没有明确评测反映，没有市场杠杆的反馈；而现在如果做得好，国内市场的用户们可以看得到，国家法规有明确规定，市场自然有反馈。所以，从这点来说，无论国内的互联网企业、网络产品企业，还是安全企业，都有了更大的机遇，尤其是核心科技领域的国内企业，更需抓住机遇，让"中国制造"不仅仅是低级的机箱机壳，而是市场利润更高更多的芯片内核。

（3）推动国际融合

《审查办法》的出台，对国内、国际企业一视同仁，市场的杠杆将随着《审查办法》的推行而移动。那么，不能满足安全标准的外国企业，《审查办法》将刺激和推动其保持、甚至提升在中国这个大市场的份额，无论是按照中国市场要求，弥补自身产品的安全缺陷，还是按照中国市场要求创新自身产品安全性能，或是与中国本土企业合作，进一步融入中国市场，符合国情。总之，《审查办法》的出台，对于外国网络企业或安全企业的进一步创新完善、融入中国市场，是一个巨大的推动力。

第 **3** 部分

信息安全风险管理的实践

在信息安全风险管理的流程中，风险识别分析与风险控制是其中两个关键环节，只有风险识别分析结果客观准确，风险控制措施才能有效。在分析了现行信息安全风险识别分析方法局限性的基础上，根据笔者多年的工作实践经验提出了一种信息安全风险识别与分析的新型方法，即信息安全风险测评。其中信息安全风险测评方法是将现行的信息安全检查、信息安全风险评估和信息系统安全等级保护测评三项工作合一，形成一套方法、一次现场、三类结果的模式，使得传统风险识别与分析方法有效融合，加强了风险内在关联分析的深度，提高了现场检测工作效率，为风险控制提供了有力的依据。风险控制实践方法重点讲述了网络与信息系统安全基线配置和服务器信息安全加固的内容，通过良好的实践总结了一套切实可行的信息安全风险管理实践经验方法。

　　进一步明确信息安全风险测评、信息安全基线配置、服务器信息安全加固三项工作之间存在较强的关联性，是一种递进的关系。通过信息安全风险测评得到网络与信息系统不同层面存在的安全风险，具体关联到不同信息资产存在的风险点。基于对不同信息资产存在风险点的分析，制定风险控制基本措施和方法，形成网络与信息系统安全基线配置要求，通过实施安全基线配置方法来降低安全风险，达到基本可控或可接受的安全风险。服务器信息安全加固是在安全基线配置要求的基础上，针对信息系统某几个层面的风险点进行深入分析，并实施可行的风险控制措施。服务器信息安全加固与安全基线配置相比涉及的风险控制层面不如其广，但在风险控制深度方面却比其要深。

　　本部分最后对信息安全风险测评方法在移动互联网、虚拟化环境、工业控制系统等新型技术场景中的应用进行了展望。

第11章 风险识别与分析方法融合 ——信息安全风险测评

11.1 基本原理

信息安全风险测评方法的基本原理（图 11-1）是将信息安全检查、等级保护测评和风险评估三项工作有机整合，通过信息安全检查全面了解本单位信息安全总体状况和信息安全工作落实情况；通过等级保护测评清晰梳理应用系统重要程度，以及保护措施是否到位；通过风险评估，对重要信息系统和信息化资产所面临的信息安全风险有定量和定性的认识；通过信息安全风险测评工作，查找信息安全隐患，提高信息安全意识，有的放矢地采取整改措施，全面提升信息安全保障能力。

信息安全风险测评方法的主线，采用信息安全检查、信息系统等级保护测评和信息安全风险评估现场数据采集的手段，以安全等级保护测评和风险评估的数据分析方法为辅助，得到以下结果：

① 以信息系统安全等级保护基本要求为依据，通过等级保护测评的分析方法找到信息系统的安全差距。

② 通过信息安全风险评估的分析方法确定安全差距是否存在风险，进

一步确认哪些安全差距的风险是可以接受的，哪些安全差距的风险是不可接受的。

③ 通过信息安全检查综合分析的方法进行总结与提炼，形成被检测单位信息安全整体情况的描述。

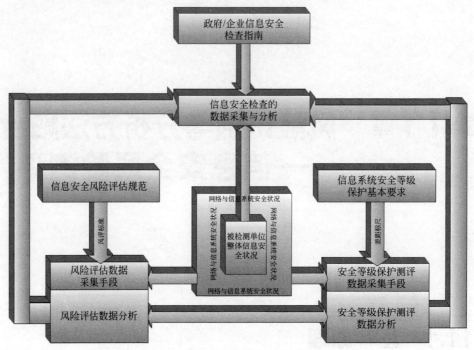

图 11-1   信息安全风险测评方法原理

11.2   流程方法

11.2.1   工作流程

11.2.1.1   总体工作流程

如图 11-2 所示，信息安全风险测评总体流程包括了三个阶段的工作，分别为准备阶段、现场实施阶段和分析总结阶段。首先准备阶段的工作包括成立项目实施团队，信息系统定级梳理工作，确认被检测单位的工作范围，梳理被检测单位的信息资产，编写工作方案、技术方案和实施类文档等，准备现场实施的检测工具。其次在现场实施阶段要进行资产的识别、威胁的识别、物理安全检测、网络安全检测、应用安全检测、终端安全检测、渗透测试、已有安全措施确认，同时进行现场检测数据的整理分析，并编写现场工作总结。最后对现场检测结果进行分析总结，对分析的结果进行综合判定，编制报告。

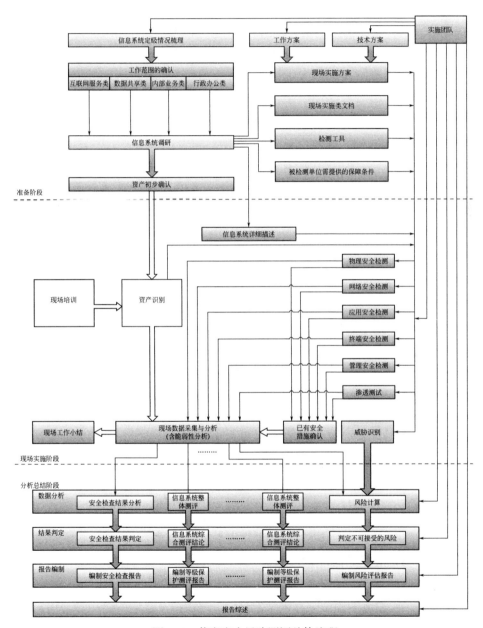

图11-2　信息安全风险测评总体流程

11.2.1.2　定级梳理工作流程

　　信息系统定级情况梳理流程如图 11-3 所示，首先向被检测单位下发信息系统定级情况调研表，由被检测单位填写后上报项目组，初步整理形成被检测单位信息系统定级情况列表。与被检测单位信息系统相关人员协商定级情况，并对定级不准的信息系统进行修订，形成信息系统定级梳理表（详见附录 1.1），得到信息系统定级情况梳理结果，同时将此次定级结果反馈给信息系统相关人员，并可确定被检测单位的工作范围。

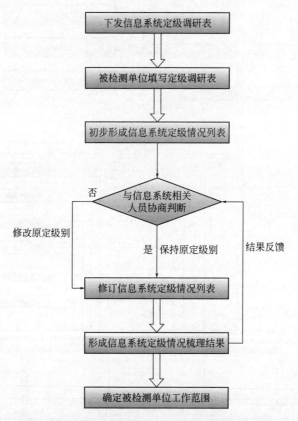

图 11-3　信息系统定级情况梳理流程

11.2.1.3　准备阶段流程

　　准备阶段的工作流程如图 11-4 所示，主要包括信息系统定级情况梳理、工作范围确认、实施方案制定、技术方案制定、资产确认、实施操作类文档制定和检测工具准备等，准备阶段的工作成果输出到现场实施阶段。

　　准备工作是项目实施的起始阶段，为后续的项目实施完成一些基础性工作，具体工作包括以下内容。

① 成立实施团队　按照信息安全风险测评工作需要成立领导小组、专家组和实施小组。

② 形成现场实施方案　按照信息安全风险测评的实际工作内容形成实施方案，方案应讲明背景、流程、方法、计划等。

③ 形成统一的实施方法　在具体数据采集中需要统一数据采集的方法，例如资产分类和识别、威胁分类和识别、脆弱性分类和识别。

④ 信息系统的定级梳理　对信息系统定级情况进行详细的梳理，明确信息系统保护等级，信息系统的业务应用等方面内容。

⑤ 确定实施范围　确定测评的信息资产范围以及信息资产列表（详见附录 1.2）。

⑥ 熟悉信息安全服务的内容和环境　对检测对象的网络与信息系统部署及应用环境和方式等。

⑦ 确认测评工作保障条件　被测评单位需要提供的必要保障条件，为了能够保证测评工作顺利开展，包括工作环境、网络接入环境以及配合检测人员。

⑧ 准备检测工具　为测评工作准备检测工具，包括漏洞扫描工具、配置核查工具、Web 扫描工具、计算机安全检查工具等。

11.2.1.4　实施阶段流程

实施阶段的工作流程如图 11-5 所示，第一步是开展启动会并进行现场培训，包括介绍项目执行的流程和内容，项目执行中需要配合的条件等；第二步是进行信息系统定级情况确认、信息系统详细描述和信息资产的识别；第三步是需要开展物理安全检测、管理安全检测、网络安全检测、应用安全检测、终端安全检测、威胁识别和渗透测试；第四步是通过现场检测对已有安全措施进行确认；第五步是形成现场采集数据初步分析结果，进一步分析脆弱性并赋值；第六步是与被检测方确认检测结果并进行现场工作小结。

在图 11-6 中描述了实施阶段中现场数据采集的具体内容，其中风险评估需要现场采集的数据包括信息资产识别及其赋值、威胁识别及其赋值、脆弱性识别及其赋值和已有安全措施确认等。等级保护测评需要现场采集的数据包括物理安全检测、管理安全检测、主机安全检测、网络设备检测、安全设备检测、安全集中管控技术检测、数据安全检测、应用软件安全检测、集中存储安全检测和密码安全检测等。安全检查需要现场采集的数据包括物理安全检测、管理安全检测、网络安全检测、服务器安全检测和终端安全检测等。

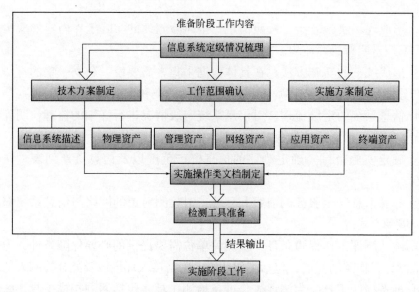

图11-4 准备阶段的工作流程

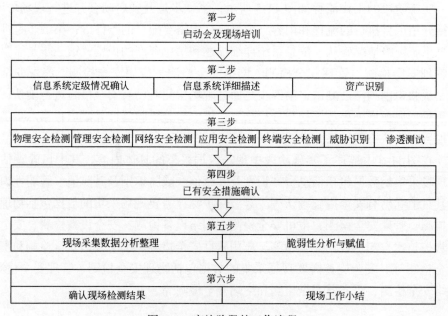

图11-5 实施阶段的工作流程

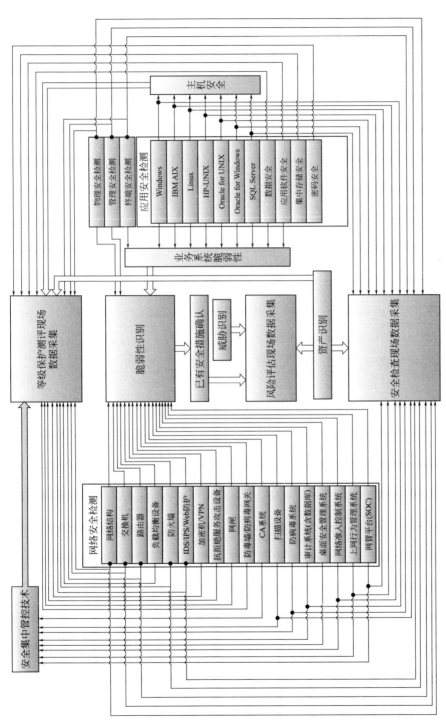

图11-6 实施阶段现场数据采集关系

（1）资产识别

对系统的资产进行如下分类：应用系统资产（应用软件）、物理资产、管理资产、网络资产、安全资产、硬件资产和终端资产。其中应用资产应按照不同的信息系统分别进行识别，物理环境资产、网络资产、管理资产和终端资产同属于承载系统的资产，应统一进行识别。

依据资产的重要程度及其安全属性破坏后可能对组织造成的损失程度，经过评定得出资产等级，最终将资产划分为五级，级别越高表示资产越重要。根据重要程度对资产进行赋值，同时结合等级保护能力建设评价，原则上等保定级为 3 级的业务系统，应用资产赋值范围是 3 ~ 5；等保定级为 2 级的业务系统，应用资产赋值范围是 1 ~ 4。

（2）威胁识别

威胁可以通过威胁主体、资源、动机、途径等多种属性来描述，造成威胁的因素可分为人为因素和环境因素。根据威胁的动机，人为因素又可分为恶意和非恶意两种。环境因素包括自然界不可抗的因素和其他物理因素。威胁作用形式可以是对信息系统直接或间接的攻击，在保密性、完整性和可用性等方面造成损害，也可以是偶发的、蓄意的事件。

可以对威胁出现的频率进行等级化处理，不同等级分别代表威胁出现的频率的高低，等级数值越大，威胁出现的频率越高。在实际的评估中，威胁频率的判断依据应在评估准备阶段根据历史统计或行业判断予以确定，并得到被评估方的认可。

（3）技术脆弱性检测

① 物理安全检测　通过访谈、现场查看、文档审核等方式，检查机房环境中是否具备保护网络与信息系统的设备、设施、媒体和信息免遭自然灾害、环境事故、人为物理操作失误、各种以物理手段进行的违法犯罪行为造成的破坏、丢失的管理手段和技术措施。

检查信息处理设备的存放场所的安全，检查是否使用相应的安全防护设备和准入控制手段以及有明确标志的安全隔离带进行保护；从物理上使这些设备免受未经授权的访问、损害或干扰；根据所确定的具体情况，提供相应的保护。原则上被检测单位有 2 个或 2 个以上的机房时应分别进行叙述。

② 网络安全检测　通过网络拓扑图核查、设备配置核查、漏洞扫描和渗透测试的方式来检测网络结构、网络设备、安全设备以及集中管控系统的使用情况，存在的安全问题等。将受检单位网络结构分为两个部分，分别为互联网和业务专网。互联网主要是承载互联网服务类信息系统的网络，通过部署网络设备和安全设备与国际互联网逻辑隔离；业务专网主要是承载数据共享连接类、内部业务类和内部行政办公类的信息系统的网络，通过部署网络设备和安全设备与互联

网、外部单位的网络、系统内其他单位的网络进行逻辑隔离。

③ 应用（系统）安全检测　应用系统应包含互联网服务类信息系统、数据共享连接类信息系统、内部业务类信息系统和内部行政办公类信息系统，不同类别的应用系统都应进行检测。

④ 终端安全检测　通过登录核查和工具检测的方式，对被检测信息系统内包含的终端计算机和与信息系统存在业务应用关联的终端计算机进行检测。

（4）管理脆弱性检测

通过人员访谈、文档审核和现场查看等方式，分别从安全管理机构、安全管理制度、人员安全管理、信息系统等级保护安全管理测评、信息系统安全建设管理测评、信息系统安全运维管理测评、变更管理、密码管理和信息系统安全集中管控9个方面，对被检测单位的安全管理状况进行全面的检测。

（5）渗透测试

网络与信息系统渗透测试是指模拟互联网用户和局域网用户，通过漏洞扫描、漏洞利用和权限提升等攻击手段，对互联网业务系统和内部业务系统实施远程、非破坏性的安全检测，以发现信息系统可能被恶意利用的脆弱环节。

作为信息安全检查、信息安全风险评估和信息系统安全等级保护测评的重要检测手段，渗透测试对信息安全风险测评中发现的安全问题进行了较为客观的验证，是全面检测一个单位整体信息安全防护能力的有力措施。

（6）已有安全措施分析

已有安全控制措施分析是对被检测单位现有的安全控制措施进行调查，明确已经实施的控制措施，并根据被检测单位的安全要求分析该安全措施的有效性，这对于检测人员在对被检测单位的安全风险进行计算、分析、提出安全建议时是一个重要的参考因素。

安全控制措施包括技术措施与管理措施两类，安全控制措施的识别不仅需要考虑措施的制定与实施情况，还需考虑措施的落实情况，对各检测子项中的已有安全措施进行识别。

（7）脆弱性分析与赋值

通过技术安全检测和管理安全检测，将被检测网络与信息系统存在的脆弱性进行采集和输出，主要包括物理脆弱性、网络脆弱性、应用脆弱性（包括服务器、数据库、应用软件和终端）和管理脆弱性四个方面。其中物理脆弱性、网络脆弱性和管理脆弱性为公共部分，应用脆弱性与信息系统关联，即每个信息系统都存在不同应用脆弱性，应分别进行分析和描述。

对脆弱性进行赋值时，将针对每一项需要保护的信息资产，考虑两个关键因素：一是信息资产存在脆弱点的严重程度；二是信息资产存在的脆弱点被威胁所利用的可能性大小。首先对信息资产脆弱性的严重程度进行评估，并找出每一种脆弱性能被威胁所利用的程度，最终为其赋相对等级值。在进行脆弱性赋值时，提供的数据应该来自这些资产的拥有者或使用者，来自相关业务领域的专家以及软硬件信息系统方面的专业人员。采用问卷调查、访谈、漏洞扫描、配置核查、渗透测试等方法提取数据、综合分析，最后采用定性相对等级的方式对脆弱性赋值。

（8）现场工作小结

召开现场总结会议，汇总现场检测数据及记录，对漏掉和需要进一步验证的内容实施补充检测，对检测过程中发现的问题进一步进行确认。以《现场工作小结》文档的形式，说明现场检测的初步情况，为编写报告提供准确的依据。

当双方对现场检测结果达成一致意见后，被检测单位相关人员认可后，现场检测阶段工作结束。

11.2.1.5 分析总结阶段流程

如图 11-7 所示，分析总结阶段的流程包括了四个方面的内容，分别为数据分析、结果判定、报告编制和报告综述。数据分析包括了信息安全检查结果分析、信息系统整体测评结果分析和风险计算；结果判定包括了信息安全检查结果判定、多个信息系统综合测评结论和不可接受的风险判定；报告编制包括了信息安全检查、多个系统等级保护测评和风险评估等报告的编制工作；在综合信息安全检查、等保测评和风险评估报告的基础上，形成被检测单位的报告综述。

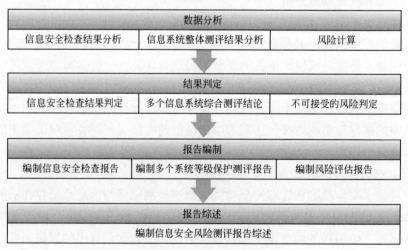

图11-7 分析总结阶段流程

总结分析阶段主要是通过对现场实施过程中所收集到的数据进行整理、综合分析，根据项目要求完成等级保护测评报告、风险评估报告和信息安全检查报告的编制工作，并通过三份报告结果输出《信息安全风险测评报告综述》。

（1）数据整理

数据整理工作主要是根据输出的三份报告的要求对现场采集数据进行分类整理，主要工作内容包括以下几个方面。

① 完成等级保护测评数据整理工作　本过程主要是通过单项测评结果判定、单元测评结果判定、系统整体测评分析等方法，分析整个系统的安全保护现状与相应等级的保护要求之间的差距。综合评价被测信息系统整体安全保护能力，针对系统存在的主要安全问题提出整改建议。

② 完成风险评估数据整理工作　风险评估数据整理工作主要是对风险评估计算方法所需要的四大要素进行整理和分析，并完成系统风险计算工作。

③ 完成信息安全检查数据整理工作　依据安全评测表单输出的信息安全检查表单，进行数据的收集整理工作。收集整理的数据包括网络安全架构、网络设备、安全设备、服务器、终端计算机、安全性验证等方面的检查结果。此外，还应收集与上述检查对象相关的等级保护测评结果和风险评估结果。

（2）综合分析

综合分析工作主要是对采集数据整理完成后，针对输出的三份报告以等级保护测评、风险评估、安全检查的顺序依次进行分析，主要内容包括等级保护测评综合分析、风险评估综合分析和信息安全检查综合分析。

（3）报告编制

综合数据整理和分析结果，根据报告模板编写等保测评报告、风险评估报告和信息安全检查报告，针对每个被测评信息系统均要形成多份等保测评报告，针对每个被检测单位各形成一份风险评估报告和安全检查报告。

（4）报告综述

完成三个类型的报告后，提取等保测评报告中的符合率统计结果、风险评估报告中的风险计算结果，根据各报告中问题分析内容，给出被检测单位的整体问题分析和安全建议。该综述报告包括以下内容：概述、评测对象、信息安全现状分析、测评结果、安全问题及整改建议。

11.2.2　工作方法

如图 11-8 所示，信息安全风险测评工作方法采取人工访谈、现场查看、登录核查、工具检测、文档审核和渗透测试等方式进行。

（1）人工访谈

分别与分管网络与信息安全的领导、技术人员以及从事信息安全相关工作人员针对规章制度、安全组织等项目进行访谈；与信息系统应用运维人员和使用人员进行访谈，了解信息系统的工作流程。

图 11-8　信息安全风险测评工作方法

（2）文档审核

审核各类安全制度和规范，审核信息系统开发设计方案，核实信息系统运行维护记录，核实访谈结果，审核安全自查结果等情况。

（3）登录核查

以管理员的身份登录网络设备、安全设备、服务器和安全系统，通过执行内部命令来查看设备和服务器在账户安全、配置安全和网络安全方面存在的问题。

（4）现场查看

实地检查或登录查看机房物理环境、服务器、网络设备和安全设备的安全状况，检查办公计算机、移动存储介质以及敏感文件的安全使用和存储等情况。

（5）工具检测

通过网络安全检查工具、服务器检查工具、终端检查工具对网络设备、安全设备和服务器进行远程检测和本地检测，包括漏洞扫描、配置核查和信息提取等。

（6）渗透测试

模拟互联网用户和局域网用户，通过漏洞扫描、权限提升等攻击手段，对网站和业务系统实施远程、非破坏性安全检测，以发现系统可能被恶意利用的脆弱环节。

11.3　实施组织

如图 11-9 所示，组织结构包括了三个层次的内容。其中第一层次为领导小组，由组织管理人员担任，负责工作管理、人员协调等工作；第二层次为专家组，由经验丰富的信息安全专家组成，协助领导小组完成技术方案、测评报告模板和实施类文档的编写工作，在现场实施工作中提出指导性意见；第三层次为检测实施组，每个测评实施组分为六个角色，包括物理安全检查人员、管理安全检查人员、网络安全检查人员、应用安全检查人员、终端安全检查人员和渗透测试人员。信息安全风险测评工作人员分工见表11-1。

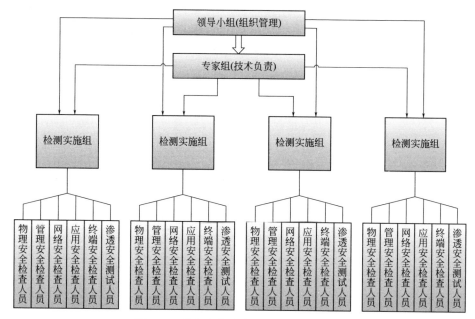

图11-9　信息安全风险测评工作组织结构

表11-1　信息安全风险测评工作人员分工

组名称	组成员角色	组成员职责
领导小组	总体负责人及成员	总体负责、工作协调、人员组织、方案审核
专家组	专家和技术负责人	制定方案、工作方法、审核报告
实施组	物理安全检查人员	负责物理安全的现场检测工作、数据采集整理、报告编制工作
	管理安全检查人员	负责管理安全的现场检测工作、数据采集整理、报告编制工作
	网络安全检查人员	负责网络安全的现场检测工作、数据采集整理、报告编制工作
	应用安全检查人员	负责应用安全的现场检测工作、数据采集整理、报告编制工作
	终端安全检查人员	负责终端安全的现场检测工作、数据采集整理、报告编制工作
	渗透测试人员	负责内部网络和互联网渗透测试工作、数据采集整理、报告编制工作

11.4　对象确定

在准备阶段对网络与信息系统开展调研工作，获取到网络与信息系统定级情况，确认被检测对象，进一步获取到物理环境、网络结构、管理现状和业务系统的初步信息，在现场实施阶段对调研信息进行访谈与核实，得到网络与信息系统的描述报告。描述报告应包括网络与信息系统定级情况、物理环境、网络结构、管理现状和业务系统等信息。

（1）被检测对象确认

被检测对象为网络与信息系统，根据前期制定方案中的检测对象选择要求，确定对以下系统以及承载信息系统的基础网络、物理环境和相关管理控制措施进行检测。信息系统原则上按照以下类别进行分类。

- 互联网服务类信息系统：对外提供公众服务的业务系统，例如门户网站系统。
- 数据共享类信息系统：某个部门或单位与其他单位之间存在跨部门的数据交互或共享的业务系统，例如一体化协同办公系统。
- 内部业务类信息系统：一个单位或部门内部业务处理系统，仅限于本部门或本系统使用。
- 内部行政办公类信息系统：单位或部门内部使用的日常办公事务流转和处理的系统，例如 OA 系统。

（2）物理环境描述

对现有机房的物理环境、监控设备，防火、防水和供电等设施进行现场勘察。在进行具体叙述时，如果被检测单位有 2 个或 2 个以上的机房，将对每个机房的物理环境分别进行描述，具体内容见表 11-2。

表 11-2　物理环境描述

名称	内容	结果
内部环境	机房的物理访问控制	
	供电系统的情况	
	消防系统的情况	
	环境控制的情况	
外部环境	机房周边的安全情况	
终端环境	办公环境的安全情况	
电磁环境	是否存在电磁屏蔽手段	
设备实体	网络设备、安全防护设备、办公设备等设备实体的安全主要考察安放位置	
	保护措施、保密措施	
线路	楼宇网络线路、PDS综合布线的安全	

（3）网络结构描述

被检测单位的网络应分为业务外网（表 11-3）和业务内网（表 11-4），其中业务外网主要是拓扑图的展示、边界防护措施、网络管理情况及日志审计情况等，业务外网主要承载了互联网服务类信息系统；业务内网主要是拓扑图展示、边界防护措施、内部 VLAN 划分、网络管理情况、上行与下行连接情况、共享连接情况等，业务内网承载了数据共享连接类信息系统、内部业务信息系统和内部行政办公信息系统。特别强调一点，当业务外网与业务内网之间存在逻辑隔离设备（网络隔离设备或防火墙）时，该类设备划归为业务外网的资产。

表 11-3　业务外网描述

名称	内容
网络边界	确认承载信息系统的网络所隶属的网络区域
	对该网络与互联网之间的连接情况及边界划分情况进行整理
	确认网络边界的划分
VLAN划分	基于端口的划分策略
	基于MAC地址的划分策略
	基于路由的划分策略
基础设施	网络管理：网络性能管理、网络设备管理
	日志信息采集、网络访问审计、系统监测、主机审计
	硬件备份、数据备份
边界防护	防火墙的部署情况
	入侵检测设备部署情况
	统一威胁管理系统部署情况（防毒墙、IPS等）
	抗DDOS攻击设备
	WEB防护设备
系统防护	服务器安全防护措施
节点传输	了解身份认证机制
	了解数据加密方式
	数据完整性保护
	访问权限控制

表 11-4　业务内网描述

名称	内容
网络边界	确认承载信息系统的网络所隶属的网络区域
	明确该网络与上级的连接方式
	明确该网络与下级网络的连接方式
	该网络与相关单位之间互通信息的连接情况
	确认网络边界的划分
VLAN划分	基于端口的划分策略
	基于MAC地址的划分策略
	基于路由的划分策略

续表

名称	内容
基础设施	网络管理：网络性能管理、网络设备管理
	日志信息采集、网络访问审计、系统监测、主机审计
	硬件备份、数据备份
边界防护	防火墙的部署情况
	入侵检测设备部署情况
系统防护	防病毒系统的部署
	桌面管理系统的部署
	审计系统部署
	准入控制系统部署
节点传输	了解身份认证机制
	了解数据加密方式
	数据完整性保护
	访问权限控制

（4）管理现状描述

管理现状描述见表 11-5。

表 11-5　管理现状描述

名称	内容
管理机构	人员
	岗位
	职责
	培训
安全制度	物理安全
	系统与数据库安全
	信息安全领导岗位和职责
	应用安全
	运行安全
	网络安全
风险管理	安全风险分析
	安全风险控制
资源管理	机房环境、办公环境
	介质管理、设备管理
运维管理	用户管理
	运行操作管理
	运行维护管理
	外包服务管理

续表

名称	内容
业务连续性管理	备份与恢复
	安全事件处理
	应急处置
监督检查管理	安全检查
	审计及监管控制
	责任认定
生命周期管理	立项管理
	建设过程管理
	系统启用
	终止管理

（5）业务系统描述

业务系统描述见表 11-6，需列出被检测的所有信息系统的业务状况描述，详见附录 1.3。

表 11-6 业务系统描述

业务系统类型	信息系统名称	信息系统描述
互联网服务类	网站系统	
数据共享连接类	一体化协同办公	
内部业务类	某业务系统	
内部行政办公类	OA系统	

11.5 准备阶段工作

准备工作是实施的起始阶段，为后续的实施完成一些基础性工作，具体工作包括以下几个方面。

（1）成立实施团队

为了保障各项实施工作的顺利开展，被测评单位抽调 2 个和信息安全风险测评实施人员共同组建实施团队。由被评测单位的信息化部门主管领导和安全管理员组成协调小组，主要负责和测评实施组工作对接、商议工作计划、安排评测实施组的现场活动，协调被检测单位各部门或内部人员配合风险测评工作的开展。

（2）形成现场工作计划

在统一组织下，由测评实施组人员与被测评单位联络人员通过电话、邮件等沟通方式，共同讨论、研究，形成《工作计划》。

（3）确定测评实施范围

以《工作计划》为指导，与被测评单位协商确定此次实施的范围，主要内容包含信息系统的种类、数量以及承载信息系统的基础网络和物理环境等各项信息资产。

（4）下发调研表单

通过下发调研表单（详见附录1.2），初步了解测评对象信息系统的运行状况，初步确认测评对象的信息资产，为现场实施阶段做好准备。

（5）确认测评工具和保障条件

对现场测评工具进行核对，进入现场前进行测试，保证工具齐全且能够正常使用。与被测评单位及时沟通，确认测评实施过程中的保障条件，为现场实施工作的顺利开展打下良好的基础。

11.6　实施阶段工作

11.6.1　现场培训

现场召开测评工作启动会议，测评人员介绍本次工作情况，明确测评计划和方案中的内容，说明测评过程中具体的实施工作内容、测评时间、人员安排等。讨论通过测评方案和计划，对方案和计划达成一致。确认现场测评需要的各种资源，确定测评配合人员和需要提供的测评条件。对相关人员进行简单的培训，以期获得被检测单位最大的支持和配合。

培训的具体内容包括以下方面。

① 方案介绍　将准备阶段制定的工作方案和实施方案，向受检单位进行介绍，让受检单位明确工作的流程和方法等。

② 现场实施工作的内容　让受检单位明确现场实施工作内容包括资产识别、威胁识别、技术安全检测、管理安全检测、渗透测试以及现场数据采集和检测项赋值等。

③ 调研表格的填写　按照要求填写信息资产调研表格，包括资产类别、资产的属性、资产所属网络、资产的责任人。

④ 现场实施工作的配合　指定专人配合现场实施工作，包括网络管理员、服务器管理员、数据库管理员、安全管理员以及第三方运维服务人员。

⑤ 检测工具接入方式　在测评中需要使用测评工具，需要为测试工具提供必要的网络接入环境，为工具定制必要的检测策略。

⑥ 现场实施保障条件　由受检方提供工作环境、网络接入环境、供电、打印设备等。

11.6.2　资产识别

11.6.2.1　资产分类

对信息资产进行如下分类（表11-7）：应用系统资产（应用软件）、物理资产、管理资产、网络资产、安全资产、硬件资产和终端资产。其中应用系统资产应按照不同的信息系统分别进行识别，物理资产、网络资产、管理资产和终端资产同属于承载系统的资产，应统一进行识别。针对处于不同应用环境的信息系统资产，应按照各信息系统进行单独录入，如：有部分终端资产属于多个业务系统，应在资产录入时对应至多个业务系统。

表11-7　资产分类

序号	资产类型	资产子类	资产描述
1	应用系统资产	内部行政办公软件系统	OA办公系统等
2		协同共享软件系统	与其他单位进行数据交换或共享系统等
3		对外服务软件系统	门户网站、互联网应用系统等
4		内部业务应用软件系统	人事档案系统、财务系统等
5	物理资产	供电设施	线路供电、UPS、发电机等
6		空调设施	中央空调、精密空调等
7		消防设施	灭火器、烟感探头、火灾报警器
8		监控设施	机房监控和摄像头等
9		防雷、防静电设施	防雷保安器、防静电设施等
10	管理资产	管理制度文档	管理制度、表单、手册等
11		人员	安全管理员、网络管理员、应用系统管理员、业务系统使用人
12		服务	软件开发、第三方运维等
13	网络资产	网络设备（网络资产）	交换机、路由器、负载均衡设备
14	安全资产	安全设备	防火墙、IDS、网络隔离设备、IPS、防毒墙、抗DDOS攻击设备、Web层防护设备等
15		密码设备	加密机（应用层加密）、VPN
16		集中管控系统	防病毒系统、桌面安全管理系统、网络准入控制系统、上网行为管理系统、审计系统（含数据库审计）、CA系统等
17	硬件资产	服务器	小型机、PC Server、操作系统、数据库
18		集中存储设备	盘阵、带库等
19	终端资产	办公局域网终端	台式机、笔记本电脑
20		办公外网终端	台式机、笔记本电脑

11.6.2.2 资产赋值

依据资产的重要程度及其安全属性破坏后可能对组织造成的损失程度，经过评定得出资产等级，最终将资产划分为五级，级别越高表示资产越重要。根据重要程度对资产进行赋值（表11-8），同时为结合等级保护能力建设评价，原则上等保定级为3级的业务系统，应用服务器资产赋值范围是3～5；等保定级为2级的业务系统，应用服务器资产赋值范围是1～4；资产等级的划分是对不同等级的重要性的综合描述。

表11-8 资产赋值

赋值	等级	描述
5	很高	非常重要，其安全属性破坏后可能对组织造成非常严重的损失
4	高	重要，其安全属性破坏后可能对组织造成比较严重的损失
3	中等	比较重要，其安全属性破坏后可能对组织造成中等程度的损失
2	低	不太重要，其安全属性破坏后可能对组织造成较低的损失
1	很低	不重要，其安全属性破坏后对组织造成很小的损失，甚至忽略不计

11.6.3 威胁识别

11.6.3.1 威胁分类

威胁可以通过威胁主体、资源、动机、途径等多种属性来描述，威胁的因素可分为人为因素和环境因素。根据威胁的动机，人为因素又可分为恶意和非恶意两种。环境因素包括自然界不可抗的因素和其他物理因素。威胁作用形式可以是对信息系统直接或间接的攻击，在保密性、完整性和可用性等方面造成损害；也可能是偶发的、蓄意的事件。威胁来源如表11-9所示。

表11-9 威胁来源

威胁来源		威胁描述
环境因素		断电、静电、灰尘、潮湿、温度、鼠蚁虫害、电磁干扰、洪灾、火灾、地震、意外事故等环境危害或自然灾害
人为因素	恶意人员	不满的或有预谋的内部人员对信息系统进行恶意破坏；采用自主或内外勾结的方式盗窃机密信息或进行篡改，获取利益 外部人员利用信息系统的脆弱性，对网络或系统的保密性、完整性和可用性进行破坏，以获取利益或炫耀能力
	非恶意人员	内部人员由于缺乏责任心，或者不关心或不专注，或者没有遵循规章制度和操作流程而导致故障或信息损坏

在对威胁进行分类前，应考虑威胁的来源。对威胁进行分类的方式有多种，

针对威胁的来源，并根据其表现形式，将威胁主要分为以下几类（表11-10）。

表11-10　威胁分类

威胁来源	威胁主体	威胁类别	威胁描述
人为因素	系统合法用户（包括系统管理员和其他授权用户）	操作错误	合法用户工作失误或疏忽的可能性
		滥用授权	合法用户利用自己的权限故意或非故意破坏系统的可能性
		行为抵赖	合法用户对自己操作行为否认的可能性
	系统非法用户（包括权限较低用户和外部攻击者）	身份假冒	非法用户冒充合法用户进行操作的可能性
		口令攻击	非法用户猜测确定用户口令获得访问权限的可能性
		密钥分析	非法用户通过密码生成算法或密码协议获得访问权限的可能性
		漏洞利用	非法用户利用系统的或物理的漏洞侵入系统或物理环境
		拒绝服务	非法用户利用拒绝服务手段攻击系统的可能性
		恶意代码	病毒、特洛伊木马、蠕虫、逻辑炸弹等感染的可能性
		窃取数据	非法用户通过窃听等手段盗取重要数据的可能性
		物理破坏	非法用户利用各种手段对资产物理破坏的可能性
		社会工程	非法用户利用社交等手段获取重要信息的可能性
		数据受损	数据损坏造成业务中断的可能性
	系统合法用户、系统非法用户	管理不到位	合法用户及非法用户利用管理不到位造成信息破坏或数据窃取的可能性
环境因素	系统组件	意外故障	系统的硬件、软件发生意外故障的可能性
		通信中断	数据通信传输过程中发生意外中断的可能性
	物理环境	电源中断	电源发生中断的可能性
		灾难	火灾、水灾、雷击、鼠害、地震等发生的可能性

11.6.3.2　威胁赋值

判断威胁出现的频率是威胁赋值（表11-11）的重要内容，测评人员应根据经验和（或）有关的统计数据来进行判断。在测评中，需要综合考虑以下三个方面，以形成在某种测评环境中各种威胁出现的频率。

- 以往安全事件报告中出现过的威胁及其频率的统计；
- 实际环境中通过检测工具以及各种日志发现的威胁及其频率的统计；
- 近一两年来国际组织发布的对于整个社会或特定行业的威胁及其频率的统计，以及发布的威胁预警。

可以对威胁出现的频率进行等级化处理，不同的等级分别代表威胁出现的频率的高低。等级数值越大，威胁出现的频率越高。威胁赋值及取值表（附录1.4），该表提供了威胁出现频率的一种赋值方法。在实际的评估中，威胁频率的判断依据应在评估准备阶段根据历史统计或行业判断予以确定，并得到被评估方的认可。

表 11-11　威胁赋值

等级	标识	定义
5	很高	出现的频率很高（≥1次/周）；在大多数情况下几乎不可避免；可以证实经常发生
4	高	出现的频率较高（≥1次/月）；在大多情况下很有可能会发生；可以证实多次发生过
3	中等	出现的频率中等（>1次/半年）；在某种情况下可能会发生；被证实曾经发生过
2	低	出现的频率较小；一般不太可能发生；没有被证实发生过
1	很低	威胁几乎不可能发生；仅可能在非常罕见和例外的情况下发生

11.6.4　技术安全检测

11.6.4.1　物理安全检测

通过访谈、现场查看、文档审核等方式，检查机房环境中是否具备保护信息系统的设备、设施、媒体和信息免遭受自然灾害、环境事故、人为物理操作失误、各种以物理手段进行的违规行为造成的破坏、丢失的管理手段和技术措施。

检查信息处理设备的存放场所的安全，检查是否使用相应的安全防护设备和准入控制手段以及有明确标志的安全隔离带进行保护；使这些设备免受未经授权的访问、损害或干扰；根据所确定的具体情况，提供相应的保护。原则上被检测单位有2个或2个以上的机房时应分别进行叙述。

物理安全检测数据包括11项指标：机房位置选择、机房物理访问控制、机房防雷击、机房防火、机房防水和防潮、机房防静电、机房温湿度控制、机房供配电、机房电磁防护、设备安全防护、存储介质安全防护。

物理安全层面主要是对数据中心机房进行检测，依据物理安全数据的检测结果进行分析提取，获得的检测结果分别输入到不同的报告模板中。

11.6.4.2　网络安全检测

通过网络拓扑图核查、设备配置核查、漏洞扫描和渗透测试的方式来检测网络结构、网络设备、安全设备/系统以及安全集中管控系统的使用情况、存在的安全问题等。安全测评中将网络结构分为两个部分，分别为业务外网和业务内网。业务外网主要是承载互联网服务类信息系统的网络，通过部署网络设备和安全设备与国际互联网逻辑隔离；业务内网主要是承载数据共享连接类、内部业务类和内部行政办公类的信息系统的网络，通过部署网络设备和安全设备与业务外网、外部单位的网络、系统内其他单位的网络进行逻辑隔离。

（1）网络结构

检查承载信息系统的网络存在的安全问题：主要包括网络边界的划分、网络边界接入点，网络内安全区域的划分，网络边界和网络内部部署的网络设备，网络边界和网络内部部署的安全设备/系统的安全性。

承载信息系统的网络环境：通过清晰地划分网络边界来确定网络环境的范围。其中网络边界划分包括以下要素：与上级单位的连接点（以路由器/防火墙/隔离设备为节点）、与下级单位的连接点（以路由器/防火墙/隔离设备为节点）、与同级的其他单位的连接点（以路由器/防火墙/隔离设备为节点）、与本单位的其他信息系统的连接点（以路由器/防火墙/隔离设备为节点）、与国际互联网的连接点（以路由器/防火墙/隔离设备为节点）。

网络结构安全检测数据包括网络结构安全、边界完整性保护、网络备份与恢复。网络结构安全主要是依据网络拓扑图对被检测单位的业务外网和业务内网进行检测，依据检测结果进行分析提取，获得的检测结果分别输入到不同的报告模板中。

（2）网络设备

通过登录核查、漏洞扫描、渗透测试和访谈等方式，对承载信息系统的网络中部署的网络设备进行检测，重点检查的网络设备包括路由器和交换机等。

主要检测内容包括版本及更新、接入位置及部署方式、网络结构安全、网络访问控制、网络安全审计、网络设备登录控制、自身安全防护、安全加强、安全策略、运行维护。

网络设备安全主要是对业务外网和业务内网中部署的路由器和交换机进行检测，依据检测结果进行分析提取，获得的检测结果分别输入到不同报告模板中。

（3）安全设备/系统

① 防火墙　防火墙安全检测项包括版本及软件升级、网络结构安全、网络访问控制、规则检查及过滤设置、网络安全审计、网络设备登录控制、安全管理、运行维护。主要是对业务外网和业务内网中部署的防火墙进行检测，依据检测结果进行分析提取，获得的检测结果分别输入到不同报告模板中。

② 入侵检测系统　入侵检测系统检测项包括软件版本、部署方式、网络入侵防范、设备登录控制、自身安全保护。主要是对业务外网和业务内网中部署的入侵检测系统进行检测，依据检测结果进行分析提取，获得的检测结果分别输入到不同报告模板中。

③ 防病毒系统　防病毒系统检测项包括管理服务器、客户端、病毒查杀情况、系统自身安全。主要是对业务外网和业务内网中部署的防病毒系统进行检测，依据检测结果进行分析提取，获得的检测结果分别输入到不同报告模板中。

④ 安全审计系统　安全审计系统检测项包括审计数据产生、审计记录的查阅、审计事件存储、审计系统自防护。主要是对业务外网和业务内网中部署的安全审计系统进行检测，依据检测结果进行分析提取，获得的检测结果分别输入到不同报告模板中。

⑤ 网络隔离设备　网络隔离设备检测项包括版本、更新及资质、接入位置及运行情况、网络结构、规则有效性、是否严格禁止外网对内网的主动访问行为（有特殊需要的例外）、网络安全审计功能、设备登录控制、设备管理功能、设备运行状况监测功能。主要是对业务外网和业务内网中部署的网络隔离设备进行检测，依据检测结果进行分析提取，获得的检测结果分别输入到不同报告模板中。

（4）安全集中管控系统

安全集中管控系统测评将通过人员访谈、查阅文档和实际操作等方式评测信息系统的安全机制和安全数据汇总情况，重点检查安全机制的集中控制和安全相关数据的汇集。主要是对业务外网和业务内网中部署的安全集中管控系统进行检测，依据检测结果进行分析提取，获得的检测结果分别输入到不同报告模板中。

11.6.4.3　应用（系统）安全检测

应用系统应包含互联网服务类信息系统、数据共享类信息系统、内部业务类信息系统和内部行政办公类信息系统，四个类别的应用系统都应按照以下步骤进行检测，具体如表 11-12 所示。

表 11-12　应用系统检测对应表

序号	信息系统类型	所属网络	信息系统名称	检测内容
1	互联网服务类	业务外网	例如网站系统	依据下述（1）、（2）、（3）开展现场检测工作
2	数据共享类	业务内网	例如某系统	依据下述（1）、（2）、（3）开展现场检测工作
3	内部业务类	业务内网	例如某系统	依据下述（1）、（2）、（3）开展现场检测工作
4	内部行政办公类	业务内网	例如OA系统	依据下述（1）、（2）、（3）开展现场检测工作

（1）操作系统

信息系统内包含的服务器中应用服务器操作系统为 Windows、Linux、IBM-AIX 和专用操作系统等。

操作系统数据采集包括用户身份鉴别、自主访问控制、标记与强制访问控制、安全审计、入侵防范、恶意代码防范、资源控制、备份与恢复。依据检测结果进行分析提取，获得的检测结果分别输入到不同报告模板中。

（2）数据库

主要是对 Oracle 和 SQL Server 等数据库服务器进行安全检测，抽样检测的数据库应涵盖此次被检测的信息系统，不同业务应用的数据库都应被覆盖。

数据库数据检测项包括用户身份鉴别、自主访问控制、标记与强制访问控制、安全审计、数据库备份。依据检测结果进行分析提取，获得的检测结果分别输入到不同报告模板中。

（3）应用安全

应用安全检测将通过人员访谈、查阅文档和实际操作等方式评测信息系统的应用安全保障情况。

应用软件安全检测现场数据包括用户身份鉴别、自主访问控制、标记与强制访问控制、安全审计、检错和容错、资源控制、系统开发、部署与运行管理、数据完整性保护、数据保密性保护、数据安全性、数据交换抗抵赖、交易安全（适用于有网上交易的应用系统）、数据备份与恢复、安全测试、密码技术。

依据检测结果进行分析提取，获得的检测结果分别输入到不同的报告模板中。

11.6.4.4 终端安全检测

通过登录核查和访谈的方式，对被检测信息系统内包含的终端计算机和与信息系统存在业务应用关联的终端计算机进行检测。

终端安全检测数据检测包括补丁更新情况、用户身份鉴别、自主访问控制、标记与强制访问控制、安全审计、入侵防范、恶意代码防范、磁盘分区、自带防火墙、桌面管理程序、USB 记录、非法外联行为、上网记录检查、敏感信息文件检查。

依据检测结果进行分析提取，获得的检测结果分别输入到不同的报告模板中。

11.6.5 管理安全检测

通过人员访谈、文档审核和现场查看等方式，分别从安全管理机构、安全管理制度、人员安全管理、信息系统安全等级保护管理测评、信息系统安全建设管理测评、密码管理、信息系统安全运维管理测评、变更管理和信息系统安全集中管控九个方面，对被检测单位的安全管理状况进行全面的检测。管理安全检测相关内容如表 11-13 所示。

表 11-13 管理安全检测

检查类别	检查内容	检查类别	检查内容
安全管理机构	安全管理机构设置	信息系统安全运维管理测评	运行环境管理
	安全管理机构人员配备及职责		资产管理
	安全授权和审批		终端使用控制
	安全管理沟通和合作		存储介质管理
	安全审核和检查		数据安全管理
安全管理制度	安全管理制度的内容		操作规程
	安全管理制度的制定与发布		信息安全责任追究情况
	安全管理制度的评审与修订		安全审计管理
	安全管理制度执行情况		入侵防范管理
人员安全管理	人员岗位管理		安全区域划分
	人员培训与考核管理		设备安全
	人员安全意识教育管理		操作规程
	外部人员访问管理		系统监控
信息系统安全等级保护管理测评	定级和备案管理		网络安全管理
	等级测评管理		访问控制策略
	整改和报备管理		用户访问管理、身份鉴别、用户授权管理
信息系统安全建设管理测评	安全设计管理		网络访问控制、远程控制
	安全产品采购使用管理		主机系统安全管理
	软件自行开发安全管理		备份与恢复管理
	软件外包开发安全管理		恶意代码防范管理
	安全工程实施管理		安全事件处置管理
	安全测试验收管理		应急响应管理
	安全系统交付管理	变更管理	安全变更管理
	安全服务选择管理	信息系统安全集中管控	安全策略集中管理
密码管理	密码管理基本要求		安全制度集中管理
	密码管理情况		安全机制集中控制
	密码设施建设管理情况		安全数据集中管理
	固定密码设施使用情况		安全事件集中管理
			用户授权统一管理
			密码集中管理

依据检测结果进行分析提取，获得的检测结果分别输入到不同的报告模板中。

11.6.6　渗透测试

网络与信息系统渗透测试是指模拟互联网用户和局域网用户，通过漏洞扫描、漏洞利用和权限提升等攻击手段，对系统门户网站、数据共享连接系统和内部业务系统实施远程、非破坏性安全检测，以发现网络与信息系统可能被恶意利用的脆弱环节。

作为信息安全检查、信息安全风险评估和信息系统安全等级保护测评的重要检测手段，渗透测试对三项工作中发现的安全问题进行了较为客观的验证，是全面检测一个单位整体信息安全防护能力的有力措施。

11.6.6.1　渗透测试的范围

在信息安全风险测评工作中，渗透测试的工作范围应包括被测评单位所属的信息系统（不仅限于测评工作范围）及承载信息系统的网络等。具体应包括以下范围：

- 网络：业务外网（与国际互联网连接）和业务内网；
- 信息系统：所有部署在业务外网和业务内网的信息系统；
- 操作系统：Windows、Linux、IBM-AIX、HP-UNIX 和 SUN Solaris 等；
- 数据库：SQL Server、Oracle、DB2、Sybase 和 Mysql 等；
- 中间件：WebLogic、IIS、Apache-Tomcat 和 WebSphere 等；
- 网页脚本：ASP、CGI、JSP 和 PHP 等；
- 网络设备和安全设备：交换机（三层）、路由器、防火墙和负载均衡设备等。

11.6.6.2　渗透测试的方法

渗透测试的主要方法如图 11-10 所示。

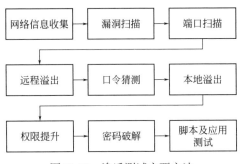

图 11-10　渗透测试主要方法

（1）网络信息收集

通过查看和分析网络拓扑图，获取到网络结构信息、网络安全防护信息和网络设备部署情况。通过访谈网络管理员进一步了解网络设备和安全设备的安全策略、管理方式等。

（2）漏洞扫描

这一步主要针对具体系统目标进行。如通过第一步的信息收集，已经得到了目标系统的 IP 地址分布及对应的域名，并且已经通过一些分析过滤出少许的几个攻击目标，就可以对它们进行有针对性的漏洞扫描。

（3）端口扫描

通过对目标地址的 TCP/UDP 端口扫描，确定其所开放的服务的数量和类型，这是所有渗透测试的基础。通过端口扫描，可以基本确定一个系统的基本信息，结合经验可以确定其可能存在，以及其被利用的安全弱点，为进行深层次的渗透提供依据。

（4）远程溢出

这是当前出现的频率最高、威胁最严重，同时又是最容易实现的一种渗透方法，可利用现成的工具实现远程溢出攻击。

（5）口令猜测

利用一个简单的暴力攻击程序和一个比较完善的字典，就可以猜测口令。对一个系统账号的猜测通常包括两个方面：首先是对用户名的猜测；其次是对密码的猜测。

（6）本地溢出

本地溢出指在拥有了一个普通用户的账号之后，通过一段特殊的指令代码获得管理员权限的方法。

（7）权限提升

通过远程获取到目标的普通用户权限，通过专用工具进行本地权限的提升，进一步获取到管理员权限。

（8）密码破解

通过特殊手段获取到文件的加密口令后，通过 Rainbow Table 技术，对加密口令进行破解。

（9）脚本及应用测试

利用脚本相关弱点可以获取系统其他目录的访问权限，进一步取得系统的控制权限。因此对于含有动态页面的 Web、数据库等系统，Web 脚本及应用测试将是必不可少的一个环节。检查应用系统架构，用以防止用户绕过系统直接修改数据库；检查身份认证模块，用以防止非法用户绕过身份认证；检查数据库接口模块，用以防止用户获取系统权限；检查文件接口模块，用以防止用户获取系统文件。

11.6.6.3　渗透测试的途径

渗透测试的途径与风险可如图 11-11 所示。依据承载信息系统网络的基本特点，将渗透测试的风险分为五个类型：

① 从互联网向业务外网进行渗透测试；

② 从业务外网向业务内网（仅限于局域网）进行渗透测试；

③ 从业务内网（仅限于局域网）向业务外网进行渗透测试；

④ 从业务外网向互联网渗透测试；

⑤ 业务内网（仅限于局域网）与不同 VLAN 之间的渗透测试。

从安全风险的角度看，第一类风险最大，第二类风险其次，第三类风险再次，第四类风险较低，第五类风险最低。

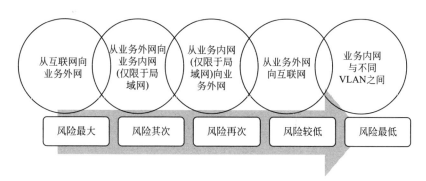

图11-11　渗透测试途径及风险

渗透测试的途径有以下几个方面：

① 渗透测试人员通过互联网向业务外网进行渗透测试，如果成功地控制了外部业务系统的服务器，就验证了网络与信息系统在互联网边界防护方面存在极大的安全风险。

② 渗透测试人员通过接入（有线和无线方式）业务外网向业务内网进行渗透测试，如果成功地控制了内部业务系统的服务器，就验证了网络与信息系统在业务外网和业务内网间安全防护存在较大安全风险。

③ 渗透测试人员通过接入（有线和无线方式）业务外网向互联网进行渗透测试，如果成功地访问到互联网，就验证了网络与信息系统在业务外网和业务内网间安全防护存在一定安全风险。

④ 渗透测试人员通过接入（有线和无线方式）业务内网向业务外网进行渗透测试，如果成功地控制了外部业务系统的服务器，验证了网络与信息系统在互联网边界防护方面存在一定的安全风险。

⑤ 渗透测试人员通过接入（有线和无线方式）业务内网向业务内网不同 VLAN 间进行渗透测试，如果成功地控制了内部业务系统的服务器，验证了业务内网不同区域间存在一定的安全风险。

11.6.7　已有安全措施分析

已有安全控制措施分析是对被检测单位现有的安全控制措施进行调查，明确已经实施的控制措施，并根据被检测单位的安全要求分析该安全措施的有效性。这对于检测人员在对被检测单位进行安全风险计算、分析、提出安全建议来说是一个重要的参考因素。

安全控制措施包括技术措施与管理措施两类，安全控制措施的识别不仅需要考虑措施的制定与实施情况，还需考虑措施的落实情况，对各检测子项中的已有安全措施进行识别。

11.6.8　脆弱性分析与赋值

通过技术安全检测和管理安全检测，将被检测信息系统存在的脆弱性进行采集和输出，主要包括物理脆弱性、网络脆弱性、管理脆弱性和应用脆弱性（包括服务器、数据库、应用软件和终端）四个方面，其中物理脆弱性、网络脆弱性和管理脆弱性为公共部分，应用脆弱性与信息系统关联，即每个信息系统都存在不同应用脆弱性，应分别进行分析和描述。

对脆弱性进行赋值时，将针对每一项需要保护的信息资产，考虑两个关键因素：一是信息资产存在脆弱点的严重程度；二是信息资产存在的脆弱点被威胁所利用的可能性大小。首先对信息资产脆弱性的严重程度进行评估，并找出每一种脆弱性能被威胁所利用的程度，最终为其赋相对等级值。在进行脆弱性赋值时，提供的数据应该来自这些资产的拥有者或使用者，来自相关业务领域的专家以及信息系统软硬件方面的专业人员。采用问卷调查、访谈、漏洞扫描、配置核查、渗透测试等方法提取数据、综合分析，最后采用定性的方式对脆弱性赋值。

脆弱性的分析与赋值与风险计算直接关联，部分内容涉及分析总结阶段的工作，将在本章 11.7.1.2 节中进行叙述。

11.6.9　现场工作小结

召开现场总结会议，测评组汇总现场检测数据及记录，对漏掉和需要进一步验证的内容实施补充检测，对检测过程中发现的问题进行进一步确认。现场工作小结以会议形式开展，说明现场检测的初步情况。

当双方对现场检测结果达成一致意见且被检测单位相关人员认可后，现场检测阶段工作结束。

11.7　总结阶段工作

总结分析阶段主要是通过对现场实施过程中所收集到的数据进行整理、综合分析，根据测评要求完成等级保护测评报告、风险评估报告和信息安全检查报告的编制工作，并通过三类报告结果输出《信息安全风险测评综述报告》。

11.7.1　数据整理

数据整理工作主要是对现场采集的数据按照三类报告的要求进行分类整理，具体内容包括以下几个方面。

11.7.1.1　等级保护测评数据整理工作

本过程主要是通过单项测评结果判定、单元测评结果判定、系统整体测评分析等方法，分析整个系统的安全保护现状与相应等级的保护要求之间的差距。综合评价被测信息系统整体安全保护能力，针对系统存在的主要安全问题提出整改建议。

（1）单项测评结果判定

这里单项是指单个测评项，它对应《信息系统安全等级保护基本要求》中的要求项，例如三级物理安全的"机房防雷击"测评指标的要求项："机房建筑应设置避雷装置，防雷击装置至少应包括避雷针或避雷器等"。

单个测评项的具体内容有两种组成可能，即每个要求项只提出一个方面的要求内容；每个要求项含有两个或者多个要求内容。

"单项测评结果判定"即根据检查结果判定测评项的结果，判定结果包括符合、部分符合和不符合。在实际判断某一测评项结果时，可以通过"优势证据"的原则判定该项的符合情况。首先分析单个测评项是否有多方面的要求内容，依据"优势证据"法针对每一个方面的要求内容，从一个或多个测评证据中选择出"优势证据"，并将"优势证据"与要求内容的预期测评结果相比较。如果测评证据表明所有要求内容与预期测评结果一致，则判定该测评项的单项测评结果为"符合"；如果测评证据表明所有要求内容与预期测评结果不一致，判定该测评项的单项测评结果为"不符合"；否则判定该测评项的单项测评结果为"部分符合"。

（2）单元测评结果判定

《信息系统安全等级保护基本要求》中每一个安全控制点（测评指标）的测评构成一个单元测评。一个测评单元可以在多个测评对象上实施测评，而且一个测评单元往往包含多个测评项。

"单元测评结果判定"即是根据检查结果判定测评指标的结果，判定结果包括符合、部分符合和不符合。在实际判断某一测评单元结果时，如果单元测评指标包含的所有测评项的单项测评结果均为符合或不符合，则该测评对象对应该测评指标的单元测评结果为"符合"或"不符合"；如果单元测评指标包含的所有测评项的单项测评结果不全为符合或不符合，则该测评对象对应该测评指标的单元测评结果为"部分符合"。

11.7.1.2 风险评估数据整理工作

风险评估数据整理工作主要是对风险评估计算方法所需要的四大要素进行整理和分析，并完成系统风险计算工作，具体如下。

（1）四要素的整理和分析

风险评估中需要收集到的四要素为资产权重、威胁值、脆弱性值和已有安全措施。由于在现场工作中，已经完成了资产、威胁赋值工作，并对已有安全措施进行了核查，在此阶段主要是根据报告要求对上述三要素进行整理。

脆弱性赋值工作是通过整理安全检测现场数据采集表单，将被测资产的脆弱性的核查结果进行综合分析，并按照脆弱性分析表单的要求，完成被测系统的脆弱性分析和赋值工作。

关于公共部分安全管理、物理安全、网络安全三个层面的脆弱性分析与赋值，需要注意的是一个被检测单位安全管理部分统一输出一份脆弱性赋值表单，物理安全部分脆弱性赋值数量与被检测机房数量要一致，网络安全部分应输出一份内网脆弱性赋值表单和外网脆弱性赋值表单。

（2）系统风险计算

风险评估计算要素收集完成后，通过计算业务系统的风险值模型得出被评估单位各业务系统的风险程度，从而得出被评估单位业务系统安全状况。

风险评估四要素的整理分析工作后，根据脆弱性与威胁关联表单，进一步论证各类威胁作用到不同脆弱性检测项的可能性，分析两者之间的关联关系，计算出系统的脆弱性与威胁关联值，计算完成之后将系统的脆弱性威胁关联值乘以应用系统的权重值，可得出业务系统的风险值。风险计算的原理如图 11-12 所示。

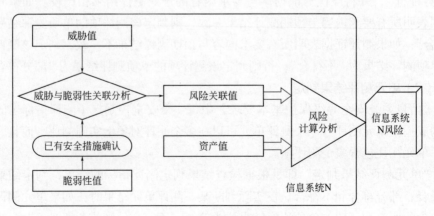

图 11-12　风险计算原理

在风险计算过程中，所有被检测系统的管理脆弱性取值均一致，物理安全脆弱性值提取需要根据业务系统部署的物理环境作为被检测系统脆弱性的值，如果一个被检测系统分布到多个机房，则取最高的赋值作为该系统物理安全的脆弱性的赋值。网络安全脆弱性值提取需要根据业务系统部署的网络环境作为被检测系统脆弱性值。

11.7.1.3 信息安全检查数据整理工作

依据安全测评表单输出的安全检查表单，进行数据的收集整理工作。收集整理的数据包括网络安全架构、网络设备、安全设备、服务器、终端计算机、安全性验证等方面的检查结果。此外，还应收集与上述检查对象相关的等级保护检查结果和风险评估检查结果。

11.7.2 综合分析

综合分析工作主要是在数据整理完成后，针对输出的三类报告模板格式以等级保护、风险评估、信息安全检查的顺序依次进行分析，主要内容包括以下几个方面。

（1）等级保护综合分析

仅仅靠单项测评和单元测评的结果判定并不能真实地反映出安全的实际情况，为此在完成前面工作之后，需要实施人员进一步对系统进行整体测评。针对单项测评结果的不完全符合项，采取逐条判定的方法，从安全控制间、层面间和区域间出发考虑，给出整体测评的具体结果，并对系统结构进行整体安全测评。整体测评的方法是首先从安全控制间、层面间、区域间和系统结构方面逐一对单元测评中的不完全符合项（不符合项或部分符合项）进行风险分析，通过分析不完全符合项可能面临的威胁，确定是否有其他安全措施可规避该威胁产生的风险。最终，根据风险分析的结果，将能规避风险的不完全符合项的测评结果调整为符合。

（2）风险评估综合分析

根据等级保护测评中存在的不符合项和综合分析的结果，并结合风险评估中发现问题的脆弱性严重程度及对业务风险的高低进行综合分析，提出降低风险的技术与管理的安全建议。建议一般会明确提出风险控制建议的优先度，便于用户在评估后根据检测出的安全风险制定风险管理计划。

（3）信息安全检查综合分析

在信息安全检查综合分析阶段，应依据安全测评表单输出的安全检查表，并结合等级保护测评和风险评估的检测结果，分析总结被查对象已采取的各种安全措施，以及尚存在的主要安全问题。应从安全技术、安全管理两个大的方面，归纳总结出整个网络与信息系统所存在的主要安全问题。

11.7.3　报告编制

综合数据整理和分析的结果，根据报告模板编写等保测评报告、风险评估报告和信息安全检查报告，针对每个被测评信息系统均要形成一份等保测评报告，针对每个被检测单位各形成一份风险评估报告和信息安全检查报告。

（1）《等级保护测评报告》的编制

综合等级保护测评分析过程及最终结论，编制测评报告。测评报告包括两个文档，即《等级保护测评报告》和《等级保护测评报告附件》，《等级保护测评报告》是测评报告的主体文档，该文档应包括但不局限于以下内容：测评项目概述、被测信息系统情况、等级测评范围与方法、单元测评、整体测评、总体安全状况分析、问题处置建议等。其中，概述部分描述被测系统的总体情况、测评的主要目的和依据。

在编制信息系统测评报告时，公共部分（包括安全管理、物理安全、网络安全、终端安全、存储系统、安全集中管控技术等）的测评结果需整合到相应信息系统测评报告中。其中，物理安全测评结果应根据信息系统所在的物理机房环境，确定报告编写的内容；网络安全和安全集中管控技术应根据信息系统的所在的网络区域，确定报告编写的内容；存储系统应根据信息系统使用存储系统的情况，确定报告编写的内容；安全管理和终端安全的测评结果覆盖所有的信息系统的测评报告。

等保测评报告中系统资产与测评对象的重要程度，参照风险评估的资产赋值表，4～5分为重要、2～3分为一般、1分为不重要。

（2）《风险评估报告》的编制

综合风险分析过程及最终结论，编制风险评估报告。报告包括两个文档，即《风险评估报告》和《风险评估报告附件》，《风险评估报告》是评估报告的主体文档，该文档应包括但不局限于以下内容：测评项目概述、评估对象描述、资产识别与分析、威胁识别与分析、脆弱性识别与分析、风险计算与分析、综合分析与建议等。

（3）《信息安全检查报告》的编写

《信息安全检查报告》包括两份文档，即《信息安全检查报告》和《信息安全检查报告附件》。其中，《信息安全检查报告》是检查报告的主体文档，该文档应包括以下内容：报告综述、安全检查工作概述、检查内容和方法、检查对象基本情况、安全检查的结果、安全检查结果综述、整改建议等内容；《信息安全检查报告附件》包括脆弱性扫描结果、服务器检查结果、终端检查结果、安全管理检查结果四项内容。

（4）报告综述

完成三个类型的报告后，提取等保测评报告中的信息系统等保测评分值、风险评估报告中的风险计算结果，根据各报告中的问题分析内容，给出被检测单位的整体问题分析和安全建议。该综述报告包括以下内容：项目概述、测评对象、信息安全现状分析、测评结果、安全问题及整改建议五大部分。

第12章 信息安全风险控制方法——安全基线配置

本章讲述的是网络与信息系统安全基线配置流程及方法，明确安全基线配置目标、如何制定安全基线规范、在实际过程中如何使用安全基线规范，并明确安全基线配置的作用及日常运维过程中的更新及维护。通过本章的介绍会明确网络与信息系统的安全基线配置检查周期等各项工作，结合基线配置规范和技术指南模板示例，会更明确安全基线配置的作用和内容。

12.1 明确安全基线配置作业需求

安全基线配置主要是满足业务系统中设备功能和配置方面的基本安全要求，是信息系统的最基本的、必须满足的安全要求。一旦确认安全基线配置使用场景，可以通过安全基线配置相关输出结果，可以真实、准确地发现系统或设备上的安全配置情况，例如：

- 路由器、交换机等网络设备的配置是否最优，是否配置了安全参数；
- 安全设备的接入方式是否正确，是否最大化地利用了其安全功能而又占用系统资源最小，是否影响业务和系统的正常运行；
- 主机服务器的安全配置策略是否严谨有效；

- 是否配置最优，实现其最优功能和性能，保证网络系统的正常运行；
- 自身的保护机制是否实现；
- 管理机制是否安全；
- 为网络提供的保护措施是否正常和正确；
- 是否定期升级或更新系统；
- 是否存在未打补丁的情况等。

12.2　建立安全基线配置管理规范

安全基线配置是安全评估、安全检查及等级保护测评过程中的重要手段，它可以覆盖到信息系统全生命周期管理中，包括信息系统上线、运维管理等环节，按照技术规范要求进行安全配置。安全管理人员可在信息系统工程验收、检查评估和安全加固等环节，按照相应的技术检查规范要求进行。为了加强信息系统上线前的安全规范管理，可以把安全基线配置加入上线管理流程中，原则上未达到安全基线配置要求的信息系统不得上线运行，特殊情况下无法达到安全基线配置的信息系统需审批或备案。

在制定安全基线配置基础规范要求时，需重点考虑不同的系统类型、系统差距及使用基线的具体管理要求等因素。安全基线配置管理对象可参考等级保护对象类型制定，可包括网络设备、安全设备、主机操作系统、中间件、数据库和桌面终端操作系统等。同时还考虑了不同的网络应用范围的权重，如安全基线配置需考察不同网络环境的适用性，需覆盖范围包括业务专网、外联网和互联网。所以建议在制定安全基线配置技术规范、技术要求时，可分为基本技术要求和增强技术要求进行适用，如业务专网部署各类系统应遵循基本要求进行配置和检查，外联网和互联网部署各类系统除应遵循基本要求外，还应遵循增强要求进行配置和检查。

除明确相关安全技术规范要求外，还需明确或制定基于资产类型的安全配置操作指南，供实际运维操作和安全检查时参考使用，表 12-1 列举了通用的安全基线配置类型示例。

表 12-1　通用安全基线配置类型示例

序号	类别	内容
1	主机操作系统	• Windows • AIX • Linux • HP-Unix

续表

序号	类别	内容
2	网络设备	· Cisco · HUAWEI · H3C · 迈普
3	数据库	· Oracle · SQL Server
4	安全设备	· 天融信防火墙 · 网神防火墙
5	桌面终端操作系统	· Windows
6	中间件	· WebLogic

具体涉及安全基线配置工作内容包括：

① 针对 Unix 系统（AIX、HP-UX 等）和 Linux 系统（Redhat、Ubuntu 等）检查项包括基本信息检查，系统版本、补丁检查及漏洞检查，用户账号及口令清查，系统授权验证，检查用户登录日志设置、登录失败日志和各种操作日志，系统网络应用配置检查。

② 针对 Windows Server 系统检查项包括系统基本信息、操作系统版本补丁检查、各分区文件格式检查、自动更新检查、系统时钟检查、用户身份检查、用户登录和密码检查、系统授权检查、日志检查、系统网络应用配置检查、防火墙和防病毒软件检查。

③ 针对数据库的检查项包括用户身份验证、用户登录和密码验证、系统授权验证、日志检查。

④ 针对中间件（Apache、WebLogic 等）检查项包括账号管理、口令管理、补丁漏洞管理、安全配置、日志审计。

12.3 制定安全基线配置模板

安全基线配置主要依据是参考国家等级保护的基本要求，同时结合信息安全检查和风险评估过程输出结果的要求为基准。在具体实际操作环境中，针对不同业务信息的安全性要求和系统服务的连续性要求是有差异的。即使具有相同安全保护等级的信息系统，其对业务信息的安全性要求和系统服务的连续性要求也有差异，在进行安全基线配置时需关注其他方面的结合。

一方面要重点考虑与等级保护的结合，重点关注等级保护基本要求中的相关要求，例如：

① 等级保护基本要求中的 S 类（业务信息安全保护类）。需关注的是保护数据在存储、传输、处理过程中不被泄露、破坏和免受未授权的修改。如在安全基线具体实践（S3）中代表需要符合等保三级要求。

② 等级保护基本要求中的 A 类（系统服务安全保护类）。需关注的是保护系统连续正常的运行，避免因对系统的未授权修改、破坏而导致系统不可用。如在安全基线具体实践（A3）中数字 3 代表需要符合等保三级要求。

③ 等级保护基本要求中的 G 类（通用安全保护类）。既关注保护业务信息的安全性，同时也关注保护系统的连续可用性。如在安全基线具体实践（G3）中数字 3 代表需要符合等保三级要求。

另一方面需重点关注账号口令、访问控制、安全审计、设备防护等层面问题：

① 账号口令层面。需关注管理用户身份标识，它应具有不易被冒用的特点，口令应有复杂度要求并定期更换。

② 访问控制层面。应根据管理用户的角色分配权限，实现管理用户的权限分离，仅授予管理用户所需的最小权限。

③ 安全审计层面。应保证无法单独中断审计进程，无法删除、修改或覆盖审计记录；审计记录的内容至少应包括事件的日期、时间、发起者信息、类型、描述和结果等；应提供对审计记录数据进行统计、查询、分析及生成审计报表的功能。

④ 设备防护层面。应具有登录失败处理功能，可采取结束会话、限制非法登录次数结合当网络登录连接超时自动退出等措施。当对网络设备进行远程管理时，应采取必要措施防止鉴别信息在网络传输过程中被窃听。

安全基线配置模板如图 12-1 所示。

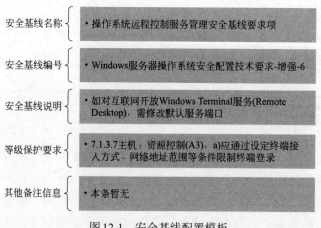

图 12-1 安全基线配置模板

针对不同设备类型，要区分基础技术要求和增强技术要求，以 Windows 系统检查项为示例：

① 服务器操作系统安全配置技术要求 -Windows 服务器安全配置技术要求 -账户管理 - 管理缺省账户，见表 12-2。

表12-2　操作系统缺省账户安全基线要求

安全基线名称	操作系统缺省账户安全基线要求项
安全基线编号	Windows服务器操作系统安全配置技术要求-基本-1
安全基线说明	对于管理员账号，要求更改缺省账户名称，禁用guest（来宾）账号
等级保护基本要求	7.1.3.1 主机：身份鉴别（S3），a）应对登录操作系统和数据库系统的用户进行身份标识和鉴别 7.1.3.2 主机：访问控制（S3），d）应禁用或严格限制默认账户的访问权限，重命名系统默认账户，修改这些账户的默认口令
备注	

② 服务器操作系统安全配置技术要求 -Windows 服务器安全配置技术要求 -账户管理 - 按照用户分配账户，见表 12-3。

表12-3　操作系统账户划分安全基线要求

安全基线名称	操作系统用户账户划分安全基线要求项
安全基线编号	Windows服务器操作系统安全配置技术要求-基本-2
安全基线说明	按照用户分配账户。根据系统的要求，设定不同的账户和账户组，管理员用户，数据库用户，审计用户，来宾用户等
等级保护基本要求	7.1.3.1 主机：身份鉴别（S3），e）应为操作系统和数据库系统的不同用户分配不同的用户名，确保用户名具有唯一性 7.1.3.2 主机：访问控制（S3），e）应及时删除多余的、过期的账户，避免共享账户的存在
备注	

③ 服务器操作系统安全配置技术要求 -Windows 服务器安全配置技术要求 -账户管理 - 删除与设备无关账户，见表 12-4。

表12-4　操作系统与设备无关账户安全基线要求

安全基线名称	操作系统与设备无关账户安全基线要求项
安全基线编号	Windows服务器操作系统安全配置技术要求-基本-3
安全基线说明	删除或锁定与设备运行、维护等与工作无关的账户
等级保护基本要求	7.1.3.1 主机：身份鉴别（S3），e）应为操作系统和数据库系统的不同用户分配不同的用户名，确保用户名具有唯一性 7.1.3.2 主机：访问控制（S3），e）应及时删除多余的、过期的账户，避免共享账户的存在
备注	

④ 服务器操作系统安全配置技术要求 -Windows 服务器增强安全配置 - 认证授权 - 用户权利指派，见表 12-5。

表 12-5　操作系统权利指派策略安全基线要求

安全基线名称	操作系统用户权利指派策略安全基线要求项
安全基线编号	Windows服务器操作系统安全配置技术要求-增强-1
安全基线说明	在本地安全设置中取得文件或其他对象的所有权仅指派给Administrators
等级保护基本要求	7.1.3.2 主机：访问控制（S3），a）应启用访问控制功能，依据安全策略控制用户对资源的访问
备注	

⑤ 服务器操作系统安全配置技术要求 -Windows 服务器增强安全配置 - 认证授权 - 授权账户从网络访问，见表 12-6。

表 12-6　操作系统用户授权从网络访问安全基线要求

安全基线名称	操作系统用户授权从网络访问安全基线要求项
安全基线编号	Windows服务器操作系统安全配置技术要求-增强-2
安全基线说明	在组策略中只许可授权账号从网络访问（包括网络共享等，但不包括终端服务）此计算机
等级保护基本要求	7.1.3.2 主机：访问控制（S3），a）应启用访问控制功能，依据安全策略控制用户对资源的访问
备注	

12.4　现场基线配置检查确认

在实际操作过程中，安全基线配置结果作为现场关键检查过程之一，原始的检查结果及素材，可以统一作为输入项，分别作等保测评、安全检查和风险评估团队的过程内容。既避免被检查单位系统管理员频繁操作系统，造成系统业务影响，又能提升并统一现场检查的效率。安全基线配置现场检查确认主要是依托于现场的技术基线检查和管理基线审核后，再通过实际访谈和测试分析，最后确认现场检查结果符合实际环境要求。安全基线配置检查流程如图 12-2 所示。

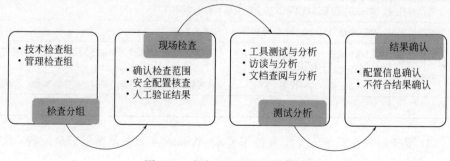

图 12-2　安全基线配置检查流程

在实际检查过程中，安全基线检查也需明确统一流程，明确各阶段的交付要求和配合内容。如在明确管理和技术检查分组后，需被检查单位提供资产范围，检查范围可采取现场全量检查及抽样方式进行，检查方式可通过离线检查脚本工具和人工辅助方式结合完成现场检查工作，但抽样原则需保证设备类型及版本尽量覆盖全面，配置检查内容包括操作系统、数据库、中间件、网络设备及业务终端，依据检查表单及脚本可输出安全配置的符合结果。

安全基线配置操作需在具体在业务系统上执行，为了避免现场实施安全配置检查时影响到业务系统的正常运行，需提前明确或采取相关风险规避措施，如在业务系统检查前对重要信息进行备份等，其他措施如下：

- 备份配置信息包括但不限于数据库配置信息、应用配置信息、主机设备配置文件、网络设备 IOS、网络设备配置信息、安全设备配置信息等。
- 建议可在业务闲时对重要业务数据进行备份。
- 备份完成后建议测试备份配置信息及其数据的可用性。

12.4.1　技术基线检查

（1）物理安全

物理安全检查主要通过访谈和检查的方式测评信息系统的物理安全保障情况，主要涉及对象为屏蔽机房和数据中心机房等。物理安全基线检查如图 12-3 所示。

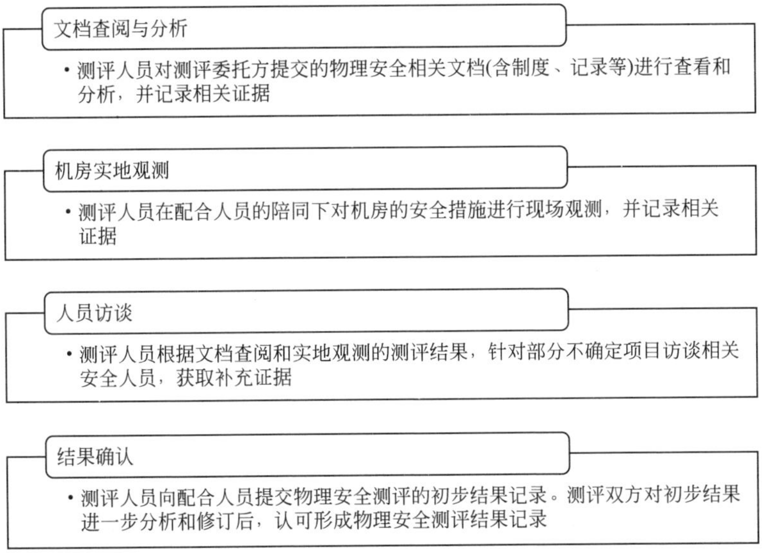

文档查阅与分析
- 测评人员对测评委托方提交的物理安全相关文档(含制度、记录等)进行查看和分析，并记录相关证据

机房实地观测
- 测评人员在配合人员的陪同下对机房的安全措施进行现场观测，并记录相关证据

人员访谈
- 测评人员根据文档查阅和实地观测的测评结果，针对部分不确定项目访谈相关安全人员，获取补充证据

结果确认
- 测评人员向配合人员提交物理安全测评的初步结果记录。测评双方对初步结果进一步分析和修订后，认可形成物理安全测评结果记录

图 12-3　物理安全基线检查

（2）网络安全

网络安全检查主要通过访谈、检查和测试的方式测评信息系统的网络安全保障情况，主要涉及对象为网络互联设备、网络安全设备和网络拓扑结构三大类。具体为核心交换机、接入交换机、接入路由器和拨号接入路由器等网络互联设备；入侵检测系统、防火墙等网络安全设备；整体网络拓扑结构。网络安全基线检查如图 12-4 所示。

安全配置核查与人工验证
- 由测评人员分别针对选定的网络互联和安全设备的安全防护能力提出测评要求，配合人员通过展示具体配置参数或实际操作/演练等方法来提供测评证据，并由测评人员进行记录

工具测试与分析
- 将漏洞扫描工具接入选定的交换机端口，对网络设备和安全设备进行扫描，协议分析工具接入选定的交换机配置的镜像端口，进行监听和数据包捕捉，并对漏洞扫描结果和抓包结果进行初步分析，对入侵检测设备记录结果进行初步分析，记录相关结果

访谈与分析
- 测评人员访谈网络运维相关人员，并对照网络拓扑图分析网络架构与网络划分、区域隔离情况，记录相关结果

文档查阅与分析
- 测评人员根据安全配置核查、人工验证和网络监听与分析的测评结果，针对部分不确定项目查阅相关的安全文档，获取补充证据

结果确认
- 测评人员向配合人员提交网络安全测评的初步结果记录。测评双方对初步结果进一步分析和修订后，认可形成网络安全测评结果记录

图 12-4　网络安全基线检查

（3）主机安全

主机系统安全检查将通过访谈、检查和测试的方式测评信息系统的主机系统安全保障情况。测评重点包括各应用服务器、数据库服务器等的操作系统以及数据库管理系统。主机安全基线检查如图 12-5 所示。

（4）应用安全

应用安全检查主要通过访谈、检查和测试的方式进行，测评本次被测系统的应用安全保障情况，主要涉及对象为各类应用系统软件和业务系统应用等。应用安全基线检查如图 12-6 所示。

安全配置核查与人工验证

- 由测评人员分别针对选定的主机设备的安全防护能力提出测评要求，配合人员通过展示具体配置参数或实际操作/演练等方法来提供测评证据，并由测评人员进行记录

工具测试与分析

- 将漏洞扫描工具接入选定的交换机端口，对主机设备进行漏洞扫描，并对漏洞扫描结果进行初步分析，对入侵检测设备记录结果进行初步分析，记录相关结果

访谈与分析

- 测评人员访谈主机管理相关人员，并对照配置核查及工具测试情况，记录相关结果

文档查阅与分析

- 测评人员根据安全配置核查、人工验证和工具测试与分析的测评结果，针对部分个确定项目查阅相关的安全文档，获取补充证据

结果确认

- 测评人员向配合人员提交主机安全测评的初步结果记录。测评双方对初步结果进一步分析和修订后，认可形成主机安全测评结果记录

图12-5　主机安全基线检查

安全配置核查与人工验证

- 测评人员分别针对被测应用系统的安全防护能力提出测评要求，配合人员通过展示具体配置参数或实际操作/演练等方法来提供测评证据，由测评人员进行记录

工具测试与分析

- 将漏洞扫描工具接入选定的交换机端口，对应用系统进行扫描，协议分析工县接入选定的交换机端口，进行监听和数据包捕捉，并对漏洞扫描结果和抓包结果进行初步分析，记录相关结果

访谈与分析

- 测评人员访谈主机管理相关人员，并对照配置核查及工具测试情况，记录相关结果

文档查阅与分析

- 测评人员根据安全配置核查、人工验证和工具测试与分析的测评结果，针对部分不确定项目查阅相关的安全文档，获取补充证据

结果确认

- 测评人员向配合人员提交应用安全测评的初步结果记录。测评双方对初步结果进一步分析和修订后，认可形成应用安全测评结果记录

图12-6　应用安全基线检查

（5）数据安全及备份恢复

数据安全及备份恢复检查主要通过访谈、检查和测试的方式进行，测评本次被测系统的数据安全保障以及备份恢复功能实现情况，主要涉及对象为业务数据、应用程序文件、应用系统的配置文件、网络 / 安全设备的配置文件等。数据安全及备份恢复基线检查如图 12-7 所示。

安全配置核查与人工验证
- 由测评人员分别针对被测系统的数据安全保障和备份恢复能力提出测评要求，配合人员通过展示具体配置参数或实际操作/演练等方法来提供测评证据，并由测评人员进行记录

工具测试与分析
- 将协议分析工县接入选定的交换机端口，进行监听和数据包捕捉，并对抓包结果进行初步分析，记录相关结果

访谈与分析
- 测评人员访谈数据安全管理相关人员，并对照配置核查及工具测试情况，记录相关结果

文档查阅与分析
- 测评人员根据安全配置核查、人工验证和工具测试与分析的测评结果，针对部分不确定项目查阅相关的安全文档，获取补充证据

结果确认
- 测评人员向配合人员提交数据安全及备份恢复测评的初步结果记录。测评双方对初步结果进一步分析和修订后，认可形成数据安全及备份恢复测评结果记录

图 12-7　数据安全及备份恢复基线检查

12.4.2　管理基线审核

管理安全基线见表 12-7。

表 12-7　管理安全基线

安全管理制度	文档查阅与分析	测评人员对测评委托方提交的安全管理文档（如制度、记录等）进行查看和分析，并记录相关证据
	人员访谈	测评人员根据文档查阅和分析的测评结果，针对部分不确定项目访谈相关安全人员，获取补充证据
	结果确认	测评人员向配合人员提交安全管理制度测评的初步结果记录。测评双方对初步结果进一步分析和修订后，认可形成安全管理制度测评结果记录

续表

安全管理机构	文档查阅与分析	测评人员对测评委托方提交的安全管理文档（如制度、记录等）进行查看和分析，并记录相关证据
	人员访谈	测评人员根据文档查阅和分析的测评结果，针对部分不确定项目访谈相关安全人员，获取补充证据
	结果确认	测评人员向配合人员提交安全管理机构测评的初步结果记录。测评双方对初步结果进一步分析和修订后，认可形成安全管理机构测评结果记录
人员安全管理	文档查阅与分析	测评人员对测评委托方提交的安全管理文档（如制度、记录等）进行查看和分析，并记录相关证据
	人员访谈	测评人员根据文档查阅和分析的测评结果，针对部分不确定项目访谈相关安全人员，获取补充证据
	结果确认	测评人员向配合人员提交人员安全管理测评的初步结果记录。测评双方对初步结果进一步分析和修订后，认可形成人员安全管理测评结果记录
系统建设管理	文档查阅与分析	测评人员对测评委托方提交的安全管理文档（如制度、记录等）进行查看和分析，并记录相关证据
	人员访谈	测评人员根据文档查阅和分析的测评结果，针对部分不确定项目访谈相关安全人员，获取补充证据
	结果确认	测评人员向配合人员提交系统建设管理测评的初步结果记录。测评双方对初步结果进一步分析和修订后，认可形成系统建设管理测评结果记录
系统运维管理	文档查阅与分析	测评人员对测评委托方提交的安全管理文档（如制度、记录等）进行查看和分析，并记录相关证据
	人员访谈	测评人员根据文档查阅和分析的测评结果，针对部分不确定项目访谈相关安全人员，获取补充证据
	结果确认	测评人员向配合人员提交系统运维管理测评的初步结果记录。测评双方对初步结果进一步分析和修订后，认可形成系统运维管理测评结果记录

12.5　基于安全基线要求的整改加固

依据安全基线配置规范要求，再通过实际现场检查确认和反馈，针对于典型的系统，可汇总各类业务系统、设备的安全基线检查最佳实践，输出安全基线配置指南，用来指导日常安全整改加固工作：

与安全配置技术要求不同，安全基线配置指南需明确操作步骤及满足的基线符合依据，以下以 Cisco 网络设备配置基线指南要求为示例，说明与安全基线规范的差异：

① Cisco 路由器在安全基线指南中基本安全配置 - 账号管理用户账号分配。Cisco 路由器（安全基线）基本安全配置见表 12-8。

表 12-8　Cisco 路由器（安全基线）基本安全配置

安全基线名称	用户账号分配安全基线要求项
安全基线编号	网络设备安全配置操作指南-基本-1
安全基线说明	应按照用户分配账号，避免不同用户间共享账号，避免用户账号和设备间通信使用的账号共享
检测操作步骤	aaa local-user user1 password cipher PWD1 local-user user1 service-type telnet local-user user2 password cipher PWD2 local-user user2 service-type ftp # user-interface vty 0 4 authentication-mode aaa
基线符合性判定依据	用配置中没有的用户名去登录，结果是不能登录 （display current-configuration configuration aaa）
等级保护基本要求	7.1.2.3 网络：网络设备防护（G3），c）网络设备用户的标识应唯一
备注	

② Cisco 路由器在安全基线指南中强安全配置 - 安全防护 - 过滤常见已知攻击。Cisco 路由器（安全基线）强安全配置见表 12-9。

表 12-9　Cisco 路由器（安全基线）强安全配置

安全基线名称	过滤常见已知攻击
安全基线编号	网络设备安全配置操作指南-增强-4
安全基线说明	网络设备通过ACL过滤常见已知攻击。在网络边界，设置安全访问控制列表，过滤掉已知安全攻击数据包，例如TCP 1434端口（防止SQL slammer蠕虫）、tcp445，5800，5900（防止Della蠕虫）
检测操作步骤	常见的ACL控制列表示意如下： Router（config）# no access-list 102 Router（config）# access-list 102 deny tcp any any eq 445 log Router（config）# access-list 102 deny tcp any any eq 5800 log Router（config）# access-list 102 deny tcp any any eq 5900 log Router（config）# access-list 102 deny udp any any eq 1434 log Router（config）#access-list 102 deny udp destination-port eq tftp log Router（config）#access-list 102 deny tcp destination-port eq 135 log Router（config）#access-list 102 deny udp destination-port eq 137 log Router（config）#access-list 102 deny udp destination-port eq 138 log Router（config）#access-list 102 deny tcp destination-port eq 139 log Router（config）#access-list 102 deny udp destination-port eq netbios-ssn log Router（config）#access-list 102 deny tcp destination-port eq 539 log Router（config）#access-list 102 deny udp destination-port eq 539 log Router（config）#access-list 102 deny tcp destination-port eq 593 log 补充操作说明 ACL具体配置按照实际需要进行

基线符合性判定依据	使用show running-config命令，查看是否有如access-list XX 此类配置
等级保护基本要求	7.1.2.3网络：网络入侵防范（G3），a）应在网络边界处监视以下攻击行为：端口扫描、强力攻击、木马后门攻击、拒绝服务攻击、缓冲区溢出攻击、IP碎片攻击和网络蠕虫攻击等
备注	

12.6　安全基线配置模板的修订

安全基线配置模板无论是现场实施过程检查，还是作为常规安全整改加固参考，都会遇到方方面面的问题，存在不适用项或不满足项，这就需要在实际工作中按照系统实际配置要求进行调整，梳理常见的检查问题，并不断积累有效的整改建议，定期依据业务系统应用的变化及业务目标变化进行调整。

安全基线配置模板修订原则和周期至少按年度开展，如果核心系统可以按半年为周期，建议从基线需求确认开始，明确基线管理规范标准，加强日常安全检查，完善差异需求更新反馈及基线模板修订等流程，不断细化和完善安全基线检查准确度和系统符合性，把安全基线配置工作作为日常安全运维管理中的必备操作措施或手段。

第13章 信息安全风险控制方法——服务器信息安全加固

本章所讲述的服务器信息安全加固方法、流程及内容等是以一个中等规模的企事业单位为范例，该类单位具有完整的网络与信息系统部署，具备独立的网络与信息系统运维能力，既有上级的主管部门，又有下属的分支机构。该企事业单位开展过信息系统安全等级保护定级、测评的相关工作，进行过等保建设整改工作。

13.1 信息安全加固的目的及意义

13.1.1 精准实施信息安全风险控制

服务器信息安全加固是根据信息安全风险测评结果，制定相应的加固方案，针对不同类别的加固对象，通过补丁更新、修改安全配置、增加安全机制等方法，合理进行安全性加强。其主要目的是将消除与降低安全隐患、周期性的评估和加固工作相结合，尽可能避免安全风险的发生。网络与信息系统经常会面临内部和外部威胁的风险，网络安全已经成为影响信息系统的关键问题。虽然传统的防火墙等各类安全产品能提供外围的安全防护，但并不能真正彻底地消除信息系统上的安全漏洞和隐患。

网络与信息系统的各种设备、操作系统、数据库和应用系统，存在大量的安全漏洞，例如安装、配置不符合安全要求，被注入木马程序，安全漏洞没有及时修补，应用服务和应用程序滥用，开放不必要的端口和服务等。这些漏洞会成为各种信息安全问题的隐患，一旦漏洞被有意或无意地利用，就会对网络与信息系统的运行造成不利影响，如信息系统被攻击或控制、重要资料被窃取、用户数据被篡改。面对上述安全问题，服务器信息安全加固是一个比较好的解决方案。

13.1.2　紧密结合等级保护整改建设

服务器信息安全加固是等保建设整改工作的重要组成部分，也是等保建设整改工作的难点和关键，涉及多个层面的内容。通过服务器信息安全加固可进一步完善安全防护机制，在主机层面、应用层面和数据层面提升安全保护能力，有效地提高等级保护测评结果的符合率。

为贯彻落实信息系统安全等级保护建设整改的有关要求，与信息系统安全等级保护测评工作有机的结合，通过服务器信息安全加固，堵塞服务器存在的安全漏洞、加强数据库和中间件的安全运行能力，进一步提升服务器的单点防护能力，从主机安全层面和应用安全层面，达到信息系统安全等级保护的基本要求。

目前各类信息系统服务器上主要运行的操作系统主要为 Windows Server 2003/2008/2012、Linux 、HP-UNIX、IBM-AIX 等几类，数据库主要采用 Oracle、SQL Server、MySql 等类型，中间件采用 WebLogic、Aphace Tomcat 和 IIS 等类型，其中部分服务器采用虚拟机集群方式部署。

服务器信息安全加固是以等级保护测评结果为出发点，通过对差距测评结果的整理分析，进一步梳理出服务器的整改加固项，通过安全加固的实施以到达用户身份鉴别、自主访问控制、安全审计、入侵防范、恶意代码防范、资源控制和备份与恢复的基本要求。

13.1.3　严格依据等级保护测评结果

服务器信息安全加固主要是依据信息系统安全等级保护测评结果对服务器进行安全配置和补丁更新等操作，需要对等保测评结果进行较为深入的分析，并参照安全加固可行性分析结果梳理服务器加固的内容，具体的分析步骤如图 13-1 所示。

13.1.4　有效提高等级保护测评符合率

通过信息安全加固符合性分析可以对加固后的效果进行有效性验证，对于等级保护测评符合率可以进行较为客观的评价。信息安全加固符合性分析主要是依据服务器安全加固结果确认单、安全加固记录单和系统业务功能验证单，对安全加固的内容进一步分析和总结，对每个服务器上安装的操作系统、数据库、中间件中已加固成功的项和未加固成功的项进行区分整理，进一步对照信息系统安全等级保护测评报告中的测评结果验证加固的效果。从等级保护测评类符合率和安全加固项符合率两个方面进行统计，从不同角度反映出信息安全加固实施后对等保测评符合率的提高。等级保护测评类符合率统计见表13-1；安全加固项符合率统计见表13-2。

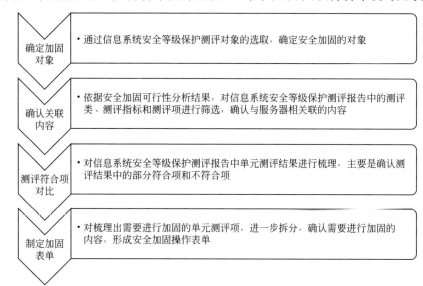

图13-1 等级保护测评结果分析

表13-1 等级保护测评类符合率统计

序号	等级	等保测评类	等级测评项	安全加固项	符合率（加固前）	符合率（加固后）	部分符合率（加固前）	部分符合率（加固后）
1	三级	主机安全						
2		应用安全						
3		数据保护安全						
4	二级	主机安全						
5		应用安全						
6		数据保护安全						
7	总体	主机安全						
8		应用安全						
9		数据保护安全						

表13-2 安全加固项符合率统计

序号	等级	加固类型	平均符合率（加固前）	平均符合率（加固后）	平均部分符合率（加固前）	平均部分符合率（加固后）
1	三级	操作系统				
2		数据库				
3		中间件				

续表

序号	等级	加固类型	平均符合率（加固前）	平均符合率（加固后）	平均部分符合率（加固前）	平均部分符合率（加固后）
4	二级	操作系统				
5		数据库				
6		中间件				
7	总体	操作系统				
8		数据库				
9		中间件				

13.2 信息安全加固的重点及难点

13.2.1 安全加固可行性分析

服务器信息安全加固（见图13-2）是以信息系统安全等级保护基本要求为依据，以应用系统为最小的单位，以技术手段的方式，对信息安全风险测评所确定范围内的服务器操作系统、数据库和中间件，以及虚拟机集群或小型机的分区实施安全加固。通过更改安全配置、加强审计备份、升级补丁等直接操作方式，以及给出安全建议等方式，进行的一系列的安全动作，达到提升服务器自身安全防护能力的目标。

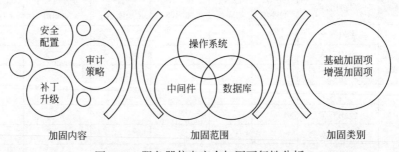

图13-2 服务器信息安全加固可行性分析

在加固方式上，通过对等保要求类、等保控制点和等保要求项的仔细分析、梳理，按照"应该做什么，技术上能做什么"的步骤，确定了信息系统服务器加固项目中能够执行的等保要求项。将这些加固项分为可以实现的加固项、部分可加固项和不能及无需的加固项。

在此基础上，进一步结合安全实际，分析现有安全技术和安全策略要求，从加固实施的角度，引入"等保要求子项"的概念。所谓"等保要求子项"是对"等保要求项"的进一步细分，将每一个检查动作和加固动作相对应，达到每一个"等保要求子项"可以确定为一个独立的检查动作，并且有一个对应的加固动作。

按照等保加固的要求，实现每一个加固动作。

对安全配置和补丁升级情况进行深入细致研究的基础上，进行了裸机的加固实验，验证了所有的操作步骤，以保证实际加固动作的可靠性和有效性。补丁升级情况：依据不同的操作系统、数据库和中间件等，进行了有关资料的准备，对下载的补丁按照功能性补丁和安全性补丁进行了分类，并对安全性补丁按照微软的分级进行了归类，对所有的高风险补丁进行了升级验证，以保证现场加固的安全性和有效性。对中间件补丁：如 WebLogic 的升级方式、步骤、注意事项以及获取方式等，通过询问 WebLogic 的官方机构，获得准确解答后，形成了加固指导文档。

对虚拟机加固技术和小机分区加固技术进行研究：在测试环境中，采用虚拟机镜像系统建立了虚拟机的 VMware 的模拟环境，对虚拟机的工作机理、安全机制和安全管理进行了研究。

13.2.2　安全加固工作重点

服务器信息安全加固工作涉及的工作内容较多，实施环节复杂，需要加固实施人员、服务器运维人员以及技术支持厂商共同参与完成。工作重点在以下方面。

① 加固方案确认

- 等级保护测评的结果是服务器信息安全加固工作的基本依据，通过等保测评结果梳理出需要进行加固的服务器，等保测评是在一个信息系统中抽样选取具有代表性的服务器，加固是包括该系统所属的所有服务器。
- 对等保测评报告中涉及服务器的测评结果进行详细的梳理，整理出不符合项和部分符合项中未达到要求的点，形成列表。
- 针对列表中的项和点，进一步确认需要进行加固的具体内容，包括安全设置、补丁更新等方面的操作，按照操作系统、数据库和中间件进行分类，形成具体的加固操作表单。
- 对编制的加固操作表单的每一个加固项进行测试，协调信息系统开发人员、技术支持厂商（操作系统、数据库、中间件）共同参与，以保证加固内容的可操作性和安全性，逐步完善加固操作表单。
- 在加固工作实施前要做好信息系统业务应用备份和数据备份，并及时通知到信息系统的使用人员，在加固时信息系统将停止使用。

② 加固过程保障

- 在加固工作实施前要与信息系统运维人员进行面对面的交流，共同确认加固操作表单中的加固项哪些可以执行、哪些不能执行。
- 在加固工作实施前要协调技术支持厂商到现场或远程协助，保证加固工作出现异常后信息系统的应急处置。
- 加固现场实施一律由信息系统运维人员操作。加固人员在现场进行指导，协助运维人员进行应急处置。

③ 加固完成验证

- 加固操作完成后，需要重启业务应用，对信息系统的运行状态进行验证，验证由信息系统运维人员和使用人员共同完成，技术支持厂商需在现场随时准备应急处置。

- 加固工作完成后，以一个月为周期，检验加固的效果，以及加固后信息系统的可靠性运行。

13.2.3 安全加固工作难点

在服务器信息安全加固工作实施过程中，会遇到工作难点，如果处置不得当将会对加固工作造成较大影响，在实施过程中要特别注意图13-3中所示内容。

难点一
- 加固对象的确认：一台服务器可能安装了多个业务应用，一个业务应用也可能跨越了多个服务器(以集群方式部署)，需要明确加固对象的属性，进一步确定加固内容

难点二
- 加固内容的确认：一个等级保护测评项中涵盖了多个测评的点，一个不符合项对应了多个需要加固的内容，需要把等保测评结果进行拆分，落实到一个个具体的加固项目中

难点三
- 服务器的每个加固项都需要进行测试，但有时测试环境与生产环境相差较大，造成测试结果不够准确，特别在进行操作系统补丁更新和数据库补丁更新方面更应该进行严格的测试，在生产环境中进行补丁更新难度更大

难点四
- 同时协调技术支持厂商到现场工作，加固实施过程中需要业务应用开发厂商、技术支持厂商(操作系统、数据库、中间件)共同参与

难点五
- 加固操作时间选择：大部分业务系统是实时工作的，特别是向公众提供服务的系统实时性要求更强，选择非工作日进行加固以及选择有应用备份的业务系统进行加固是首先要考虑的问题

难点六
- 加固操作的异常处置：因为不可预见的原因造成加固实施过程中或加固完成后业务系统运行异常，需要实施人员、运维人员和技术支持人员共同进行分析和处置，进行操作回退、系统重启、启用备份业务系统等

难点七
- 安全监控期异常处置：加固现场工作完成后进入为期一个月的安全监控期，在此期间信息系统运行出现异常后，加固实施人员和技术支持人员都不在现场，需要运维人员对业务系统实施应急处置，运维人员应做好业务系统的应用级热备，防止出现无法实时提供应用服务的情况

图13-3 服务器加固的难点

13.3　信息安全加固原则及范围

13.3.1　安全加固的原则

- 加固工作应以信息系统安全等级保护基本要求为指导。
- 加固工作应以信息系统安全等级保护测评结果为依据。
- 加固工作主要为技术层面的内容，不涉及管理层面的内容。
- 加固采用修改安全配置、补丁更新等直接加固方式进行，对于通过管理层面和网络层面进行间接加固方式提出安全建议。
- 在加固工作中如涉及额外经费（如购买付费补丁和第三方软件），需被加固单位提供支持。
- 加固内容需经过三个步骤后方可确认：加固方测试环境验证（未安装业务应用软件）、专家论证和被加固方测试环境验证（安装业务应用软件）。
- 加固现场实施工作需要信息系统开发人员、信息系统管理人员、信息系统运维人员、操作系统技术支持厂商、数据库技术支持厂商和中间件技术支持厂商共同参与。
- 如遇信息系统应用服务重启和服务器操作系统重启等操作时应严格按照被加固单位制定的信息系统应急处置流程执行。

13.3.2　安全加固的范围

服务器信息安全加固的工作范围应包括以下方面。

- 被加固单位的选择：由实施团队确定的被加固对象所属的管理单位或部门。
- 信息系统的选择：由实施团队确定的被测评的信息系统作为被加固的信息系统。
- 服务器的选择：应包括所有被测评信息系统所属的所有服务器，不采用抽样的方式选取，而是采用全覆盖的方式选取。
- 加固类别的选择：操作系统主要为 Windows、AIX、HP-UNIX 和 Linux，数据库主要为 SQL Server 和 Oracle，中间件主要为 WebLogic。
- 虚拟机的选择：对采用虚拟技术的服务器，仅对虚拟机实施加固，不对宿主机实施加固。
- 被加固单位未正式上线的服务器不列入加固服务器的范围。

具体加固对象统计表详见附录 3.1。

13.4   信息安全加固流程及组织

13.4.1   安全加固流程与方法

13.4.1.1   安全加固流程

服务器信息安全加固工作的总体流程如图 13-4 所示，总体工作流程分为加固准备阶段、加固实施阶段和加固总结阶段，分别表述如下。

加固准备阶段是以《信息系统安全等级保护基本要求》为指导形成服务器信息安全加固操作规范，通过对信息系统安全等级保护测评的结果分析与整理，梳理出服务器的加固项，初步确认加固范围，进一步形成服务器信息安全加固实施方案。在此基础上编制信息安全加固操作表单，制定现场实施计划。

加固实施阶段是服务器安全加固的重要环节，面向的对象主要包括操作系统（Windows、IBM-AIX、Linux 和 HP-UNIX）、数据库（Oracle 和 SQL Server）和中间件（WebLogic）。服务器加固现场实施包括四个方面的内容，分别为加固实施前准备、加固实施操作、加固后异常处置和加固后服务器运行状态监控。下面详细叙述服务器加固实施阶段工作的内容：

① 由被加固单位向技术支持厂商提出申请，申请的内容包括操作系统、数据库、中间件和业务软件的现场技术支持。

② 加固实施前的准备工作包括了系统补丁准备、加固前业务验证、加固前系统健康检查和加固前系统备份，加固前向信息系统使用人发出停用系统的通知，为加固实施准备必要的条件。

③ 加固实施操作主要包括三项内容，分别为安全配置、补丁更新和安全建议，其中安全配置和补丁更新是针对可实施现场操作的加固项，安全建议主要是针对不可实施现场操作的加固项。完成加固后，应对每个加固项进行记录，在系统重新启动后应现场监测服务器的运行状态，未出现异常则现场确认加固结果，如出现加固异常情况则启动加固异常处置流程。

④ 服务器加固现场实施工作结束后进入服务器运行状态监控期，为期一个月。经过一个月的业务功能验证，在监控器内出现服务器运行异常则进行应急处置，如果未出现异常则进入总结阶段。

⑤ 如果现场加固后服务器出现异常，首先进行回退操作、安全配置还原和更新补丁回退，回退操作成功后对加固内容进行修订后再次实施加固操作；回退操作失败后进行系统恢复操作，系统恢复成功后进行系统还原并进行恢复后验证；系统恢复失败则启动应急处置流程，操作系统的安装和业务应用软件的安装，并进一步验证业务应用的可用性。

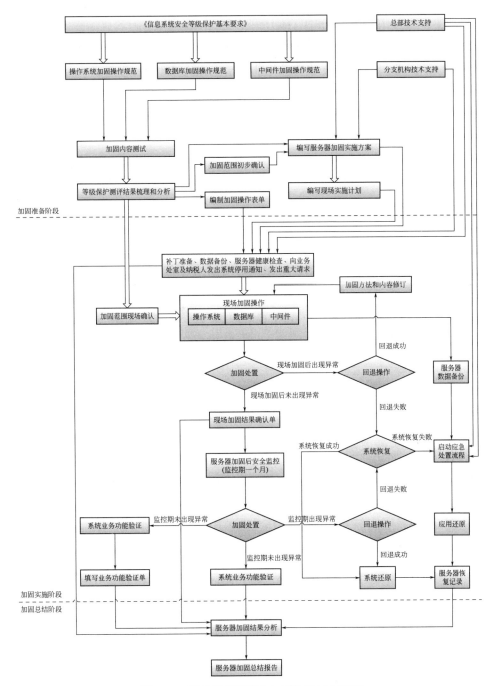

图13-4 服务器信息安全加固总体工作流程

⑥ 在上述步骤中均需要信息系统开发厂商和集成厂商的技术支持团队共同参与，主要包括加固内容的论证和确认、加固实施过程中的应急处置以及加固后

的系统业务验证等。

　　加固总结阶段主要是对服务器加固的结果进行汇总，对加固过程文档进行整理，与等级保护测评结果进行对比分析，编写服务器加固总结报告。

13.4.1.2　安全加固的方法

　　加固工作采取文档清分、沟通协调、信息采集、论证确认、现场加固和验证审核等方式进行。服务器信息安全加固方法如图 13-5 所示。

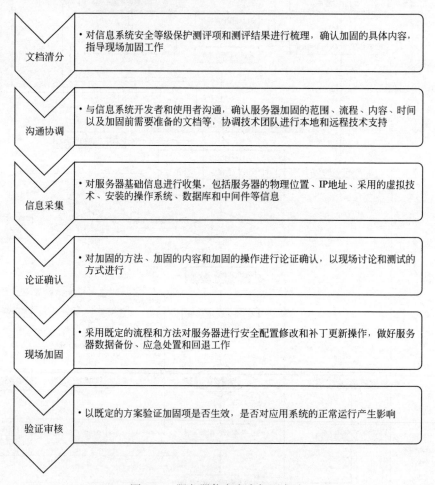

图 13-5　服务器信息安全加固方法

13.4.2　安全加固的组织

13.4.2.1　人员安排

　　图 13-6 中显示了服务器信息安全加固工作的组织结构，主要包括安全加固

领导小组、专家组、协调组和实施与应急组，其中实施与应急组包括了操作系统加固与应急人员、数据库加固与应急人员、中间件加固与应急人员、虚拟机加固与应急人员和技术支持人员。

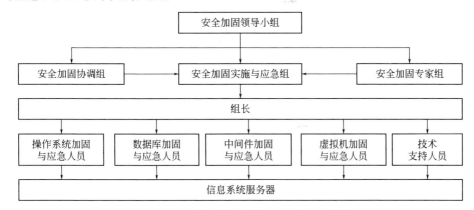

图13-6　服务器信息安全加固工作组织结构

服务器信息安全加固人员安排见表13-3。安全加固领导小组由加固实施人员组成，负责加固工作总体安排和总体工作协调；专家组主要由国内信息安全领域专家和行业信息安全专家组成，对安全加固的方法、内容及安全加固后的效果进行审核和确认，并提出修改建议；实施与应急组承担了加固准备、实施以及总结验收等各个环节的工作，具体包括操作系统加固与应急人员、数据库加固与应急人员、中间件加固与应急人员、虚拟机加固与应急人员和技术支持人员；协调组主要由被加固单位人员组成，协助加固工作实施与应急组完成现场加固工作和加固后结果的确认。

表13-3　服务器信息安全加固人员安排

名称	成员角色	成员职责	成员组成
领导小组	项目负责人	项目总体负责、工作协调	
专家组	项目专家	制定方案、工作方法、审核报告、技术支撑、应急处置	
协调组	项目协调人	现场加固的配合工作	
实施与应急组	操作系统加固与应急人员	Windows、Linux、AIX、HP-UNIX等操作系统安全检查分析和加固，观察系统运行状态、系统应急恢复	
	虚拟机加固与应急人员	虚拟机安全检查分析和加固，观察系统运行状态、系统应急恢复	
	数据库加固与应急人员	Oracle、SQL Server数据库安全检查分析和加固，观察、应急	
	中间件加固与应急人员	中间件安全检查分析和加固，观察、应急	
	技术支持人员	协助解决加固实施中遇到的问题，协助做好应急处置工作	

13.4.2.2 时间安排

服务器信息安全加固时间安排可见表13-4。工作安排分为四个阶段，加固前准备阶段包括加固前的调研、加固内容确认和技术支持厂商的协调等工作，时间为5～8个工作日；加固实施主要包括加固内容现场确认、加固实施和加固应急处置，为10个工作日，加固实施的时间一般定为该时间段内的第一个周六和周日；加固后监控阶段即在加固现场工作完成后，进行为期一个月的服务器安全监控；加固总结阶段即对现场加固的结果和监控期的服务器运行状况进行分析和总结，加固总结放在监控期期间到结束，共15个工作日完成。

表13-4　服务器信息安全加固时间安排

工作安排		时间	工作内容
准备阶段		5～8个工作日	加固对象清分、梳理等保测评结果、确认加固内容、现场调研、协调技术支持力量
实施阶段	现场实施	5个工作日	加固内容现场确认、通知业务人员和使用人员、系统数据库备份、服务器配置备份
		2个工作日	现场加固实施、加固后应急处置、现场加固结果确认
		3个工作日	信息系统业务功能验证
	安全监控	业务功能验证后一个月	对加固后的服务器运行状态进行监控、应急处置
总结阶段	数据分析	10个工作日	对现场加固工作进行分析总结，在监控期内并行开展工作
	报告编制	5个工作日	在监控期结束后，未发现服务器操作系统及应用软件运行异常后，完成安全加固报告的编制工作

13.4.2.3 加固组织方式

服务器加固的组织方式分为两类：第一类是由总部机关统一组织加固实施团队对下属单位实施服务器加固；第二类是单位自行组织服务器加固工作。

第一类组织方式由总部机关统一组织、统一规划、统一协调，同时总部机关组建加固实施团队对下属单位实施服务器信息安全加固工作，下属单位配合加固实施团队完成加固实施工作。加固工作中产生的各类文档由加固实施团队统一管理，将加固总结报告等文档下发下属单位。

第二类组织方式由下属单位自行规划、组织服务器信息安全加固工作，加固实施团队由下属单位自行组建，信息化部门做好加固的实施和配合工作。在加固工作启动前下属单位应报请上级机关批准，并将本单位的加固方案报上级单位，待总部机关批复后方可执行。加固工作中产生的各类文档由信息化部门统一管理，将加固总结报告等文档报上级机关备案。

13.4.2.4 加固工作协调与落实

加固组织工作中需要协调技术支持人员协助完成现场加固和安全监控期工

作，依据信息系统开发部门的不同将技术支持人员分为两类（图 13-7），第一类为总部机关统一开发、统一部署的信息系统；第二类为下属单位自行开发、自行部署的信息系统。第一类信息系统由总部机关进行技术支持；第二类信息系统由下属单位进行技术支持。在服务器加固实施过程中需要技术支持人员对加固的内容进行现场确认，并协助完成现场加固和安全监控期的应急处置。

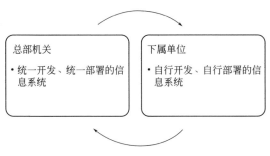

图 13-7 服务器信息安全加固的类别

13.5 信息安全加固实施内容

13.5.1 准备阶段内容

13.5.1.1 组建加固实施团队

在服务器信息安全加固工作实施前，首先需要组建加固实施团队，加固实施团队应由加固实施人员、被加固单位配合人员和技术支持人员共同组成，实施团队应负责加固准备阶段、加固实施阶段和加固总结阶段的工作。加固实施团队具体完成加固实施方案的制定、等保测评结果的清分、加固表单的编制，完成服务器操作系统、数据库和中间件等的加固任务，完成加固的应急处置工作，完成加固后验证工作（包括监控期），分析加固后结果并编写加固总结报告。加固实施团队组成具体如下：

① 加固实施人员 实施人员职责：编写加固实施方案、等保测评结果清分、加固表单编制、加固内容测试，完成服务器操作系统、数据库和中间件加固，完成加固结果验证，编写加固总结报告。

② 被加固单位配合人员 协调开发系统的技术支持人员到加固现场进行技术支持，通知加固实施时间及内容，确认加固内容，配合加固现场实施工作，协助完成加固后和安全监控期内的验证工作。

③ 技术支持人员 与加固实施人员、被加固单位配合人员共同确认加固内容，负责加固过程中的应急处置工作，协助加固实施人员进行加固后系统功能验

证。支持的内容包括操作系统、数据库、中间件和业务系统软件等。支持的方式为现场技术支持和远程技术支持。

13.5.1.2　等保测评结果的梳理

由加固实施人员对等保测评结果进行梳理，主要是依据等级保护测评工作确认的范围，确定实施加固的信息系统，并进一步提取出需要加固信息系统中的服务器信息，服务器信息主要包括操作系统类型及版本号、数据库类型及版本号、中间件类型及版本号、应用软件使用服务和端口和补丁更新情况等。服务器加固主要是依据信息系统安全等级保护测评结果对服务器进行安全配置和补丁更新等操作，需要对等保测评结果进行较为深入的分析，并参照服务器加固操作规范梳理服务器加固的内容，具体工作内容如下。

依据等级保护测评中对服务器资产的统计结果，与被加固单位对服务器登记信息进行核实，并将加固需要的信息补充完整，初步确认可以进行加固的服务器。重点是与被加固单位确认每台服务器存在的账户、应用软件使用的服务和端口、补丁更新情况、服务器系统备份情况和服务器宕机后的恢复能力等。

对信息系统安全等级保护测评报告中的测评类、测评指标和测评项进行筛选，确认与服务器相关联的内容；对信息系统安全等级保护测评报告中单元测评结果进行梳理，主要是确认测评结果中的部分符合项和不符合项；对梳理出需要进行加固的单元测评项，进一步进行拆分，确认需要进行加固的内容，形成加固操作表单。

13.5.1.3　制定加固实施方案与实施计划

在加固对象清分和梳理的基础上，依据加固操作规范，进一步由加固实施人员和被加固单位的信息化部门共同协商制定服务器加固的实施方案，并将实施方案报上级信息化管理部门审批。依据加固实施方案确定被加固单位的加固对象具体信息，制定适合于被加固单位的加固流程，制定适合于加固单位的加固内容，制定适用于被加固单位的加固实施细则，被加固单位配合加固工作需要的保障条件，制定被加固单位现场实施计划。

13.5.1.4　编制加固实施表单

以信息系统等级保护测评结果为依据，参照服务器加固操作规范，编制各类加固实施表单。加固实施表单应包括信息安全加固确认单（详见附录3.2）、信息安全加固记录单（详见附录3.3）、信息安全加固验证单（详见附录3.4）和信息安全加固监控期业务功能验证单（详见附录3.5）等，其中信息安全加固确认单、信息安全加固验证单和信息安全加固监控期业务功能验证单针对不同的信息系统，加固记录单针对不同的服务器。

信息安全加固确认单是在加固操作前由加固实施人员与被加固单位信息化

部门和技术支持人员共同对其内容进行确认。加固实施人员对信息安全加固确认单的内容进行整理，去除不进行加固的内容，生成信息安全加固记录单，依据信息安全加固记录单的内容进行加固操作并记录结果。信息安全加固验证单是在现场加固结束后，对系统业务功能运行状态的记录。信息安全加固监控期业务功能验证单是在服务器经过为期一个月安全监控期的运行，对系统业务功能运行状态的记录。

13.5.1.5 加固内容的初步确认

该项工作为现场实施工作的重要组成部分，提前对加固的内容进行测试和修订，主要是在非生产环境的测试机上进行，测试机应尽可能接近生产环境，特别是在操作系统、数据库和中间件的版本上与生产环境的配置一致。由加固实施人员对加固操作表单的内容进行逐项的测试，在测试中排除存在问题的加固项和加固内容，测试的内容主要包括服务器安全配置更改、补丁更新、加固操作后服务器重新启动、加固后补丁卸载和加固异常后系统恢复等。如果某些加固项在测试环境中无法确认，应在现场加固前进一步与信息系统运维人员和技术支持厂商进行确认。

13.5.1.6 技术支持人员的协调与落实

在服务器加固实施过程中需要技术支持人员对加固的内容进行现场的确认，并协助完成现场加固和安全监控期的应急处置。

13.5.1.7 加固实施前需确认的内容

加固实施人员与被加固单位信息化部门中的系统管理员、数据库管理员和应用管理员充分沟通，确认以下内容：服务器加固时间、数据备份时间、技术支持人员到场时间、信息系统之间的关联性、加固前通知业务部门的时间等。

13.5.2 实施阶段内容

服务器加固的实施是指在总体工作流程中加固实施阶段的工作内容，是加固工作的关键环节，包括现场启动会、加固内容现场确认、加固现场实施、加固结果验证与确认、加固现场小结和服务器安全运行监控等工作，如图13-8所示。

13.5.2.1 现场启动会

召开现场启动会是为了让被加固单位的领导和技术人员更深入地了解加固工作的方法和内容，同时促进被加固单位更好地配合加固工作的开展。现场启动会主要包括以下内容。

- 实施人员介绍本次工作情况，明确加固方案和加固的内容，说明加固过程中具体的实施工作内容、加固时间、人员安排等；
- 讨论通过加固方案和计划，对方案和计划达成一致；

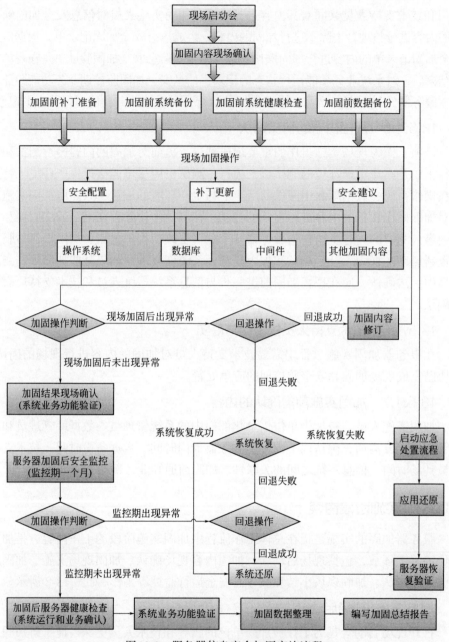

图 13-8 服务器信息安全加固实施流程

- 确认现场加固需要的各种资源，确定加固配合人员和需要提供的测评条件；
- 对相关人员进行简单的培训，以期获得被加固单位最大的支持和配合，由实施人员通过讲解 PPT 的方式介绍加固工作方案、现场实施工作的内容。

13.5.2.2 服务器清分

服务器清分是加固实施工作的第一步，通过统计、核查、对比确认需要加固的服务器和信息系统资产，完成对服务器的界定，核实确定进行加固的服务器范围，按照不同的信息系统对服务器进行划分。对同一信息系统涉及的服务器、操作系统、数据库和中间件等，进行相关信息统计和分类，主要是安全配置、补丁和应用配置等工作，由实施人员与被加固单位业务管理人员共同完成。

首先，通过对被加固单位的服务器资料进行分析和统计，确定服务器上运行的操作系统、数据库类型、应用软件情况和物理信息等。资产统计的基础信息项包括服务器的硬件类型、部署物理位置、操作系统版本、数据库版本（可选）、IP 地址信息、承载的业务服务、维护人员信息等。

其次，对服务器进行清分。通过对统计信息的分析，以信息系统为最小统计单位，将服务器（以 IP 地址为准）、操作系统和数据库按信息系统进行划分和归类。加固将以信息系统为最小单位进行，重点在于用户权限的控制、服务控制、管理权限控制、端口控制、安全配置和补丁（漏洞）更新等（权限 - 配置 - 补丁）。

为提高物理资源利用率，一般小型机多采用分区运行的方式，即一个物理主机被分为多个逻辑主机来使用，每个逻辑主机运行了不同的的应用程序，在加固完成后需要重启小型机时，不同的逻辑主机重启时应注意启动顺序，严格按照业务流程进行操作。有些应用系统采用虚拟机集群方式工作，也需要依据应用程序的关联关系，对宿主机的重启做出具体的约定。

服务器清分工作需要实施组和被加固单位服务器运维人员共同完成。

13.5.2.3 加固内容的现场确认

服务器加固现场确认工作主要是指对准备阶段确定的服务器加固方法、加固内容和操作步骤做现场确认，由加固实施人员、信息系统管理员、数据库管理员、应用管理员和技术支持厂商共同确认可加固的内容与可实施的操作步骤，并在加固确认单上签字确认。

- 对服务器加固现场操作表单中的加固项进行确认；
- 对服务器加固现场操作步骤进行确认；
- 在被加固单位的现场测试环境中对加固内容和加固脚本进行测试；
- 对加固内容进行修订，完善加固脚本；
- 由加固实施组和被加固单位管理员签字确认可加固内容。

13.5.2.4 加固操作前准备

第一步：系统补丁准备、加固前业务验证、加固前系统健康检查；
第二步：被加固单位信息化部门做好服务器数据备份工作，包括数据库备份和服务器配置备份；

第三步：加固实施人员确认服务器的部署方式为单点部署还是集群部署方式，若为集群部署方式则进一步明确该服务器为集群的管理端还是集群的应用端；

第四步：由被加固单位信息化部门向上级提出停用系统实施加固的申请，待相关部门给予回复后启动加固流程；

第五步：在加固实施前三天，由被加固单位信息化部门牵头，相关业务单位配合，向使用人发出信息系统停用和恢复的通知，为加固实施工作做好准备。

13.5.2.5　加固操作实施

安全加固实施操作是服务器安全加固的重要环节，面向的对象主要包括操作系统（Windows、IBM-AIX、Linux、和 HP-UNIX）、数据库（Oracle 和 SQL Server、中间件（WebLogic）和虚拟机。服务器加固实施包括五个方面的内容，分别为加固实施前准备、加固实施操作、加固后监控、加固异常处置和加固情况总结。

（1）加固操作内容

加固实施操作主要包括三项内容，分别为安全配置、补丁更新和安全建议，其中安全配置和补丁更新是针对可实施现场操作的加固项，安全建议主要是针对不可实施现场操作的加固项；完成加固后，应对每个加固项进行记录，在系统重新启动后应现场监测服务器的运行状态，未出现异常则由被加固单位配合人员现场确认加固结果，如果出现加固异常情况则启动加固异常处置流程。

加固后监控是指在现场加固完成后服务器未出现运行异常，加载业务应用，并进入为期一个月的监控期，在监控期内服务器出现运行异常情况则启动加固异常处置流程。

加固情况总结主要是对完成加固的服务器安全运行状况进行检测，对业务运行情况进行确认，对加固后的效果进行验证，形成系统试运行报告和服务器安全加固验证报告。

（2）加固操作步骤

安全加固实施主要由项目实施组、被加固单位服务器运维人员、被加固单位业务处人员（信息系统使用者）和被加固单位信息化部门领导共同参与。

① Windows 服务器

第一步：由服务器操作系统加固人员对操作系统补丁进行更新操作，待补丁更新完成后重启操作系统，系统运行正常后，进行安全配置的更改，需要被加固单位信息化部门系统运维人员、系统管理人员、技术支持厂商在现场进行配合；

第二步：由数据库加固人员对数据库进行安全配置更改，需要被加固单位信息化部门数据库管理员、技术支持厂商在现场进行配合；

第三步：由中间件加固人员对中间件进行安全配置更改，需要被加固单位信息化部门系统管理员、技术支持厂商在现场进行配合；

第四步：重启服务器的业务功能，由被加固单位信息化部门系统管理员、数据库管理员、技术支持厂商共同验证系统业务功能是否正常运行；

第五步：系统业务功能无法正常运行，由加固操作人员、被加固单位信息化部门系统管理员、数据库管理员和技术支持厂商共同解决问题；

第六步：在服务器补丁更新和安全配置更改后，服务器重启未见异常，由被加固单位信息化部门系统运维人员、系统管理人员验证加固后未对业务造成影响时，由系统管理员和技术支持厂商对加固结果进行确认签字。

② AIX、HP-UNIX、Linux 服务器

第一步：由服务器操作系统加固人员对操作系统进行安全配置的更改，需要被加固单位信息化部门系统运维人员、系统管理人员、技术支持厂商在现场进行配合；

第二步：由数据库加固人员对数据库进行安全配置更改，需要被加固单位信息化部门数据库管理员、技术支持厂商在现场进行配合；

第三步：由中间件加固人员对中间件进行安全配置更改，需要被加固单位信息化部门系统管理员、技术支持厂商在现场进行配合；

第四步：重启服务器的业务功能，由被加固单位信息化部门系统管理员、数据库管理员、技术支持厂商共同验证系统业务功能是否正常运行；

第五步：系统业务功能无法正常运行，由加固操作人员、被加固单位信息化部门系统管理员、本地数据库管理员和技术支持厂商共同解决问题；

第六步：在服务器安全配置更改后，业务应用重启未见异常，由被加固单位信息化部门系统运维人员、系统管理人员验证加固后未对业务造成影响时，由系统管理员和技术支持厂商对加固结果进行确认签字。

（3）加固异常处置

加固异常处置主要包括两个环节：第一个环节是现场加固后出现异常的处置；第二个环节是安全监控期出现异常的处置。

如果现场加固后服务器出现异常，首先进行回退操作，安全配置还原和更新补丁回退，回退操作成功后对加固内容进行修订后再次实施加固操作；回退操作失败后进行系统恢复操作，系统恢复成功后进行系统还原并进行恢复后验证；系统恢复失败则启动应急处置流程，操作系统的安装和业务应用软件的安全，并进一步验证业务应用的可用性。

如果安全监控期间服务器运行出现异常，首先进行回退操作，安全配置还原

和更新补丁回退，回退操作成功后对系统进行还原；回退操作失败后进行系统恢复操作，系统恢复成功后进行系统还原并进行恢复后验证；系统恢复失败则启动应急处置流程，进行操作系统的安装和业务应用软件的安装，并进一步验证业务应用的可用性。

13.5.2.6 加固结果确认

（1）确认的内容

服务器现场加固结果确认主要是对服务器实施加固操作后结果的确认，包括已操作的加固项和未操作的加固项，已操作的加固项中应包括加固成功项和未加固成功项；未操作加固项主要包括提出安全建议的加固项，特别在未加固成功项中应注明原因、回退步骤和应急处置方法等。该项工作由加固实施人员和被加固单位信息化部门共同参与完成，主要对加固记录单进行签字确认。

由加固实施人员、被加固单位信息化部门、业务单位和技术支持厂商共同对信息系统的业务功能进行验证，通过对主要功能模块的测试，检验加固后的信息系统业务功能是否正常，并在信息系统业务功能验证单上签字确认。

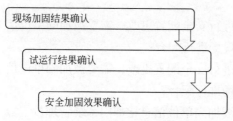

图13-9　服务器信息安全加固结果确认

（2）确认步骤

安全加固结果确认（图13-9）主要包含三个重要的环节：服务器现场加固结果确认、服务器试运行结果确认和服务器安全加固效果确认。

① 服务器现场安全加固结果确认　服务器现场加固结果确认主要是对服务器实施加固操作后结果的确认，包括已操作的加固项和未操作的加固项，已操作的加固项中应包括加固成功项和未加固成功项，未操作加固项主要包括提出安全建议的加固项，特别在未加固成功项中应注明原因、回退步骤和应急处置方法等。该项工作由项目实施组和被加固单位服务器运维人员共同参与完成。

② 服务器试运行结果确认　服务器试运行结果确认是指服务器在现场加固后未出现异常，进入安全监控期试运行时服务器的运行状态。如果服务器在监控期运行正常则应对服务器安全加固项进行第二次确认；如果服务器在监控期运行出现异常则应对服务器加固项进行梳理，找出造成服务器运行异常的原因，并注明引起服务器异常运行的加固项。在监控期结束后将加固结果确认的内容作为附件放入服务器安全加固试运行报告中。该项工作由项目实施组和被加固单位服务器运维人员共同参与完成。

③ 服务器安全加固效果确认　服务器安全加固效果确认是指在安全监控期结束后，由项目实施组向被加固单位提交加固效果验证文档，实施人员与被加固

单位共同组成验收小组，逐项对加固效果进行验证，并由项目实施组起草服务器安全加固效果验证报告，被加固单位需签字确认。

13.5.2.7　加固工作小结

加固实施工作结束后，对安全加固工作进行现场总结，由加固实施人员整理现场的工作资料和数据，初步完成加固现场工作总结，并向被加固单位进行结果反馈，以及移交加固的必要数据。加固现场总结以会议的形式进行，参加人员应包括被加固单位主管信息化工作的领导、被加固单位信息化部门、加固实施人员和技术支持人员。

13.5.2.8　服务器运行监控

加固后运行监控是指在现场加固工作完成后服务器未出现运行异常，加载业务应用，并进入为期一个月的监控期，在监控期内服务器出现运行异常情况则启动加固异常处置流程，如果未出现异常则被加固单位对运行结果进行确认。

监控期异常处置，如果监控期间服务器运行出现异常，首先进行回退操作，安全配置还原和更新补丁回退，回退操作成功后对系统进行还原；回退操作失败后进行系统恢复操作，系统恢复成功后进行系统还原并进行恢复后验证；系统恢复失败则启动应急处置流程，进行操作系统的安装和业务应用软件的安装，并进一步验证业务应用的可用性。

监控期运行结果确认，如果服务器在监控期运行正常则应由被加固单位信息化部门和业务单位共同对信息系统的运行状态进行第二次确认，在监控期结束后填写信息系统安全监控期业务功能验证单，将加固结果确认的内容作为附件放入服务器加固总结报告中。

13.5.2.9　加固效果验证

安全加固效果验证主要依据信息系统安全等级保护基本要求，对已经完成操作的加固项是否达到等级保护要求进行判定，由于被加固单位的加固内容存在差异性，各单位服务器信息安全加固效果验证应存在不同，安全加固效果验证应在安全监控期结束后进行。

（1）验证内容
- 与等级保护测评结果对比，服务器操作系统修改安全配置项后，原不符合项和部分符合项中有多少项已符合信息系统安全等级保护基本要求；
- 与等级保护测评结果对比，数据库修改安全配置项后，原不符合项和部分符合项中有多少项已符合信息系统安全等级保护基本要求；
- 与等级保护测评结果对比，中间件修改安全配置项后，原不符合项和部分符合项中有多少项已符合信息系统安全等级保护基本要求；
- 与等级保护测评结果对比，虚拟机修改安全配置项后，原不符合项和部

分符合项中有多少项已符合信息系统安全等级保护基本要求;

- 与等级保护测评结果对比,服务器操作系统补丁更新后,原不符合项和部分符合项中有多少项已符合信息系统安全等级保护基本要求;
- 与等级保护测评结果对比,数据库补丁更新后,原不符合项和部分符合项中有多少项已符合信息系统安全等级保护基本要求;
- 与等级保护测评结果对比,中间件补丁更新后,原不符合项和部分符合项中有多少项已符合信息系统安全等级保护基本要求;
- 与等级保护测评结果对比,虚拟机补丁更新后,原不符合项和部分符合项中有多少项已符合信息系统安全等级保护基本要求;
- 与等级保护测评结果对比,服务器操作系统提出安全建议后,原不符合项和部分符合项中有多少项已符合信息系统安全等级保护基本要求;
- 与等级保护测评结果对比,数据库提出安全建议后,原不符合项和部分符合项中有多少项已符合信息系统安全等级保护基本要求;
- 与等级保护测评结果对比,中间件提出安全建议后,原不符合项和部分符合项中有多少项已符合信息系统安全等级保护基本要求;
- 与等级保护测评结果对比,虚拟机提出安全建议后,原不符合项和部分符合项中有多少项已符合信息系统安全等级保护基本要求;
- 与等级保护测评结果对比,其他内容进行加固操作后,原不符合项和部分符合项中有多少项已符合信息系统安全等级保护基本要求。

（2）验证方式

- 由实施组分析和整理安全加固结果与等保测评结果对照文档,对照文档应包括上述列举的需要验证的内容,以电子表格的形式提交被加固单位;
- 由被加固单位和实施组负责人组成加固效果验收小组,依据实施组提交的文档,对照信息系统安全等级保护基本要求逐项进行加固效果验证;
- 加固效果验证结束后,由实施组起草安全加固效果验证报告,被加固单位对纸质报告进行签字确认。

13.5.3　分析总结阶段内容

服务器信息安全加固总结工作是对整个加固工作的流程、内容、结果的总结,主要包括两个方面的工作。

第一是在现场加固工作结束后,对加固的结果进行分析总结,主要是依据信息系统安全等级保护基本要求,对已经完成操作的加固项是否达到等级保护要求进行判定,对照被加固单位信息系统安全等级保护测评报告的结果,验证原不符合项通过加固后成为符合项或部分符合项,以验证结果为依据编写服务器安全加固总结报告。由于被加固单位的加固内容存在差异性，各单位服务器安全加固效果验证应存在不同，该项工作可在服务器安全监控期内完成。

第二是在安全监控期结束后，对安全监控期内服务器的运行状况进行分析和总结，对出现运行异常的服务器加固项或影响业务应用的加固项进行修订，进一步对服务器安全加固总结报告进行补充和完善。

13.5.3.1 加固数据分析

加固数据分析主要依据信息系统安全等级保护基本要求，通过对加固确认单和加固记录单数据分析，对已经完成操作的加固项是否达到等级保护要求进行判定，对照信息系统安全等级保护测评报告的结果，验证原不符合项通过加固后成为符合项或部分符合项，以验证结果为依据编写服务器信息安全加固总结报告。由于加固内容存在差异性，各单位服务器安全加固效果验证应存在不同，安全加固效果验证应在安全监控期结束后进行。

13.5.3.2 编写加固总结报告

以加固确认单、加固记录单、信息系统业务功能验证单为基础，通过对服务器安全加固效果分析，编写《服务器信息安全加固总结报告》，报告应包含正文和附件两个部分，其中正文内容主要包括加固工作的背景、加固工作的流程、加固工作组织、服务器加固结果的分析总结以及服务器加固达标结果统计等。报告附件主要是针对每台被加固服务器的操作和加固效果进行详细的记录，包括加固成功率以及等级保护符合率提高的百分比。

13.5.4 操作实例

如表13-5所示，对某个系统服务器的信息安全加固工作应给出具体的服务器数量，安装操作系统、安装数据库，与其他业务系统关联关系，适合加固时间，技术支持厂商，被加固单位配合人员等信息。只有明确了上述信息，服务器信息安全加固工作才能够有序地开展。

表13-5 服务器信息安全加固操作

信息系统名称	N1系统
服务器数量	该系统包含M台服务器，其中N台服务器安装了数据库
与其他系统关联性	N1系统与N2系统、N3系统都存在应用关联
加固时需要停用的其他系统	如果N1系统停用，则N2系统和N3系统也无法使用
适合的加固时间	每个月周六和周日
加固通知时间	该系统加固前3天，通知到相关使用单位和人员
系统加固所需时间	加固时间为2个工作日（不考虑加固异常处置时间）

信息系统名称	N1系统
安全加固现场技术支持	服务器硬件厂商到现场技术支持 操作系统厂商到现场技术支持 数据库厂商到现场技术支持 应用软件开发商到现场技术支持 中间件厂商到现场技术支持 系统集成商到现场进行协调 技术支持内容包括加固前方案论证、加固项确认，加固过程中操作指导，加固完成后系统功能验证
远程技术支持	系统集成商协调各类厂商提供7×24h远程技术支持
计划加固时间	××××年××月××日—××日
监控期技术支持	在服务器监控期需系统集成商协调各类厂商提供远程技术支持及本地技术支持
被加固单位配合人员	系统管理员、数据库管理员等
备注	

第14章 信息安全风险管理的良好实践

14.1 税务系统信息安全风险测评实践工作

信息安全风险测评是信息安全检查、信息安全风险评估和信息系统安全等级保护测评三项工作的有机融合，在 2012 年由税务系统创造性地提出，建立了检测模型、检测流程和检测方法，并编制了配套的检测表单。在当年开展了试点工作，通过进一步完善方法及文档，对全国 70 家省级税务机关开展了此项工作的推广、实践，获取了宝贵的实践经验。期间经过为期两年的准备，2015 年又采用此类方法对全国 30 家省级机关开展此项工作。下面将税务系统开展此项工作的主要内容及取得成果（图 14-1）列举如下：

① 开创了信息安全检查、信息安全风险评估和信息系统安全等级保护测评有机融合的工作方式（即信息安全风险测评工作）。

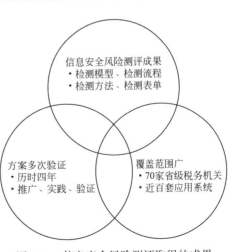

图 14-1 信息安全风险测评取得的成果

② 建立了信息安全检查、信息安全风险评估和信息系统安全等级保护测评有机融合的模型和方法论，包括建立信息安全风险测评工作模型、形成信息安全风险测评工作方法。

③ 形成了信息安全检查、信息安全风险评估和信息系统安全等级保护测评有机融合的检测方案，编制了工作方案、技术方案和实施方案，为该项工作开展提供了有力的依据和指导。

④ 编制了信息安全检查、信息安全风险评估和信息系统安全等级保护测评有机融合的数据采集表单，编制各类检测表单近百个，包括前期调研类表单、安全管理检测数据采集表单、安全技术检测数据采集表单等。

⑤ 综合信息安全检查、信息安全风险评估和信息系统安全等级保护测评数据分析方法，结合各自的风险分析方法，建立综合风险分析方法。

⑥ 建立了信息安全风险测评的报告模板，包括信息安全检查报告及附件模板、信息安全风险评估报告及附件模板、信息系统安全等级保护测评报告及附件模板以及报告综述模板，全面覆盖了三类检测工作内容，形成了一次现场数据采集、产生三类报告的工作模式，可对信息安全风险进行深入分析。

⑦ 积累了丰富的信息安全风险测评工作经验，此项工作历时 4 年，从北京市国家税务局（现为国家税务总局北京市税务局）试点工作为起点，先后在 100 家省级税务机关开展此项工作，期间不断完善测评方法，编制了大量的实施文档和检测报告，积累了丰富的现场工作经验，为此项工作的长期开展打下良好基础。

税务系统信息安全风险测评工作的下一步思考：

① 不断完善信息安全风险测评标准规范以提供指导，为长期有效地开展税务系统信息安全风险测评工作，应不断地修订、完善与测评工作相关的标准和规范。

② 不断优化测评的工作方法以适应安全形势，税务系统信息安全风险测评工作自 2012 年开展以来历经了 4 年时间，逐步形成了自身的方法论以及实施细则，需要不断对测评的工作方法和实施表单进行调整优化。

③ 应充分做好测评准备阶段工作以提高现场工作效率，要做好充分的实施准备，包括文档、人员、工具以及对被测评单位的组织架构和人员职责的了解等。在进现场前完成应用系统的定级梳理工作。

④ 税务系统信息安全风险测评工作应与新标准紧密结合，在已经颁布的网络安全法等一系列信息安全法律、法规基础上，结合即将颁布的网络安全等级保护系列标准，对税务系统信息安全风险测评工作遵循的标准和规范应不断修订和完善。

⑤ 税务系统信息安全风险测评工作应与新技术紧密结合，随着虚拟化、大

数据、云计算和移动互联网的广泛应用，税务信息系统也在逐步采用新型的基础架构与新型技术，信息安全风险测评工作应紧跟新技术发展，在技术安全检测方面适应税务网络与信息系统变化，切实发现基于新型技术架构的网络与信息系统存在的安全风险。

14.2　税务系统信息安全基线配置实践工作

为降低税务信息系统由于配置不当带来的信息安全风险，以及符合国家信息安全有关主管部门的安全配置合规性要求，规范信息安全配置管理，需建立安全配置操作与检查基准，实现用统一的安全配置标准来规范技术人员的日常操作和安全检查的需求，同时可将安全配置标准作为信息技术内控机制固化到日常运维工作流程中。税务信息安全基线配置流程如图14-2所示。

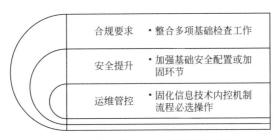

图14-2　税务信息安全基线配置流程

在税务系统安全检查过程中，已有良好实践，整体安全基线配置检查主要包括计划准备环节、现场实施检查环节和成果输出确认环节，每项环节主要任务包括以下几个方面。

14.2.1　计划准备环节

本阶段的主要任务是落实服务所需的人员、设备、资料等资源，与客户进行沟通并落实具体的项目实施计划，对安全配置检查活动进行宣讲等。

14.2.2　现场实施环节

本阶段的工作任务主要在安全配置检查服务单位现场完成。主要工作任务包括：
① 对检查范围内的信息资产调研，关键信息包括对象 IP、对象类型（如操作系统、数据库、中间件或网络设备）、检查方式（在线、离线或者人工核查）、客户是否具备对象的超级管理员账号权限、相关应用安装路径及配置文件路径等信息；

② 进行安全配置检查服务，主要包括安全配置检查执行、安全配置检查报告出具等。

本阶段安全配置检查服务实施中需注意如下要点：

① 扫描前需要获取本次检查的具体信息，如检查的对象及范围，检查的时间及地点等信息，计划采用在线还是离线的检查方式，超级管理员账号信息，应用程序安装及配置文件信息，包括各类中间件、数据库等信息；

② 在线检查时需确认扫描网络接口 IP 地址配置，避免发生 IP 地址冲突问题；

③ 在线检查需要提前确认相应登录端口是否被防火墙拦截阻断，如 139、22、3389 等端口，可提前使用设备上的常用工具进行测试；

④ 在线检查需要确认用户输入的账号密码信息是否正确，可通过设备的登录验证进行测试；

⑤ 在线检查 Windows 时，不建议采用 RDP 方式进行，原因为 RDP 不稳定，即使输入正确的账号、密码、端口，也较易导致检查失败；

⑥ 检查中间件、数据库等，必填项需确保填写正确，否则获取的结果可能为空值，造成检查工作重复；

⑦ 因 BVS（配置核查工具）定期更新，离线脚本检查需录入的参数有可能会变，故离线脚本检查时请一定确认脚本附带的 readme 信息，确保输入的参数与 readme 一致；

⑧ 离线检查脚本中用户录入的参数需确保填写正确，否则有可能脚本登录失败或查找配置文件失败，造成生成的 XML 文件中对应的键值为空；

⑨ 检查完成后请管理员确认业务系统运行正常。

14.2.3　成果输出环节

本阶段的主要工作是进行成果交付和验收汇报，主要涉及检查人员职责和被检查人员职责。

① 检查人员　检查人员负责对检测过程中间报告、最终报告进行审查，并征求用户的意见，对可交付成果进行修正、改进和提交。

② 被检查人员　被检查人员负责对检测报告中发现的问题进行符合性确认，有输出检查问题不符合项清单及问题记录，方便后续问题解决及跟进。

14.3　税务系统服务器信息安全加固实践工作

近年来，随着税务系统信息安全等级保护测评工作不断深入开展，发现各信息系统所属服务器多存在安全配置不合理、补丁更新不及时和管理手段不到位等问题。进一步从等级保护测评结果分析发现，各信息系统在主机安全、税务应用软件系统安全、数据安全保护等方面与税务信息系统安全等级保护的基本要求存在一定差距。

鉴于上述情况，为贯彻落实国家税务总局关于税务系统信息安全保障体系建设相关要求，与税务系统信息安全风险测评工作紧密结合，需开展税务系统信息安全等级保护安全建设整改工作。其中服务器信息安全加固是税务系统信息安全等级保护安全建设整改工作的重要组成部分，通过服务器信息安全加固工作可堵塞服务器存在的安全漏洞，加强服务器的安全运行能力，提升服务器的单点防护能力，进一步从主机安全层面和应用安全层面达到税务信息系统安全等级保护的基本要求。

税务系统服务器信息安全加固工作共分为两个阶段，第一个阶段为试点完善阶段，在 2012 ～ 2013 年，共完成了 6 个省级税务局的服务器信息安全加固；第二个阶段为全面推广阶段，在 2015 ～ 2016 年，又完成了 6 个省级税务局的服务器信息安全加固。通过两个阶段的工作，得到以下结论：

① 开创了税务系统服务器信息安全加固的新思路和新方法。服务器信息安全加固是在既定目标和工作模式下的一项具有挑战性的工作，存在时间紧、任务重、难度大、内容多、协调难度大和技术要求高等情况，需要不断论证加固方法的适用性与合理性并及时作出调整。在实际工作中，结合税务信息系统的特点，提出了以税务系统信息安全等级保护要求为基础，以信息系统等级保护测评结果为依据，在物理安全、主机安全、税务应用软件系统安全和数据安全保护四个方面对服务器实施安全加固，加固的对象确定为操作系统、数据库和中间件，突出了等级保护整改建设的内容。

② 建立了税务系统服务器信息安全加固的整套流程、方法和内容。从试点单位服务器信息安全加固工作为起点，编制了总体方案、实施方案、加固表单、加固验证单、加固报告，形成了操作系统安全加固规范（Windows、Linux、IBM-AIX）、数据库安全加固规范（Oracle、SQL Server）、中间件安全加固规范（WebLogic），建立了税务系统服务器信息安全加固指南。

上述文档在第二阶段的加固工作中，根据实际工作内容不同，对方案、表单和加固规范进行了修改完善，每年对税务系统服务器信息安全加固指南进行一次修订，以适应技术及应用环境的变化。

③ 为税务系统服务器信息安全加固工作积累了丰富的实践经验。税务系统服务器信息安全加固是首次在税务系统内部开展的有组织、与信息安全等级保护整改建设紧密结合的工作，涉及服务器数量较多，业务系统应用模式多样，面临安全加固理论依据不完备、无可以借鉴的实践经验等问题。

通过两个阶段的安全加固工作，共完成了 12 家省级税务机关的服务器安全加固工作，加固各类服务器近 1000 台，涉及信息系统近 200 个，完成各类加固项共计 15000 余项，积累了服务器信息安全加固丰富的实践经验。形成了具有税务行业特点的服务器信息安全加固流程、方法，为长期在税务系统开展服务器信息安全加固工作奠定了良好的基础。

为能使税务系统服务器信息安全加固工作系统化、规范化和制度化，使得服务器信息安全加固工作成为税务系统信息安全保障体系建设的一项基础性工作，需要建立完整的服务器信息安全加固机制，下一步工作的重点包括以下内容：

① 将税务系统服务器信息安全加固作为税务信息安全保障体系建设的一项基础性工作，应紧随税务系统信息安全需求的变化，是持续发展和循环上升的过程。

② 以税务系统信息安全等级保护要求为基础，将税务系统服务器信息安全加固工作与税务系统信息安全等级保护安全整改建设工作紧密结合，通过加固实施工作逐步提高税务信息系统的安全防护能力，逐步达到与评定等级相符合的安全要求。

③ 通过制定税务系统服务器信息安全加固的标准，规范加固流程、加固方法和加固内容，面对新版本的操作系统、数据库、中间件和业务软件，应定期对加固标准和规范进行修改和完善，特别对税务新开发的信息系统应在其正式上线前进行服务器信息安全加固。

④ 建立统一、完善的服务器信息安全加固工作组织、协调机制，形成以国家税务总局牵头，各省级税务局组织落实的工作模式。

⑤ 建立完整的服务器信息安全加固测试环境，总局应建立统推（全国部署）信息系统的测试环境，省级税务局应建立本省自行开发信息系统的测试环境，进一步降低加固工作的风险，提高加固内容的可操作性。

第15章 风险识别与分析方法在新技术环境中的应用

15.1 移动互联网环境的风险测评

移动互联网应用环境由移动智能终端、互联网、移动通信网、WIFI接入网、移动应用（软件和硬件）等要素共同组成，其中移动通信网、WIFI接入网和互联网共同组成了移动互联网的传输环境，移动智能终端和移动应用（软件和硬件）实现了移动互联网的应用环境。基于移动互联网应用的快速增长，移动智能终端、移动应用软件和无线网络更加丰富和多样化，带来的移动互联网安全问题将更加突出，安全形势更为严峻。移动互联网由于移动智能终端和移动应用的多样性，移动用户访问网络的模式和使用习惯与传统网络存在一定差异性，移动互联网所面临的安全问题也不是传统互联网和移动通信网安全问题的简单叠加。

基于上述情况，移动互联网应用环境的风险测评应从三个方面开展相关的工作，包括移动智能终端安全风险测评、移动传输网络安全风险测评以及移动应用（软件和硬件）安全风险测评。

15.1.1 移动智能终端安全风险测评

随着移动通信、智能终端操作系统、集成电路等领域技术的快速发展，智能终端的通信、计算、存储等能力迅速得到提升，智能终端存储了大量的个人隐私和敏感信息，很容易成为攻击对象，需要对移动智能终端的各项功能指标进行安全风险检测，保证移动智能终端应用环境的安全。

① 用户密码策略检测　测试移动智能终端设备是否设置了开机和锁屏密码，且密码强度和复杂度应符合一定的要求。

② 上网行为审计　移动智能终端安全机制中，对于使用浏览器访问的 URL 地址应进行记录，并可进行审计。

③ 病毒扫描　移动智能终端应该对常见的病毒，如木马、钓鱼、针对操作系统和应用程序漏洞的攻击具备一定的防范能力，以确保安全。预装防病毒软件，并定时更新病毒特征库，制定策略使得终端启动病毒查杀功能。

④ 软件安装检测　通过调用移动智能终端操作系统的 API 获取本地全部已安装软件的包名，然后根据应用软件黑白名单库进行比对，根据预置安全策略进行安全响应，并记录比对结果。

⑤ 移动存储使用检测　移动智能终端当有存储卡接入的时候，通过预制监测软件读取插入存储卡中的信息确认是否是合法的存储卡，对于不合法设备根据预置安全策略进行安全响应。

⑥ 外设通信监测　预制监测软件监听移动智能终端设备的 AP、WIFI、蓝牙、红外服务的广播消息，对于开启、关闭等使用情况进行记录。

⑦ 越权检测　检测获取当前终端设备的权限状态，如果当前设备具有 root 或者越狱权限，则进行记录。

15.1.2　移动传输网络安全风险测评

随着移动互联网的发展，其网络边界也越来越模糊，传统互联网的安全域划分、等级保护等安全机制在移动互联网中不再完全适用。移动互联网增加了无线接入和大量移动智能终端设备，网络攻击者可以通过破解空中接入协议非法访问网络，对空中接口传递的信息进行监听和窃取。移动互联网中的电信设备、信令和协议存在各种可能被利用的软硬件漏洞，攻击者可以利用这些漏洞对移动互联网进行攻击。对移动互联网传输网络的安全风险测评应包括以下方面：

（1）覆盖不同的网络通信制式的风险检测

2G、3G、4G、5G、WIFI 都要覆盖，这几者之间不仅仅只是网络速度的差别，也代表了不同的网络环境。模拟客户使用网络环境，检验客户程序在实际网络环境中使用情况，进行各类业务操作，对所有可能的组合进行测试。

（2）涵盖不同网络通信协议的风险检测

部分 APP 和后台服务是通过 Http 协议来交互的，传输协议为明文方式，有些接入环境中要输入用户名和密码，存在信息泄露的风险。通过 SSL 认证来访问网络，使用 Https 协议来交互，传输协议为加密方式。

（3）基于后台服务异常处置能力的风险检测

后台服务的稳定性有时难以控制，如 DNS 服务商出现问题、后台 API 的请求出现错误等，需要传输网络具备异常情况处置能力，没有进行正确的处理可能会导致移动应用不能正常工作。

（4）用户身份认证机制的风险检测

身份认证是安全建设的基础要素，其核心目的是要保证用户的真实性和唯一性，因此需要着重加强安全力度。但是考虑到移动应用众多，为了保障移动应用的推广和易用性，在保障身份唯一性和真实性的基础上，因地制宜地选择具体认证方式。

（5）网络数据传输保护机制的风险检测

网络传输安全是整个安全体系建设中的重要一环，所有的数据都要经过网络的通道进行流转，而网络攻击是所有安全风险中频率最高的一项，因此需要对网络传输安全保护机制进行风险检测。

（6）网络接入审计机制的风险检测

对于用户通过移动应用提出的网络接入请求应具备记录和审计的机制，记录包括接入日期、时间、用户、事件类型、是否成功及其他与审计相关的信息。

- 记录内容：用户的 GUID、认证结果、接入的网络资源地理信息、接入的日期与时间。
- 记录查询：可根据记录条目进行组合条件查询。
- 记录告警：对于接入者频繁接入失败进行消息告警，提示安全审计人员查询问题原因，并及时处理。

15.1.3　移动应用安全风险测评

移动互联网是以移动通信网与互联网融合作为接入网络的互联网及服务，包括几个关键要素，移动通信网络接入 2G、3G、4G、5G、面向公众的互联网服务 WAP 和 Web 等。从数据的本地存储到数据的传输、处理以及远程访问等各个环节，基于相应的安全标准 / 行业标准评估 APP 的安全特性。借鉴在 Web APP 和网络安全测试的一些成功经验在智能终端 APP 测试中进行裁减或适配，检测 APP 的用户授权级别、数据泄露、非法授权访问等。对 APP 的输入有效性校验，认证、授权、敏感数据存储、数据加密等方面进行检测，以期发现潜在的安全问题。基于各种通信协议或相应的行业安全标准检测 APP 是否满足相应的要求。

对移动应用的安全风险检测应包括以下几个方面：

① 移动应用软件的安全风险检测　移动应用软件安全风险检测包括移动应用软件数据安全检测、落地数据的安全防护机制、数据抗抵赖性检验、安全审计、

代码安全保护机制、应用软件开发环境。

② 移动应用门户的安全风险检测 移动应用门户的安全风险检测包括用户身份鉴别机制、访问的权限控制机制、应用数据完整性检验、日志审计、会话保护机制、插件代码保护机制、门户应用签名机制。

③ 移动应用管理的安全风险检测 移动应用管理的安全风险检测包括移动应用插件签名机制、移动应用软件开发管理、移动应用软件插件功能审核、移动应用软件测试、移动应用软件权限管理、移动应用软件病毒扫描、移动应用软件下载测试、移动应用软件日志审计。

④ 移动应用服务中间件的安全风险检测 中间件是连接移动应用插件、应用插件后台服务和应用平台其他组成系统的集成服务，为移动应用插件及应用门户提供访问接口，统一各类移动终端与业务系统之间的交互模式，提供服务接口安全调用机制，保证调用过程的安全性，包括数据传输安全性、权限控制机制和日志审计功能。

15.2　虚拟化环境的风险测评

虚拟化技术的应用，使得各机构或单位的数据中心逐步实现了资源使用及管理的集约化，有效节省了系统的资源投入成本和管理运维成本。同时虚拟化的广泛应用，也不可避免给各机构或单位的信息安全防护及运维管理带来新的信息安全风险。

15.2.1　虚拟化环境安全风险分析

① 网络及逻辑边界的模糊化，原有的网络安全防护技术作用明显下降。虚拟化技术最大的特点就是资源的虚拟化和集中化，将原来分散在不同物理位置、不同网络区域的主机及应用资源集中到了一台或者几台虚拟机平台上，不同的虚拟化主机间的逻辑边界越来越难于控制和防护，传统方式下的网络防火墙、网络入侵检测防护等技术都失去了应有的作用。攻击者可以利用已有的一台虚拟主机使用权限，尝试对该虚拟平台和虚拟网络的其他虚拟主机进行访问、甚至是嗅探攻击等行为。对于信息安全保护对象而言，威胁面明显变大，信息安全风险明显上升。

② 系统结构变化，导致新的信息安全风险。虚拟化平台在传统的"网络＋主机＋应用系统"架构中增加了虚拟化层，由于不同的虚拟机主机往往部署于同一虚拟化平台服务器，即使 2 台完全独立的虚拟机主机，也可能由于虚拟平台自身的某些缺陷及弱点（如虚拟平台本身的一些驱动漏洞），导致安全风险在不同

虚拟机主机之间扩散。同时，单台虚拟机的安全问题，也有可能影响整个虚拟化平台的安全。虚拟机间隔离不当，可非法访问其他虚拟机或者窃听虚拟机间的通信，盗取敏感数据。

③ 资源共享化，原有信息安全防护技术面临新挑战。针对虚拟化环境，一台服务器往往需要承载大量的客户端虚拟化系统，因此当所有的主机都同时进行病毒定义更新或扫描时，将形成更新和扫描的网络风暴，势必对整个虚拟化平台性能造成明显影响。

15.2.2　虚拟化环境安全风险测评

（1）虚拟化应用物理环境安全检测

主要是基于数据中心的安全检测，支撑虚拟化应用环境的服务器、存储设备等都部署在多个数据中心机房，主要包括数据中心物理设施的安全防护措施检测、供电、温湿度控制、防雷、抵御自然灾害等。对于虚拟机应用环境跨接多个数据中心的情况，在安全检测中应同时考虑多个数据中心的物理环境安全，还要考虑虚拟应用环境资源在不同数据中心间的漂移。

（2）虚拟化应用环境架构安全检测

在确定虚拟化应用环境架构的情况下，检测虚拟化应用分层结构的合理性，虚拟化应用不同层面的安全防护机制是否能够起到联动的作用，虚拟化应用层安全防护机制是否会影响虚拟化应用的性能等。

（3）虚拟化应用环境逻辑边界安全检测

在一般的网络架构中，网络边界是可以清晰界定的，边界防护措施的有效性检测方法相对比较成熟。在虚拟化应用环境的网络中，网络都是逻辑边界，一台物理主机上可能划分了逻辑隔离边界。网络设备虚拟化应用、安全设备虚拟化应用，在物理位置上并不能明确地进行区分。在进行安全检测前应以业务系统为核心，通过虚拟交换机和 VLAN 标记等方式确定区域边界，通过虚拟化安全设备来确定逻辑边界防护措施，进一步结合传统检测方法来实现对虚拟化应用环境逻辑边界的安全检测。

（4）虚拟化应用环境系统层安全检测

虚拟应用环境系统层是虚拟化平台与用户交互的主要场景，为用户提供了各类操作系统，例如 Windows、Linux 等，在操作系统上运行各类业务软件，业务系统运行在虚拟化平台上需要考虑安全性和稳定性等方面的内容。对虚拟化应用环境系统层安全检测需要测试虚拟机之间的安全隔离是否到位，防止虚拟机逃逸的措施，进一步检测操作系统层面和应用软件层面的安全防护措施。同时还要对虚拟化应用环境中存储数据安全保护措施进行检测，以及虚拟机镜像文件的安全性检测。

（5）虚拟化应用环境管理层安全检测

- 日志记录是否完整。应当定期备份监控设备和虚拟机设备上的事件日志文件，这些事件日志文件是日后的安全审计的依据。
- 数据备份机制是否完备。备份虚拟机主机、管理程序和每个客户虚拟机等的配置，确保在应用系统变更时能够正确配置，使安全策略包含各虚拟机系统。
- 系统资源授权访问控制措施是否全面。系统资源的访问权限应与每个使用者的职责对应起来，限制对系统共享资源的访问。
- 虚拟机运行监测手段是否健全。对虚拟机系统运行应进行全程监测，并能记录虚拟机系统的所有操作，同一物理主机上运行的虚拟机系统的数量应得到严格限制。

15.3　工业控制系统的风险测评

工业控制系统脆弱性以及所面临的日益严重的安全威胁，已经引起了国家的高度重视，提升到国家安全战略的高度，但工业控制系统的安全目标与其他领域的安全目标是一致的，应用管理、运行和技术上的保护措施，以保护工业控制系统及其信息的保密性、完整性和可用性等。其目的是减少自身的脆弱性，抵御工业控制系统所面临的安全威胁，从而降低工业控制系统的安全风险。

工业控制系统是关键信息基础设施的核心组成部分，大部分传统信息系统涉及的问题也适用于工业控制系统安全问题，对于工业控制系统开展风险测评十分重要。针对工业控制系统的安全防护能力检测评估，首先要明确实施原则、实施范围，其次从风险评估实施角度出发，注重具体实施流程，最后结合工业控制系统的自身特点开展风险评估工作。

15.3.1　工业控制系统测评原则

工业控制系统的测评原则需要关注国家关于工业网络安全相关标准指南和行业检查或评估要求，明确行业检查评估原则，已发布的涉及工业控制系统检查评估的标准规范有以下几个。

①《中华人民共和国网络安全法》在第三章"网络运行安全"的第二节"关键信息基础设施的运行安全"中明确说明：作为关键信息基础设施的一部分，工业控制系统信息安全需要重点关注及重点保护。同时第三十八条规定，关键基础设施的运营者应当自行或者委托网络安全服务机构对其网络的安全性和可能存在的风险每年至少进行一次检测评估，《中华人民共和国网络安全法》对工业网络

安全监管机构以及工业企业定期开展安全风险评估都提出了相应的要求。

② GB/T 30976.1—2014《工业控制系统信息安全 第 1 部分：评估规范》该标准规定了工业控制系统（SCADA、DCS、PLC、PCS 等）信息安全评估的目标、内容、实施过程等。评估内容主要包括组织机构管理评估和系统能力评估两个方面，同时还强调了工业控制系统全生命周期各阶段的风险评估，风险评估应该贯穿于工业控制系统生命周期的各个阶段，包括规划、设计、实施、运行维护和废弃阶段，并对各个阶段风险评估的对象、目的和要求进行了详细阐述。

③《工业控制系统信息安全防护指南》工信软函［2016］338 号（以下简称《指南》）。明确工业和信息化部指导和管理全国工业企业工控安全防护和保障工作，地方工业和信息化主管部门根据工业和信息化统筹安排，指导本行政区域内的工业企业制定工控安全防护实施方案。它重点对工业控制系统开展信息安全风险评估工作，分析梳理工业控制系统结构和工业控制系统关键控制环节及工作流、数据流。结合当前的信息安全保护机制，对实际面临的各种威胁进行威胁源分析、脆弱性分析、风险分析以评价工业控制系统安全保护能力。建议结合等级保护以及关键基础设施保护工作来落实《指南》要求，属于保护等级为三级及以上工业控制系统，或属于关键信息基础设施的工业控制系统，建议逐条对照，选择应对措施，优化操作规程。

④《工业控制系统信息安全防护能力评估工作管理办法》，是工信部于 2017 年 7 月 31 日印发的，它主要为工业企业按照《工业控制系统信息安全防护指南》建立的安全防护能力开展综合评估。该办法也强调了针对工业控制系统规划、设计、建设、运行、维护等全生命周期各阶段开展安全防护能力综合评价。同时，对评估管理组织、评估机构、人员要求、评估工具要求、评估工作程序和监督管理进行了详细描述。该方法的评价模型采用定量分析法，根据《工业控制系统信息安全防护指南》的 11 个方面设置了 30 个大项，61 个小项，129 个评分细项，对每个细项都赋予了相应的分值和评分细则。

15.3.2 工业控制系统测评流程

不同行业的工业控制系统差异较大，有其各自的特殊性，如何评估工业控制系统的风险，建议可借助传统的信息系统评估思路，结合工业控制系统特有的理论、方法和工具，准确发现工控系统存在的主要问题和潜在安全风险。输出的工业控制系统风险评估报告，才会更好地指导工控系统的安全防护建设，才能建立工控系统信息安全纵深防御体系。

（1）风险测评使用场景

工业控制系统风险测评流程需与具体工控系统内容和承载业务相关联，建议开展工业控制系统全生命周期的风险测评。明确不同阶段的目标达成内容：

- 在规划设计阶段，通过风险测评确定系统的安全目标。
- 在建设验收阶段，通过风险测评确定系统的安全目标达成与否。
- 在运行维护阶段，要不断地实施风险测评以识别系统面临的不断变化的风险和脆弱性，从而确定安全措施的有效性，确保安全目标得以实现。

因此每个阶段风险评估的具体实施应根据该阶段的特点有所侧重地进行。

（2）测评范围

工业控制系统风险测评的范围包含如下三个大的方面：物理安全、技术安全和管理安全，其中每部分又可以划分为许多小的方面。物理安全包含防雷、防火、防盗、温湿度控制等方面；技术安全包括工控网络安全、工控设备安全、工控主机安全等，在具体的评估过程中还要再具体细化，如边界防护安全、工控协议安全、工控数据安全等不同的内容；管理安全通常涉及机构、制度、流程、安全意识等。

（3）测评方法

无论使用什么评估方法，其核心就是根据威胁出现的频率、脆弱性严重程度来确认安全事件发生的可能性，同时利用资产的价值和脆弱性严重程度来评估安全事件造成的损失，最后通过安全事件发生的可能性和造成的损失来计算风险值。也可以直观地检测当前工业控制系统的安全现状和风险点，查找工业控制系统的安全防护能力方面与安全评估标准或安全基线要求之间的差距。

15.3.3　工业控制系统测评工具

无论是现有各监管机构组织的安全检测还是发动的行业或企业自行组织的安全检测，都会面临复杂多样的工业应用环境和数量巨大的评估对象，对评估人员的技术水平和工作量都是相当大的考验。因此，通过系统化的检测知识指导，借助专业化的工控系统评估工具，结合定制化的工控系统检测模板，可以大大减轻现场评估工作量。在设计检测表单和评价机制时，现有工业控制系统的评估工具种类较多，有商业版本的，也有开源版本的，还有自动化集成工具，但工具需包含信息资产发现识别、工业控制系统漏洞扫描、工业控制系统的配置核查、工控网络数据采集、工业控制系统的入侵检测异常行为审计、工业控制系统的病毒和恶意代码检测以及应用弱口令检查等功能，可以辅助完成合规指标项的检查和评判。工业控制系统风险测评过程中，可以利用一些辅助性的工具和方法来采集数据，主要包括以下几个方面。

- 问卷调查表：可以对资产、业务、历史安全事件、管理制度等各方面的信息进行搜集和统计。
- 检查列表：是对某一测评对象进行评估的具体条目。
- 人员访谈：通过访谈掌握安全制度、安全意识、安全流程等信息，也可以了解一些没有记录在案的历史信息。

- 漏洞扫描：通常是指用于工业控制系统的专业漏洞扫描工具，其内置的漏洞库包含传统信息系统的漏洞，更重要的是需要包含工控系统相关的漏洞。
- 漏洞挖掘：通常是指用于工控设备的专业漏洞挖掘工具，该类工具是基于模糊测试的理论，发现设备的未知漏洞。
- 工控审计：该工具主要用于收集工业控制系统的数据流量、网络会话、操作变更等信息，发现一些潜在的安全威胁。
- 渗透测试：这不单指一种工具，而是测评人员利用工具和技术方法的行为集合，这是一种模拟黑客行为的漏洞探测，既要发现漏洞，也要利用漏洞来展现一些攻击的场景。

在工业控制系统测评过程中也可以增加一些其他工具，如无线测评工具、数据库测评工具、中间件测评工具、嵌入式操作系统测评工具等。

附录

附录1　信息安全风险测评表单

附录 1.1　网络与信息系统定级梳理表

填写说明：此表（附表 1-1）为网络信息系统定级梳理表，统计内容包括系统名称、已确定的保护等级或拟确定的保护等级，系统类型主要是面向互联网服务、内部服务以及内部业务等系统类型，运营部门是指该信息系统由哪个具体单位运行维护，开发单位是指系统由哪个部门或公司设计、开发。

附表1-1　网络与信息系统定级梳理表

序号	系统名称	已定等级	拟定等级	系统类型	运营部门	开发单位	备注
1	××信息系统	二级		办公系统	信息中心	信息中心	
2	××信息系统	三级		业务系统	业务部门	××公司	
3	××信息系统		三级	面向互联网服务	业务部门	××公司	

附录 1.2　网络与信息系统资产调研表

① 业务应用资产

填写说明：业务应用资产调研表（附表 1-2）是对信息系统的应用软件以及与其关联的业务流程的统计，应用名称主要是指其功能名称，类别是指应用范围，开发商是指应用开发者，运行模式是指采用 C/S 架构或是 B/S 架构，中间件是指应用开发所使用的中间件类别，现有用户数量是指使用该应用业务的人数，责任人是指维护该系统的人员，用户角色是指使用该应用的不同用户，所属信息系统是指该应用所隶属的信息系统，权重是指该应用所赋予的权重值。

附表 1-2　业务应用资产调研表

应用名称	类别	开发商	运行模式	中间件	现有用户数量	责任人	用户角色	所属信息系统	权重
××业务	办公	××公司	C/S	WebLogic	1000	××	一般用户	××业务系统	5
			B/S						

② 设备资产

填写说明：设备资产调研表（附表 1-3）主要是针对网络设备和安全设备等的统计记录，设备名称主要是指设备称谓（交换机或路由器），型号是指设备具体版本号，主要用途是指设备使用方式，物理位置是指设备放置的位置，IP 地址是指设备的管理地址，是否热备是指设备采用热备及方式，责任人是指管理维护该设备的人员，系统软件版本是指设备系统的版本号，所属功能区域是指设备所处网络区域，资产赋值是指资产赋予的权重。

附表1-3 设备资产调研表

设备名称	型号	主要用途	物理位置	IP地址	是否热备	责任人	系统软件版本	所属功能区域	资产赋值
交换机	华为S5700	接入交换机	机房	××.××.××.××	否	××	5.1.2	外网	2

③ 主机资产

填写说明：主机资产调研表（附表1-4）主要是对服务器、终端计算机、笔记本电脑等的统计记录，所属业务系统是指主机隶属哪个业务系统，资产名称是指主机名称，操作系统是指主机上安全的操作系统类型及版本，IP地址是指主机的IP地址，设备型号是指设备具体类别，中间件、数据库（版本）是指主机上安装的中间件或数据库版本号，物理位置是指主机放置的位置，责任人是指管理维护主机的人员，资产赋值是指资产赋予的权重。

附表1-4 主机资产调研表

所属业务系统	资产名称	操作系统	IP地址	设备型号	中间件、数据库（版本）	物理位置	责任人	资产赋值
××业务系统	服务器	AIX	××.××.××.××	IBM X3650	WebLogic Oracle	机房	××	5

④ 服务资产

填写说明：服务资产调研表（附表 1-5）主要是对被检测单位外包服务情况进行统计，管理部门是指承担外包服务的单位或公司，资本性质是指单位为国营还是民营企业，服务类型是指外包服务类别（开发、运维、升级等），服务描述是指对该项服务的细节内容进行描述，外包程度是指承担外包服务的公司负责全部外包还是部分外包，赋值是指赋予的权重。

附表 1-5　服务资产调研表

管理部门	资本性质	服务类型	服务描述	外包程度	赋值
××公司	民营	开发、运维	负责××业务系统的设计开发以及上线运行后的运维	全部外包	2

附录 1.3　信息系统应用调研表

填写说明：信息系统应用调研表（附表 1-6）主要对信息系统承载的业务应用情况进行调研和记录，应用系统名称是指该业务系统名称；业务简述是指该业务系统主要功能描述；安全性要求是指保密性、完整性和可用性；管理者责任 / 权限是指系统具体由哪个部门哪个人负责管理；业务依赖程度是指该业务应用是否与其他业务系统有关联性；涉及数据及其重要程度是指业务系统运行数据是否为核心数据；用户类型和数量是指该系统是本单位内部员工使用还是面向公众服务、用户数量；应用系统架构是指业务软件采用何种开发语言、分为几层架构部署、用户采用何种方式访问；涉及网络区域是指业务系统部署在网络的哪个区域中；硬件平台是指承载业务系统服务器型号、数量、采用集群方式部署；操作系统 /IP 地址是指服务器操作系统版本以及设计的 IP 地址；数据库类型 /IP 地址是指服务器上安装数据库类型；采用的中间件产品是指业务系统安装的中间件产品的名称及版本；软件开发商是指该业务软件是自行开发还是外包开发的。其他栏目表中备注一栏都有详细解释说明。

附表 1-6　信息系统应用调研表

应用系统名称	××办公系统			
业务简述	对单位内部员工的文件分发、文件处理、文件打印的管理			
安全性要求	保密性：有没有敏感数据、保密数据	完整性：数据受损或篡改对系统的影响有多大	可用性：系统停止运转多长时间可以承受	其他：

续表

基本情况补充	说明	备注
管理者责任/权限		
业务依赖程度		
涉及数据及其重要程度		
用户类型和数量		内部用户；外部用户
应用系统架构		访问模式、几层架构、何种语言开发
涉及网络区域		网络中划分不同的区域
硬件平台		服务器型号、数量、部署方式（集群部署方式）
操作系统/IP地址		
数据库类型/IP地址		
采用的中间件产品		
软件开发商		自行软件开发或外包软件开发
系统开发文档		是否有总体安全策略、安全技术框架、安全管理策略、总体建设规划、详细设计方案
项目测试		是否指定专门部门负责测试验收工作，由何部门负责，是否对测试过程进行文档化要求
项目实施（工程时间限制、进度控制、质量控制）		是否指定专门人员或部门负责工程实施管理
		是否将控制方法和工程人员行为规范制度化
项目验收		是否根据设计方案或合同要求组织相关部门和人员对安全性测试和验收报告进行符合性审定
系统部署范围		全系统部署还是某个部门部署
应用系统管理方式（详细解释维护管理人员的分工、管理范围、职权、管理模式）		该系统主要由信息化部门管理还是由业务部门管理，或者共同管理，权限和职责是否明确
		纵向管理：岗位交叉 横向管理：系统交叉 交叉管理：兼而有之

附录1.4 威胁取值参考表

填写说明：威胁取值参考表（附表1-7）中给出的数值是一个参考，让读者明确业务系统部署在不同区域内，不同区域防护机制不同，业务系统的重要程度不一样，同样的威胁对不同业务系统带来的影响是不同的。

附表 1-7 威胁取值参考表

威胁因素	人为因素													环境因素				
威胁类别	操作失误	滥用授权	行为抵赖	身份假冒	口令攻击	密钥分析	漏洞利用	拒绝服务	恶意代码	窃取数据	物理破坏	社会工程	数据受损	管理不到位	灾害	电源中断	意外故障	通信中断
互联网服务类系统	1~2	1~2	1~2	3~5	3~5	3~5	3~5	3~5	3~5	3~5	0~1	1~3	1~3	1~2	0~1	1~2	1~2	1~2
数据共享连接类系统	1~2	1~2	1~2	3~4	3~4	3~4	3~4	3~4	3~4	3~4	0~1	1~3	1~3	1~2	0~1	1~2	1~2	1~2
内部业务类系统	1~2	1~2	1~2	3~4	3~4	3~4	3~4	3~4	3~4	3~4	0~1	1~3	1~3	1~2	0~1	1~2	1~2	1~2
内部行政办公类系统	1~2	1~2	1~2	3~4	3~4	3~4	3~4	3~4	3~4	3~4	0~1	1~3	1~3	1~2	0~1	1~2	1~2	1~2

信息系统类型

附录 1.5 现场安全检测数据采集表

填写说明：现场安全检测数据采集表（附表 1-8）是在现场检测时进行记录的表格，在实际操作中可转换为 EXCEL 格式便于统计；其中测评项包含了安全检查、等保测评和风险评估检测项的合集；测评内容是对应每个测评项中需要实施内容的详细说明；测评结果输出是指现场采集数据经过初步判断分析后将结果分配到不同的测试类别中，例如第一项"机房位置选择"输出结果应同时分配到安全检查、等保测评和风险评估的结果中，第三项"机房防雷击"输出结果分配到等保测评和风险评估的结果中。

附表 1-8　现场安全检测数据采集表

序号	测评项	测评内容	测评结果输出
1	机房位置选择	检查机房，测评机房物理场所在位置上是否具有防震、防风和防雨等方面的安全防范能力	■ 安全检查 ■ 等保测评 ■ 风险评估
2	机房物理访问控制	检查机房出入口，测评机房在物理访问控制方面的安全防范能力	■ 安全检查 ■ 等保测评 ■ 风险评估
3	机房防雷击	检查机房设计/验收文档，测评机房是否采取相应的措施预防雷击	□ 安全检查 ■ 等保测评 ■ 风险评估
4	机房防火	检查机房防火方面的安全管理制度，检查机房防火设备，测评机房是否采取必要的措施防止火灾的发生	■ 安全检查 ■ 等保测评 ■ 风险评估
5	机房防水和防潮	检查机房及其除潮设备，测评机房是否采取必要措施来防止水灾和潮湿	□ 安全检查 ■ 等保测评 □ 风险评估
6	机房防静电	检查机房，测评机房是否采取必要措施防止静电的产生	□ 安全检查 ■ 等保测评 □ 风险评估
7	机房温湿度控制	检查机房的温湿度自动调节系统，测评机房是否采取必要措施对机房内的温湿度进行控制	■ 安全检查 ■ 等保测评 ■ 风险评估
8	机房供配电	检查机房供电线路、设备，测评是否具备为信息系统提供一定电力供应的能力	■ 安全检查 ■ 等保测评 ■ 风险评估
9	机房电磁防护	检查主要设备，测评机房是否具备一定的电磁防护能力	□ 安全检查 ■ 等保测评 □ 风险评估

续表

序号	测评项	测评内容	测评结果输出
10	设备安全防护	检查机房内的防盗报警设施，测评机房是否采取必要的措施预防设备丢失	■ 安全检查 ■ 等保测评 ■ 风险评估
11	存储介质安全防护	检查存储介质，测评机房是否采取必要的措施预防存储介质丢失和被破坏	□ 安全检查 ■ 等保测评 ■ 风险评估

附录 1.6 已有安全措施统计表

填写说明：已有安全措施统计表（附表 1-9）是对一个单位已有安全措施进行的全面统计和分析，包括物理安全、网络安全、主机安全、应用安全、数据保护、密码技术、安全集中管控技术、安全管理制度、安全管理机构、人员安全管理、信息安全等级保护管理、系统建设管理、系统运维管理、安全变更管理、密码管理、信息系统安全集中管控、终端安全管理等，在已有安全措施一栏简要表述即可。

附表 1-9 已有安全措施统计表

检查项	检查子项	已有安全措施
物理安全	机房位置选择	
	机房物理访问控制	
	机房防雷击	
	机房防火	
	机房防水和防潮	
	机房防静电	
	机房温、湿度	
	机房供、配电	
	机房电磁防护	
	设备安全防护	
	存储介质安全防护	
网络安全	网络结构安全	
	网络访问控制	
	网络安全审计	
	边界完整性保护	
	网络入侵防范	
	网络恶意代码防范	
	网络设备登录控制	
	网络备份与恢复	

续表

检查项	检查子项	已有安全措施
主机安全	用户身份鉴别	
	自主访问控制	
	标记与强制访问控制	
	安全审计	
	入侵防范	
	恶意代码防范	
	资源控制	
	备份与恢复	
应用安全	用户身份鉴别	
	自主访问控制	
	标记与强制访问控制	
	安全审计	
	检错和容错	
	资源控制	
数据保护	数据完整性保护	
	数据保密性保护	
	数据交换抗抵赖	
	数据备份与恢复	
密码技术	密码技术	
安全集中管控技术	安全机制集中控制	
	安全数据汇集	
安全管理制度	安全管理制度内容	
	安全管理制度的制定与发布	
	安全管理制度的评审与修订	
安全管理机构	安全管理机构设置	
	安全管理机构人员配备及职责	
	安全授权和审批管理	
	安全管理沟通和合作管理	
	安全审核和检查管理	
人员安全管理	人员岗位管理	
	人员培训与考核管理	
	人员安全意识教育管理	
	外部人员访问管理	

检查项	检查子项	已有安全措施
信息安全等级保护管理	定级和备案管理	
	等级测评管理	
	整改和报备管理	
系统建设管理	安全设计管理	
	安全产品采购使用管理	
	软件自行开发安全管理	
	软件外包开发安全管理	
	安全工程实施管理	
	安全测试验收管理	
	安全系统交付管理	
	安全服务选择管理	
系统运维管理	运行环境管理	
	资产管理	
	存储介质管理	
	设备管理	
	安全审计管理	
	入侵防范管理	
	网络安全管理	
	主机系统安全管理	
	用户授权管理	
	备份与恢复管理	
	恶意代码防范管理	
	安全事件处置管理	
	应急响应管理	
安全变更管理	安全变更管理	
密码管理	密码管理	
信息系统安全集中管控	安全策略集中管理	
	安全制度集中管理	
	安全机制集中管理	
	安全数据集中管理	
	安全事件集中管理	
	用户授权统一管理	
	密码集中管理	

续表

检查项	检查子项	已有安全措施
终端安全管理	用户身份鉴别	
	自主访问控制	
	标记与强制访问控制	
	安全审计	
	入侵防范	
	恶意代码防范	

附录2 网络与信息系统安全基线配置表单

附录2.1 网络设备安全基线配置要求表

① 网络设备安全基线配置基本要求示例

附表2-1 网络设备安全基线配置基本要求示例1

安全基线项目	用户账号分配安全基线要求项
安全基线编号	网络设备安全配置技术要求-基本-1
安全基线说明	应按照用户分配账号。避免不同用户间共享账号。避免用户账号和设备间通信使用的账号共享
等保基本要求	7.1.2.7网络：网络设备防护（G3），a）应对登录网络设备的用户进行身份鉴别 7.1.2.7网络：网络设备防护（G3），c）网络设备用户的标识应唯一
备注	

附表2-2 网络设备安全基线配置基本要求示例2

安全基线项目	无关的账号安全基线要求项
安全基线编号	网络设备安全配置技术要求-基本-2
安全基线说明	应删除与设备运行、维护等工作无关的账号
等保基本要求	7.1.2.7网络：网络设备防护（G3），a）应对登录网络设备的用户进行身份鉴别 7.1.2.7网络：网络设备防护（G3），c）网络设备用户的标识应唯一
备注	

附表2-3 网络设备安全基线配置基本要求示例3

安全基线项目	限制具备管理员权限的用户远程登录安全基线要求项
安全基线编号	网络设备安全配置技术要求-基本-3
安全基线说明	限制具备管理员权限的用户远程登录。远程执行管理员权限操作，应先以普通权限用户远程登录后，再通过enable命令进入相应级别再后执行相应操作
等保基本要求	7.1.2.7网络：网络设备防护（G3），b）应对网络设备的管理员登录地址进行限制 7.1.2.7网络：网络设备防护（G3），h）应实现设备特权用户的权限分离
备注	

附表2-4　网络设备安全基线配置基本要求示例4

安全基线项目	配置默认级别安全基线要求项
安全基线编号	网络设备安全配置技术要求-基本-4
安全基线说明	交换机命令级别共分为访问、监控、系统、管理4个级别，分别对应标识0、1、2、3。配置登录默认级别为访问级（0-VISIT）
等保基本要求	7.1.2.7网络：网络设备防护（G3），a）应对登录网络设备的用户进行身份鉴别 7.1.2.7网络：网络设备防护（G3），h）应实现设备特权用户的权限分离
备注	

附表2-5　网络设备安全基线配置基本要求示例5

安全基线项目	SSH登录维护
安全基线编号	网络设备安全配置技术要求-基本-18
安全基线说明	使用Telnet进行远程设备维护的时候，由于密码和通信都是明文的，易受sniffer侦听，所以应采用SSH替代Telnet。SSH（Secure Shell）服务使用tcp 22端口，客户端软件发起连接请求后从服务器接受公钥，协商加密方法，成功后所有的通信都是加密的
等保基本要求	7.1.2.7网络：网络设备防护（G3），g）当对网络设备进行远程管理时，应采取必要措施防止鉴别信息在网络传输过程中被窃听
备注	目前多数网络管理系统的配置管理模块需要开启路由交换设备上的Telnet功能，因此可保留针对网管系统的Telne登录支持，同时针对其他人工登录方式使用SSH方式登录

附表2-6　网络设备安全基线配置基本要求示例6

安全基线项目	登录账户超时退出
安全基线编号	网络设备安全配置技术要求-基本-19
安全基线说明	配置登录账户超时自动登出，适用于Telnet、SSH、HTTP等管理连接和Console口登录连接等
等保基本要求	7.1.2.7网络：网络设备防护（G3），f）应具有登录失败处理功能，可采取结束会话、限制非法登录次数和当网络登录连接超时自动退出等措施
备注	

附表2-7　网络设备安全基线配置基本要求示例7

安全基线项目	SNMP默认字符串更改
安全基线编号	网络设备安全配置技术要求-基本-20
安全基线说明	修改SNMP的Community默认通行字，防止信息泄露
等保基本要求	7.1.2.7网络：网络设备防护（G3），g）当对网络设备进行远程管理时，应采取必要措施防止鉴别信息在网络传输过程中被窃听
备注	

附表2-8　网络设备安全基线配置基本要求示例8

安全基线项目	SNMP版本安全基线要求项
安全基线编号	网络设备安全配置技术要求-基本-21
安全基线说明	系统应配置为SNMPV2或以上版本
等保基本要求	7.1.2.7网络：网络设备防护（G3），k）对网络设备系统自带的服务端口进行梳理，关掉不必要的系统服务端口，并建立相应的端口开放审批制度
备注	

附表2-9　网络设备安全基线配置基本要求示例9

安全基线项目	SNMP访问控制安全基线要求项
安全基线编号	网络设备安全配置技术要求-基本-22
安全基线说明	设置SNMP访问安全限制，只允许特定主机通过SNMP访问网络设备
等保基本要求	7.1.2.7 网络：网络设备防护（G3），a）应对登录网络设备的用户进行身份鉴别 7.1.2.7 网络：网络设备防护（G3），b）应对网络设备的管理员登录地址进行限制
备注	

附表2-10　网络设备安全基线配置基本要求示例10

安全基线项目	关闭未使用的接口
安全基线编号	网络设备安全配置技术要求-基本-23
安全基线说明	设备维护中关闭未使用的接口，如路由器的AUX口；或通过SHUTDOWN命令关闭交换机上未使用接口
等保基本要求	7.1.2.7网络：网络设备防护，k）对网络设备系统自带的服务端口进行梳理，关掉不必要的系统服务端口，并建立相应的端口开放审批制度
备注	

附表2-11　网络设备安全基线配置基本要求示例11

安全基线项目	配置定时账户自动登出安全基线要求项
安全基线编号	网络设备安全配置技术要求-基本-24
安全基线说明	配置定时账户自动登出。如Telnet、SSH、HTTP等管理连接和Console口登录连接等
等保基本要求	7.1.2.7网络：网络设备防护（G3），f）应具有登录失败处理功能，可采取结束会话、限制非法登录次数和当网络登录连接超时自动退出等措施
备注	

附表2-12　网络设备安全基线配置基本要求示例12

安全基线项目	系统远程管理服务只允许特定地址访问安全基线要求项
安全基线编号	网络设备安全配置技术要求-基本-25
安全基线说明	系统远程管理服务Telnet、SSH默认可以接受任何地址的连接，出于安全考虑，应该只允许特定地址访问
等保基本要求	7.1.2.7 网络：网络设备防护（G3），a）应对登录网络设备的用户进行身份鉴别 7.1.2.7 网络：网络设备防护（G3），b）应对网络设备的管理员登录地址进行限制
备注	

附表2-13　网络设备安全基线配置基本要求示例13

安全基线项目	端口与实际应用相符安全基线要求项
安全基线编号	网络设备安全配置技术要求-基本-26
安全基线说明	系统使用的端口默认无描述，安全事件处理及后期日志查询较为不便，出于安全考虑，应该将使用的端口添加符合实际应用的描述
等保基本要求	7.1.2.1 网络：结构安全（G3），d）应绘制与当前运行情况相符的网络拓扑结构图
备注	

② 网络设备安全基线配置增强要求示例

附表 2-14 网络设备安全基线配置增强要求示例 1

安全基线项目	账号、口令和授权的强制要求安全基线要求项
安全基线编号	网络设备安全配置技术要求-增强-1
安全基线说明	设备通过相关参数配置，与认证系统联动，满足账号、口令和授权的强制要求
等保基本要求	7.1.2.7网络：网络设备防护（G3），a）应对登录网络设备的用户进行身份鉴别 7.1.2.7网络：网络设备防护（G3），c）网络设备用户的标识应唯一
备注	

附表 2-15 网络设备安全基线配置增强要求示例 2

安全基线项目	根据用户的业务需要配置其所需最小权限安全基线要求项
安全基线编号	网络设备安全配置技术要求-增强-2
安全基线说明	在设备权限配置能力内，根据用户的业务需要，配置其所需的最小权限
等保基本要求	7.1.2.7网络：网络设备防护（G3），h）应实现设备特权用户的权限分离
备注	

附表 2-16 网络设备安全基线配置增强要求示例 3

安全基线项目	Console口密码保护功能安全基线要求项
安全基线编号	网络设备安全配置技术要求-增强-3
安全基线说明	配置Console口密码保护功能
等保基本要求	7.1.2.3网络：网络设备防护（G3），a）应对登录网络设备的用户进行身份鉴别 7.1.2.3 网络：网络设备防护（G3），e）身份鉴别信息应具有不易被冒用的特点，口令应有复杂度要求并定期更换
备注	

附表 2-17 网络设备安全基线配置增强要求示例 4

安全基线项目	过滤常见已知攻击
安全基线编号	网络设备安全配置技术要求-增强-4
安全基线说明	网络设备通过ACL过滤常见已知攻击。在网络边界，设置安全访问控制列表，过滤掉已知安全攻击数据包，例如TCP 1434端口（防止SQL slammer蠕虫）、tcp445，5800，5900（防止Della蠕虫）
等保基本要求	7.1.2.3网络：网络入侵防范（G3），a）应在网络边界处监视以下攻击行为：端口扫描、强力攻击、木马后门攻击、拒绝服务攻击、缓冲区溢出攻击、IP碎片攻击和网络蠕虫攻击等
备注	

附表 2-18 网络设备安全基线配置增强要求示例 5

安全基线项目	ACL控制业务服务访问
安全基线编号	网络设备安全配置技术要求-增强-5
安全基线说明	根据实际业务的开放需要，在路由交换设备上配置基于源IP地址、通信协议TCP或UDP、目的IP地址、源端口、目的端口的流量过滤，过滤未经授权的针对业务服务器的访问。在没有防火墙作为访问控制设备的情况下，可利用路由交换的ACL进行访问控制
等保基本要求	7.1.2.2网络：网络设备防护（G3），b）应能根据会话状态信息为数据流提供明确的允许/拒绝访问的能力，控制粒度为端口级
备注	

附表2-19　网络设备安全基线配置增强要求示例6

安全基线项目	启用URPF防地址欺骗安全基线要求项
安全基线编号	网络设备安全配置技术要求-增强-6
安全基线说明	为了防止地址欺骗攻击，设备应配置URPF的安全特性
等保基本要求	7.1.2.2网络：网络设备防护（G3），f）重要网段应采取技术手段防止地址欺骗
备注	

附表2-20　网络设备安全基线配置增强要求示例7

安全基线项目	对最大并发连接数进行限制安全基线要求项
安全基线编号	网络设备安全配置技术要求-增强-7
安全基线说明	为了防止并发连接DOS类型的攻击，设备应限制最大连接数
等保基本要求	7.1.2.2网络：网络设备防护（G3），e）应限制网络最大流量数及网络连接数
备注	

附录2.2　操作系统安全基线配置要求表

① 服务器安全基线配置基本要求示例

附表2-21　服务器安全基线配置基本要求示例1

安全基线项目	操作系统密码复杂度安全基线要求项
安全基线编号	Windows服务器操作系统安全配置技术要求-基本-4
安全基线说明	最短密码长度为8个字符 启用本机组策略中密码必须符合复杂性要求的策略，即密码至少包含以下四种类别的字符中的两种： ● 英语大写字母A，B，C，…Z ● 英语小写字母a，b，c，…z ● 西方阿拉伯数字0，1，2，…9 ● 非字母数字字符，如标点符号"，""@""#""$""%""&""*"等
等保基本要求	7.1.3.1主机：身份鉴别（S3），b）操作系统和数据库系统管理用户身份标识应具有不易被冒用的特点，口令应有复杂度要求并定期更换
备注	

附表2-22　服务器安全基线配置基本要求示例2

安全基线项目	操作系统密码历史安全基线要求项
安全基线编号	Windows服务器操作系统安全配置技术要求-基本-5
安全基线说明	对于采用静态口令认证技术的设备，账户口令的生存期不长于90天
等保基本要求	7.1.3.1主机：身份鉴别（S3），b）操作系统和数据库系统管理用户身份标识应具有不易被冒用的特点，口令应有复杂度要求并定期更换
备注	

附表2-23　服务器安全基线配置基本要求示例3

安全基线项目	操作系统账户锁定策略安全基线要求项
安全基线编号	Windows服务器操作系统安全配置技术要求-6
安全基线说明	对于采用静态口令认证技术的设备，应配置当用户连续认证失败次数超过10次，锁定该用户使用的账户
等保基本要求	7.1.3.1主机：身份鉴别（S3），c）应启用登录失败处理功能，可采取结束会话、限制非法登录次数和自动退出等措施
备注	

附表 2-24　服务器安全基线配置基本要求示例 4

安全基线项目	操作系统默认共享安全基线要求项
安全基线编号	Windows服务器操作系统安全配置技术要求-基本-16
安全基线说明	非域环境中，关闭Windows硬盘默认共享，例如C$，D$
等保基本要求	7.1.3.2 主机：访问控制（S3），a）应启用访问控制功能，依据安全策略控制用户对资源的访问 7.1.3.2 主机：访问控制（S3），f）宜对重要信息资源设置敏感标记 7.1.3.2 主机：访问控制（S3），g）宜依据安全策略严格控制用户对有敏感标记重要信息资源的操作
备注	

附表 2-25　服务器安全基线配置基本要求示例 5

安全基线项目	操作系统共享文件夹安全基线要求项
安全基线编号	Windows服务器操作系统安全配置技术要求-基本-17
安全基线说明	查看每个共享文件夹的共享权限，只允许授权的账户拥有权限共享此文件夹
等保基本要求	7.1.3.2 主机：访问控制（S3），a）应启用访问控制功能，依据安全策略控制用户对资源的访问 7.1.3.2 主机：访问控制（S3），f）宜对重要信息资源设置敏感标记 7.1.3.2 主机：访问控制（S3），g）宜依据安全策略严格控制用户对有敏感标记重要信息资源的操作
备注	

附表 2-26　服务器安全基线配置基本要求示例 6

安全基线项目	操作系统补丁安全基线要求项
安全基线编号	Windows服务器操作系统安全配置技术要求-基本-24
安全基线说明	应安装最新的Service Pack补丁集，对服务器系统应先进行兼容性测试
等保基本要求	无
备注	

附表 2-27　服务器安全基线配置基本要求示例 7

安全基线项目	操作系统最新补丁安全基线要求项
安全基线编号	Windows服务器操作系统安全配置技术要求-基本-25
安全基线说明	应安装最新的Hotfix补丁，对服务器系统应先进行兼容性测试
等保基本要求	无
备注	

② 服务器安全基线配置增强要求示例

附表 2-28　服务器安全基线配置增强要求示例 1

安全基线项目	操作系统用户权力指派策略安全基线要求项
安全基线编号	Windows服务器操作系统安全配置技术要求-增强-1
安全基线说明	在本地安全设置中取得文件或其他对象的所有权仅指派给Administrators
等保基本要求	7.1.3.2 主机：访问控制（S3），a）应启用访问控制功能，依据安全策略控制用户对资源的访问
备注	

附表2-29 服务器安全基线配置增强要求示例2

安全基线项目	操作系统用户授权从网络访问安全基线要求项
安全基线编号	Windows服务器操作系统安全配置技术要求-增强-2
安全基线说明	在组策略中只允许授权账号从网络访问（包括网络共享等，但不包括终端服务）此计算机
等保基本要求	7.1.3.2 主机：访问控制（S3），a）应启用访问控制功能，依据安全策略控制用户对资源的访问
备注	

附表2-30 服务器安全基线配置增强要求示例3

安全基线项目	操作系统SYN攻击保护安全基线要求项
安全基线编号	Windows服务器操作系统安全配置技术要求-增强-3
安全基线说明	启用SYN攻击保护；指定触发SYN洪水攻击保护所必须超过的TCP连接请求数阈值为5；指定处于 SYN_RCVD 状态的 TCP 连接数的阈值为500；指定处于至少已发送一次重传的 SYN_RCVD 状态中的 TCP 连接数的阈值为400
等保基本要求	7.1.3.3 主机：安全审计（G3），c）审计记录应包括事件的日期、时间、类型、主体标识、客体标识和结果等 7.1.3.3 主机：安全审计（G3），d）应能够根据记录数据进行分析，并生成审计报表 7.1.3.3 主机：安全审计（G3），e）应保护审计进程，避免受到未预期的中断
备注	

附录2.3 安全基线配置例外说明样例表

附表2-31 安全基线配置例外说明样例表

<table>
<tr><td rowspan="6">基本情况</td><td colspan="4">系统管理员：_____
电话：_____
单位/部门：_____

安全管理员：_____
电话：_____
单位/部门：_____</td></tr>
<tr><td rowspan="2">基线隶属类别</td><td>□ 网络</td><td>□ 主机</td><td>□ 安全设备</td></tr>
<tr><td>□ 中间件</td><td>□ 数据库</td><td>□ 终端</td></tr>
</table>

例外说明	基线内容	配置名称：		
		要求内容：		
	基线配置例外情况说明	系统/设备名称：_____ 部署位置：		
		原因说明：		
		可能对系统造成的风险预估说明		
		预期可以达到安全基线合规性要求时间		
审批记录	单位/部门领导签字：			

附录3 服务器信息安全加固表单

附录3.1 服务器信息安全加固对象统计表

填写说明：此表（附表3-1）为服务器信息安全加固对象统计表，所属系统是指服务器所属业务系统，IP地址是指服务器设置的地址，标明服务器安装操作系统、数据库和中间件的类型及版本号，服务器是否为虚拟机部署，是否采用了双机热备方式，服务器系统管理员、数据库管理员和业务应用管理员如果不是同一人则都需要填写，为以后进行加固项确认和操作打下基础。

附录3.2 服务器信息安全加固确认单

填写说明：此表（附表3-2）为服务器信息安全加固确认单，对每个加固项以及对应加固操作步骤进行确认，加固处置意见默认为同意，若不同意，在相应栏目中做标记并注明原因，确认加固项及操作内容后需要服务器管理员和技术支持厂商共同签字确认。

附录3.3 服务器信息安全加固记录单

填写说明：此表（附表3-3）为服务器信息安全加固记录单，对每台服务器实施每一步加固操作后都需要进行记录，记录加固项成功还是失败，仅记录直接加固项的内容，该表由加固实施人员进行记录。

附录3.4 服务器信息安全加固验证单

填写说明：此表（附表3-4）为服务器信息安全加固完成后验证其功能是否能够正常运行的记录表，该表是以一个业务系统为单位，一个业务系统中包含多个服务器，需要对每个服务器的运行状态进行确认，包括操作系统、数据库、中间件等，验证加固后能否正常运行，验证完成后需要加固实施人员、系统运维人员和技术支持厂商共同签字确认。

附录3.5 服务器信息安全加固监控期业务功能验证单

填写说明：此表（附表3-5）为服务器信息安全加固监控期（为期一个月）完成后验证其功能是否能够正常运行的记录表，该表是以一个业务系统为单位，一个业务系统中包含多个服务器，需要对每个服务器的运行状态进行确认，包括操作系统、数据库、中间件等，验证加固后能否正常运行，验证完成后需要加固实施人员、系统运维人员和技术支持厂商共同签字确认。

附表 3-1　服务器信息安全加固对象统计表

序号	所属信息系统	IP地址	操作系统类型及版本	数据库类型及版本	中间件类型及版本	是否为虚拟机	服务器是否为双机热备	系统管理员	数据库管理员	业务应用管理员
1	某业务系统	192. 168.1. 100	AIX6.0	Oracle 10g	WebLogic 12	虚拟机	单机	人员1	人员2	人员3

附表3-2 服务器信息安全加固确认单

受加固单位：＿＿＿＿ 系统名称：＿＿＿＿ 管理员签字：＿＿＿＿ 厂商签字：＿＿＿＿

序号	加固子项	加固内容			加固操作		加固处置意见					备注
		加固方式				对象	系统运维	系统管理	厂商	最终	
		直接加固	安全建议	不加固							
1		√					同意	同意	同意	同意	
2				√			同意	同意	同意	同意	已符合
3		√		√			同意	同意	同意	同意	已符合
4							同意	同意	同意	同意	

附表 3-3　服务器信息安全加固记录单

基本信息

服务器地址		所属信息系统	
加固类型		加固时间	
加固实施人员		加固配合人员	

加固实施

| 序号 | 加固项（直接加固） | 加固操作结果 | |
		结果	说明
1		加固成功	
2		已符合	
3		已符合	
4		加固成功	
5		未加固	
6		已符合	
7		未加固	
8		加固成功	
9		加固成功	
10		加固成功	

附表3-4　服务器信息安全加固验证单

信息系统基本信息

信息系统名称

序号	加固类型			服务器地址（IP地址）	确认时间	加固组	确认人员		运行状态确认签字
	操作系统	数据库/中间件	应用项				被加固单位	厂商	

被加固单位：

厂商：

信息系统安全运行状态确认

序号	安全加固前系统功能描述	安全加固后系统功能描述	加固后系统状态（未见影响/部分影响/不可用）

附表3-5 服务器信息安全加固监控期业务功能验证单

信息系统基本信息

信息系统名称

序号	加固类型		确认时间	服务器地址（IP地址）	监控期确认人员			运行状态确认签字
	操作系统	数据库/中间件			加固组	被加固单位	厂商	被加固单位： 厂商：

信息系统安全监控期运行状态确认

序号	应用项	安全监控期前系统功能描述	安全监控期后系统功能描述	监控期影响状态 （未见影响/部分影响/不可用）

参 考 文 献

［1］ 张泽虹，赵东梅. 信息安全管理与风险评估［M］. 北京：电子工业出版社，2010.

［2］ 吴亚非，李新友，禄凯. 信息安全风险评估［M］. 北京：清华大学出版社，2007.

［3］ 赵战生，谢宗晓. 信息安全风险评估［M］. 2版. 北京：中国标准出版社，2016.

［4］ 李存建. 风险评估：理论与实践［M］. 北京：中国商务出版社，2002.

［5］ 李素鹏. 风险管理标准全解［M］. 北京：人民邮电出版社，2012.

［6］ 卓志. 风险管理理论研究［M］. 北京：中国金融出版社，2006.

［7］ 王巍，张金杰. 国家风险［M］. 南京：江苏人民出版社，2007.

［8］ COSO. 企业风险管理：应用技术［M］. 张宜霞，译. 大连：东北财经大学出版社，2006.

［9］ 亚德里安·斯莱沃斯基，卡尔·韦伯. 战略风险管理［M］. 蒋旭峰，译. 北京：中信出版社，2007.

［10］ 周世杰，蓝天，赵洋，等. 信息安全标准与法律法规［M］. 北京：科学出版社，2012.

［11］ 吴世忠，江常青，孙成昊，等. 信息安全保障［M］. 北京：机械工业出版社，2014.

［12］ 李斌，张晓菲，谢安明，等. 信息安全保障导论［M］. 北京：机械工业出版社，2015.

［13］ 吴世忠，李斌，沈传宁，等. 信息安全技术［M］. 北京：机械工业出版社，2014.

［14］ 刘驰，等. 大数据治理与安全［M］. 北京：机械工业出版社，2017.

［15］ 王良明. 云计算通俗讲义［M］. 2版. 北京：电子工业出版社，2017.

［16］ 徐小涛，杨志红，吴延林，等. 物联网信息安全［M］. 北京：人民邮电出版社，2012.

［17］ 张剑，万里冰，钱伟中，等. 信息安全技术［M］. 成都：电子科技大学出版社，2015.

［18］ 陈驰，于晶，等. 云计算安全体系［M］. 北京：科学出版社，2014.

［19］ 姚羽，祝烈煌，武传坤，等. 工业控制网络安全技术与实践［M］. 北京：机械工业出版社，2017.

［20］ 郭启全，等. 网络安全法与网络安全等级保护制度培训教程［M］. 北京：电子工业出版社，2018.

［21］ 闵京华，范红. 信息安全风险管理的研究［J］. 信息安全与通信保密，2004（11）：74-77.

［22］ 张耀疆. 信息安全风险管理［J］. 信息网络安全，2004（7）：56-58.

［23］ 刘海峰，郭义喜，肖刚. 基于模型的信息安全风险评估CORAS方法研究［J］. 网络安全技术与应用，2007（6）：80-82.

［24］ 李晨晔. 不确定性与黑天鹅现象［J］. 21世纪商业评论，2009（1）：100-104.

［25］ 张利，彭建芬，杜宇鸽，等. 信息安全风险评估的综合评估方法综述［J］. 清华大学

学报，2012（52）：1364-1369.

［26］ 郭红芳，曾向阳. 风险分析方法研究［J］. 计算机工程，2001（3）：131-133.

［27］ 夏春明，刘涛，王华忠，等. 工业控制系统信息安全现状及发展趋势［J］. 信息安全与技术，2013，4（2）：13-18.

［28］ 李超，周瑛. 大数据环境下的威胁情报分析［J］. 情报杂志，2017，36（9）：24-30.

［29］ 杨锐，陈玉明. 网络安全态势感知与有效防护［J］. 网络安全技术与应用，2018，9：5-7.

［30］ 单琳. 网络威胁情报发展现状综述［J］. 保密科学技术，2016，9：28-33.

［31］ 谢云龙，吴得清，姜红勇. 等保2.0时代下工控安全技术革新［J］. 信息技术与网络安全，2018，37（5）：22-24，28.

［32］ 陈磊，谢宗晓. 信息安全管理体系（ISMS）相关标准介绍［J］. 中国质量与标准导报，2018，10：16-18.

［33］ 孙其博. 移动互联网安全综述［J］. 无线电通信技术，2016，42（2）：01-08.

［34］ 杜芸. 论如何有效应对网络信息安全问题所带来的威胁［J］. 电脑知识与技术，2016，12（27）：18-20.

［35］ GB/T 31722—2015/ISO/IEC 27005：2018. 信息技术　安全技术　信息安全风险管理［S］.

［36］ GB/T 33132—2016. 信息安全技术　信息安全风险处理实施指南［S］.

［37］ GB/T 22239—2019. 信息安全技术　网络安全等级保护基本要求［S］.

［38］ GB/T 28448—2019. 信息安全技术　网络安全等级保护测评要求［S］.

［39］ ISO. ISO/IEC31000—2009. Risk management—Principles and guidelines［S］.

［40］ ISO. ISO/IEC13335—1996. Guidelines for the Management of IT Security［S］.

［41］ ISO. ISO/IEC27005—2008. Information technology—Security technique-Information security risk management［S］.

［42］ GB/T 20984—2007. 信息安全风险评估规范［S］.

［43］ GB/Z 24364—2009. 信息安全风险管理指南［S］.

［44］ 全国信息安全标准化技术委员会秘书处. 国内外工业控制系统信息安全标准及政策法规介绍［Z］，2012.